地理数据
数字水印建模与原理

任　娜　朱长青　陈玮彤　著

机械工业出版社
CHINA MACHINE PRESS

本书针对地理数据安全保护新需求，对新的地理数据数字水印模型与原理进行了深入研究，从需求背景、基本原理、建模思想、算法应用等方面展开阐述和探讨，为地理数据数字水印技术的发展和完善提供了可靠的理论与应用基础。

本书也是《地理空间数据数字水印理论与方法》的姊妹篇。内容均依托南京师范大学地理数据安全团队多项高水平的自然科学基金项目，这些研究成果目前已得到广泛应用，且取得了很好的效果。

本书可作为计算机、信息安全、测绘、地理等领域科研、教学、开发人员的重要参考资料，也可作为相关领域研究生和本科生的教学参考书。

图书在版编目（CIP）数据

地理数据数字水印建模与原理/任娜，朱长青，陈玮彤著. —北京：机械工业出版社，2021.12

ISBN 978-7-111-69664-3

Ⅰ.①地… Ⅱ.①任… ②朱… ③陈… Ⅲ.①地理信息系统-数据处理-研究 Ⅳ.①P208

中国版本图书馆 CIP 数据核字（2021）第 244738 号

机械工业出版社（北京市百万庄大街 22 号 邮政编码 100037）

策划编辑：李小平 责任编辑：李小平
责任校对：李 杉 李 婷 封面设计：鞠 杨
责任印制：常天培

北京九州迅驰传媒文化有限公司印刷

2022 年 2 月第 1 版第 1 次印刷

184mm×260mm · 17.25 印张 · 424 千字

0001—1500 册

标准书号：ISBN 978-7-111-69664-3

定价：98.00 元

电话服务　　　　　　　　　　网络服务

客服电话：010-88361066　　机 工 官 网：www.cmpbook.com

　　　　　010-88379833　　机 工 官 博：weibo.com/cmp1952

　　　　　010-68326294　　金 书 网：www.golden-book.com

封底无防伪标均为盗版　　机工教育服务网：www.cmpedu.com

地理数据数字水印技术发展 20 多年来，在地理数据版权保护、溯源追踪方面发挥了重要的作用。随着地理数据安全保护需求的不断增长，地理数据数字水印技术也在不断发展和进步。

南京师范大学地理数据安全团队，数十年来勤奋耕耘地理数据数字水印理论、技术和应用，研究水平在地理数据数字水印领域处于国际领先地位。在深入研究和应用传统的地理数据鲁棒数字水印的基础上，他们在数字水印的新方向不断开拓进取，持续不断地取得创新性成果。该书即是该团队近几年地理数据数字水印技术新的成果结晶。

该书针对地理数据安全保护的需求，研究了适用于地理数据交易存证的结合区块链的零水印、保持数据无损的无损水印、用于数据完整性认证的脆弱水印、防重复嵌入水印和抗屏摄鲁棒水印。同时还研究了新发展的瓦片地图水印和应用广泛的三维模型水印，并研究了水印和加密技术相融合的交换密码水印。其研究成果在实际中得到了广泛的应用，也已取得了很好的效果。

该书也是南京师范大学地理数据安全团队所著的《地理空间数据数字水印理论与方法》一书的姊妹篇。该书内容新颖、体系完整、重点突出、应用性强，紧扣地理数据安全保护新需求，具有很好的理论和应用价值。

该书可作为计算机、信息安全、测绘、地理等领域科研、教学、开发人员的重要参考资料，也可作为相关领域研究生和本科生的教学参考书。该书的出版，对于发展和完善地理数据数字水印理论与技术、保护地理数据的安全、促进地理数据的共享与应用等，都具有重要价值。

王家耀

中国工程院院士

2021 年 8 月于郑州

前言
Preface

  地理数据是国家和国防建设、科学研究、公众生活等领域不可或缺的战略资源，具有十分广泛的应用，地理数据一旦泄露，直接危害国家安全、国防安全。同时，地理数据又具有定位准、精度高、涉密多等安全特征，其安全与国家安全、国防安全、经济利益等息息相关。因此，保护地理数据安全具有重要意义。

  数字水印技术是地理数据安全保护的有效手段，地理数据数字水印包括鲁棒水印、无损水印、脆弱水印等。鲁棒水印研究较多，应用也比较成熟，已在地理数据版权保护、溯源追踪中发挥了重要作用。但是，随着地理数据安全保护需求的增多，对地理数据数字水印提出了更多的要求，包括无损性、脆弱性、完整性、认证性、保密性等，以及近年来新发展的矢量瓦片和三维模型数据的安全保护需求。

  本书针对地理数据安全保护的新需求，对新发展的地理数据数字水印模型与原理进行了深入研究，从需求背景、基本原理、建模思想、算法应用等方面展开阐述和探讨，为地理数据数字水印技术的发展和完善提供了可靠的理论与应用基础。

  本书主要内容包括地理数据数字水印需求和进展、结合区块链的矢量地理数据零水印模型、矢量地理数据无损水印模型、矢量地理数据脆弱水印模型、瓦片地图水印模型、三维模型数据数字水印模型、防重复嵌入水印模型、抗屏摄鲁棒水印模型和矢量地理数据交换密码水印模型等。

  本书内容是在两项国家自然科学基金面上项目"顾及空间关系的矢量地理数据交换密码水印模型研究"（批准号：41971338）和"矢量地理数据选择性加密模型研究"（批准号：42071362），以及两项国家标准"测绘地理信息数据数字版权标识"（项目编号：20142127-T-466）和"测绘地理信息数据权限控制"（项目编号：20210649-T-466），一项江苏省自然科学基金面上项目"矢量地理数据自适应感知加密模型研究"（批准号：BK20191373）等研究成果的基础上形成的。

  本书是作者所在团队近年来研究成果的总结。全书由任娜提出总体撰写思路和提纲，并为全书统稿；朱长青和陈玮彤参与编著。其中，第1、2章由朱长青编写，第3~6、9章由任娜编写，第7、8章由陈玮彤编写。此外，为本书写作提供帮助的有王奇胜、周齐飞、佟德宇、吴维、吴清华、景旻、刘子仪、徐鼎捷、赵亚宙、贡威腾、许金宇、赵明、周子宸、周紫璇等。

  由于作者水平所限，书中一定还有不少缺点，敬请读者批评指正。

作 者

2021 年 9 月

目录
Contents

序
前言

第1章　概论 ··· 1

1.1　引言 ··· 1

1.2　地理数据数字水印分类 ··· 2

    1.2.1　按数字水印的可见性分类 ·· 2

    1.2.2　按地理数据的类型分类 ··· 2

    1.2.3　按数字水印的功能分类 ··· 3

1.3　地理数据数字水印技术进展 ·· 3

    1.3.1　矢量地理数据零水印技术 ·· 3

    1.3.2　矢量地理数据无损水印技术 ··· 4

    1.3.3　矢量地理数据脆弱水印技术 ··· 4

    1.3.4　瓦片数据数字水印技术 ··· 5

    1.3.5　三维地理模型数据数字水印技术 ·· 5

    1.3.6　遥感影像防重复嵌入水印技术 ·· 6

    1.3.7　遥感影像抗屏摄鲁棒水印技术 ·· 6

    1.3.8　矢量地理数据交换密码水印技术 ·· 7

参考文献 ·· 7

第2章　结合区块链的矢量地理数据零水印模型 ···································· 9

2.1　零水印技术 ·· 9

    2.1.1　零水印概念 ··· 9

    2.1.2　零水印基本模型 ·· 10

    2.1.3　零水印算法的特征与评价指标 ·· 11

2.2　区块链技术 ·· 12

    2.2.1　区块链定义 ··· 12

    2.2.2　区块链分类 ··· 13

    2.2.3　区块链核心技术 ·· 13

    2.2.4　区块链特征 ··· 14

    2.2.5　智能合约 ··· 15

    2.2.6　区块链在版权保护领域中的应用研究 ···································· 15

2.3 基于零水印和区块链的矢量地理数据版权保护模型 ·············· 16

  2.3.1 基于区块链的矢量地理数据零水印注册模型 ·············· 16

  2.3.2 基于角度特征的矢量地理数据零水印算法 ·············· 17

  2.3.3 实验与分析 ·············· 19

  2.3.4 小结 ·············· 25

2.4 基于区块链和零水印的矢量地理数据交易存证模型及实现 ·············· 25

  2.4.1 IPFS 特征分析 ·············· 26

  2.4.2 矢量地理数据交易存证模型 ·············· 26

  2.4.3 基于快速响应码的矢量地理数据零水印算法 ·············· 27

  2.4.4 智能合约设计与调用 ·············· 31

  2.4.5 矢量地理数据交易存证及版权保护系统的设计与实现 ·············· 32

  2.4.6 实验与分析 ·············· 33

  2.4.7 小结 ·············· 36

参考文献 ·············· 37

第3章 矢量地理数据无损水印模型 ·············· 39

3.1 矢量地理数据无损水印 ·············· 39

  3.1.1 无损水印算法分类 ·············· 39

  3.1.2 存储特征与无损水印算法 ·············· 40

  3.1.3 要素内存储特征 ·············· 40

  3.1.4 要素间存储特征 ·············· 41

3.2 基于要素内存储特征的矢量地理数据无损水印算法 ·············· 43

  3.2.1 矢量线要素的存储特征 ·············· 43

  3.2.2 无损水印算法 ·············· 44

  3.2.3 实验结果与分析 ·············· 46

  3.2.4 小结 ·············· 50

3.3 基于要素间存储特征的矢量地理数据无损水印算法 ·············· 51

  3.3.1 线对的性质 ·············· 51

  3.3.2 无损水印算法 ·············· 52

  3.3.3 实验设置 ·············· 53

  3.3.4 实验结果与分析 ·············· 54

  3.3.5 小结 ·············· 59

参考文献 ·············· 60

第4章 矢量地理数据脆弱水印模型 ·············· 61

4.1 脆弱水印技术 ·············· 61

  4.1.1 脆弱水印的特点和要求 ·············· 61

  4.1.2 脆弱水印技术分类 ·············· 62

  4.1.3 矢量地理数据脆弱水印技术特征 ·············· 63

  4.1.4 矢量地理数据鲁棒水印和脆弱水印的区别 ·············· 63

4.2　基于脆弱水印的矢量地理数据精确认证模型 ················· 65
　　　4.2.1　矢量地理数据精确认证 ························· 65
　　　4.2.2　一种抗要素删除的矢量地理数据精确认证模型 ········· 65
　　　4.2.3　基于点约束分块的矢量地理数据精确认证算法 ········· 72
4.3　基于脆弱水印的矢量地理数据选择性认证 ··············· 77
　　　4.3.1　合法及不合法失真 ························· 77
　　　4.3.2　一种抗光栅法压缩的矢量数据选择性认证算法 ········· 78
　　　4.3.3　一种抗几何变换的矢量地理数据选择性认证模型 ········ 83
参考文献 ···································· 90

第5章　瓦片地图水印模型 ····························· **92**
5.1　瓦片地图水印技术 ······················· 92
　　　5.1.1　栅格瓦片地图特征及水印技术 ················· 92
　　　5.1.2　矢量瓦片地图特征及水印技术 ················· 93
5.2　栅格瓦片地图水印模型 ····················· 98
　　　5.2.1　算法思路 ···························· 98
　　　5.2.2　基于栅格瓦片地图数据索引机制的无损水印算法 ········ 98
　　　5.2.3　实验与分析 ·························· 99
　　　5.2.4　结论 ···························· 100
5.3　基于二维格网量化的矢量瓦片地图水印模型 ··········· 100
　　　5.3.1　算法思路 ··························· 101
　　　5.3.2　量化调制与水印容量 ····················· 101
　　　5.3.3　基于二维格网量化的调制机制和容量优化 ··········· 104
　　　5.3.4　基于二维格网量化的矢量瓦片大水印容量算法 ········ 107
　　　5.3.5　实验结果与分析 ······················ 109
参考文献 ··································· 114

第6章　三维模型数据数字水印模型 ······················ **116**
6.1　地理场景点云数据数字水印模型 ················· 116
　　　6.1.1　地理场景点云数据数字水印技术 ··············· 116
　　　6.1.2　基于点云分割和特征点的地理场景点云数据水印模型 ······ 118
6.2　倾斜摄影模型数据数字水印模型 ················· 127
　　　6.2.1　倾斜摄影模型水印技术 ··················· 127
　　　6.2.2　基于特征线比例的倾斜摄影模型水印模型 ·········· 128
6.3　BIM 模型数字水印模型 ···················· 132
　　　6.3.1　BIM 模型数字水印技术 ·················· 132
　　　6.3.2　基于量化调制的 BIM 模型无损水印模型 ··········· 134
参考文献 ··································· 146

第7章　遥感影像数据防重复嵌入水印模型 ··················· **148**
7.1　防重复嵌入水印 ······················· 148

    7.1.1 防重复嵌入水印应用场景分析 ·············· 148

    7.1.2 水印标识技术 ··································· 149

    7.1.3 防重复嵌入水印的基本流程 ·············· 151

   7.2 基于复合域的遥感影像防重复嵌入水印算法 ············ 152

    7.2.1 水印信息生成算法 ····························· 152

    7.2.2 水印嵌入算法 ································· 153

    7.2.3 水印提取算法 ································· 154

    7.2.4 实验与分析 ··································· 156

   7.3 基于 DCT 域的遥感影像防重复嵌入水印算法 ·········· 159

    7.3.1 水印生成算法 ································· 159

    7.3.2 水印嵌入算法 ································· 160

    7.3.3 水印提取算法 ································· 161

    7.3.4 实验与分析 ··································· 162

  参考文献 ······································· 168

第8章 遥感影像抗屏摄鲁棒水印模型 ························· **169**

  8.1 屏摄原理与抗屏摄水印技术特征 ······················· 169

    8.1.1 屏摄过程分析 ································· 169

    8.1.2 遥感影像抗屏摄鲁棒水印技术特征分析 ······ 171

  8.2 屏摄过程中遥感影像信号变化定量分析 ················· 172

    8.2.1 定量分析实验设置 ····························· 172

    8.2.2 遥感影像水印嵌入域变化特征分析 ·········· 175

    8.2.3 局部特征稳定性分析 ·························· 182

  8.3 基于局部特征的遥感影像抗屏摄鲁棒水印模型与算法 ···· 187

    8.3.1 模型构建 ····································· 187

    8.3.2 局部特征区域构建算法 ························ 188

    8.3.3 水印嵌入算法 ································· 192

    8.3.4 水印检测与提取算法 ·························· 194

    8.3.5 实验与分析 ··································· 197

  8.4 遥感影像抗屏摄鲁棒盲水印模型与算法 ················· 208

    8.4.1 模型构建 ····································· 209

    8.4.2 水印嵌入算法 ································· 210

    8.4.3 水印检测与提取算法 ·························· 212

    8.4.4 实验与分析 ··································· 221

  参考文献 ······································· 234

第9章 矢量地理数据交换密码水印模型 ····················· **236**

  9.1 矢量地理数据交换密码水印原理 ······················· 236

    9.1.1 交换密码水印 ································· 236

    9.1.2 矢量地理数据交换密码水印特征 ············ 237

　　　9.1.3　矢量地理数据交换密码水印评价指标　⋯⋯⋯⋯⋯⋯⋯⋯　238
　　　9.1.4　交换密码水印实现机制　⋯⋯⋯⋯⋯⋯⋯　239
　9.2　基于 SVD 特征不变量的矢量地理数据交换密码水印模型⋯⋯⋯　242
　　　9.2.1　SVD 的特征　⋯⋯⋯⋯⋯　242
　　　9.2.2　SVD 特征的应用　⋯⋯⋯⋯⋯　243
　　　9.2.3　Lorenz 混沌系统　⋯⋯⋯⋯⋯　244
　　　9.2.4　基于 SVD 的矢量地理数据交换密码水印模型　⋯⋯⋯⋯　245
　　　9.2.5　实验与分析　⋯⋯⋯⋯⋯　247
　　　9.2.6　小结　⋯⋯⋯⋯⋯　252
　9.3　基于几何不变性的矢量地理数据交换密码水印模型⋯⋯⋯⋯⋯⋯　252
　　　9.3.1　矢量地理数据几何特征　⋯⋯⋯⋯⋯　253
　　　9.3.2　矢量地理数据向量投影模长比　⋯⋯⋯⋯⋯　253
　　　9.3.3　基于几何不变性的水印模型　⋯⋯⋯⋯⋯　254
　　　9.3.4　基于偏移的加密模型　⋯⋯⋯⋯⋯　255
　　　9.3.5　实验与分析　⋯⋯⋯⋯⋯　256
　　　9.3.6　小结　⋯⋯⋯⋯⋯　264
参考文献　⋯⋯⋯⋯⋯⋯⋯　264

第 1 章

概　　论

随着地理数据生产和应用的不断深入，地理数据数字水印技术不断发展，其安全保护也日益重要。本章首先简要论述了地理数据安全保护需求；然后从不同角度对地理数据数字水印进行分类；最后结合本书后续章节，综述了地理数据数字水印新进展，以期读者对本书有基本了解。

1.1　引言

地理数据是国家和国防建设、科学研究、公众生活等不可或缺的战略资源，具有十分广泛的应用。地理数据已从传统的 4D 产品向全息测绘产品、三维实景发展；并且随着航天技术、遥感技术的发展，地理数据的类型和量级不断发生质的变化。

与一般的公众数据不同，地理数据具有特有的安全特征，如定位准、精度高、涉密多等。地理数据安全与国家安全、国防安全、经济利益甚至个人幸福等息息相关，一旦泄露，直接危害国家安全、国防安全。特别是在目前网络化、数字化时代，地理信息复制、传输都十分方便快捷，由此引发了严峻的泄密、侵权、盗版、无法追责、利益损失等安全问题，地理信息安全问题不断发生、屡禁不止。

针对地理数据安全，我国政府高度重视，相继发布了多部相关法规和条例来保护地理数据安全。2017 年 4 月修订的《中华人民共和国测绘法》，一大亮点即是强化测绘地理信息安全方面的规定：第三十四条规定，测绘成果保管单位应当采取措施保障测绘成果的完整和安全，并按照国家有关规定向社会公开和提供利用；第四十七条规定，地理信息生产、保管、利用单位应当对属于国家秘密的地理信息的获取、持有、提供、利用情况进行登记并长期保存，实行可追溯管理。2021 年 6 月，我国颁布了《中华人民共和国数据安全法》，这部法律是我国数据领域的基础性法律，也是我国国家安全领域的一部重要法律。该法律围绕数据安全与发展、数据安全制度、数据安全保护义务、政务数据安全与开放等方面提出了要求，对于地理数据安全它也是十分重要的法律。对于地理数据安全，相关部门也高度重视：2020年 6 月，自然资源部、国家保密局印发《测绘地理信息管理工作国家秘密范围的规定》，对测绘地理信息的密级范围做出了明确的规定，诸多数据属于国家秘密、机密甚至绝密范围，保护地理数据安全是国家和国防的重大战略需求。

在地理数据安全中，保护数据版权、区分不同用户、追溯违法源头和明确违法责任是必须解决的重要问题。只有解决好这些问题，数据才能得到更好地使用和共享；否则，就会导致数据不愿共享、不敢共享的被动局面。而解决这一问题的技术，就是数字水印技术。

数字水印是一种前沿的信息安全技术，它通过特定的算法，利用数据本身作为载体，将版权、用户、时间等水印信息与数据融为一体，用于隐藏版权拥有者、数据使用者等信息，目前已被广泛应用在视频、音频以及地理数据的版权保护中。数字水印技术适用于事后的版权认定和使用追踪，一旦数据发生泄露或盗用，从数据中检测到的信息将会是责任认定的有力依据。

近年来，地理数据数字水印技术已得到了诸多研究和应用，特别是在4D地理数据鲁棒水印方面，已得到了深入的研究并取得了良好的应用成效。然而，随着地理数据应用的扩展和更高的安全需求，地理数据对数字水印技术又提出了更多的要求，一些新的地理数据水印技术应运而生。

近几年来，随着地理数据安全不断增长的新需求，地理数据水印技术的研究和应用取得了长足的进步，一系列新的数字水印模型和算法不断建立，为地理数据安全提供了新的理论和技术支撑。本书后续章节将论述作者团队近年来在地理数据数字水印领域新的进展。

1.2　地理数据数字水印分类

基于地理数据的安全特征和数字水印的版权保护及溯源特征，地理数据数字水印技术在地理数据安全保护方面得到了深入的研究，取得了诸多理论应用成果。地理数据数字水印研究按不同的技术特征和算法设计目的不同可以进行如下分类。

1.2.1　按数字水印的可见性分类

按水印的可见性可分为两大类：可见水印和不可见水印。

可见水印将文字或图片可见地显示在数据上，它与可视的纸张中的水印相似。可见水印主要用于栅格数据，如遥感影像、数字地图等，特别在网络地图上，通常可见表示版权的可见水印，主要用于版权保护。

而不可见水印是将水印信息隐藏，视觉上不可感知，它不仅可适用于栅格地理数据，也可以适用于矢量地理数据等。不可见水印根据鲁棒性可再细分为鲁棒的不可见水印和脆弱的不可见水印。鲁棒水印是指加入的水印不仅能抵抗非恶意攻击，而且要求能抵抗一定失真内的恶意攻击，并且一般的数据处理不影响水印的检测。脆弱水印是指当嵌入水印的载体数据被修改时，通过对水印的检测，可以对载体是否进行了修改或进行了何种修改进行判定。

地理数据不可见水印是地理数据水印研究中的难点和重点，现已取得了丰富的研究成果。

1.2.2　按地理数据的类型分类

地理数据类型众多，每种类型数据的数字水印也有不同的特点。按地理数据类型划分，地理数据数字水印技术可划分为矢量地理数据数字水印、遥感影像数字水印、栅格地图数字水印、数字高程模型数据数字水印、三维模型数据数字水印、瓦片数据数字水印等类型。随着地理信息技术的发展，会有更多种类型的地理数据出现，同时也会产生相应的地理数据水印技术。

不同的地理数据有不同的组织结构和特点，其相应的数字水印模型和算法也不同。在地理数据数字水印研究中，充分结合每种类型地理数据自身的特点尤其重要。

1.2.3　按数字水印的功能分类

在地理数据数字水印研究中，也有很多针对特殊攻击类型而设计的水印方法，这类水印方法主要侧重于某些特定的功能。如本书后续介绍的防重复嵌入水印、抗屏摄水印等，还有多重水印、防拼接水印等，这些侧重于特定功能的水印需要结合地理数据安全特定的需求，同时还需要兼顾水印的基本功能和鲁棒性，因此特定功能的数字水印研究要求更高，但应用性更大。

1.3　地理数据数字水印技术进展

本节主要结合本书后续章节，对地理数据数字水印最新进展进行论述。

1.3.1　矢量地理数据零水印技术

传统的数字水印算法通常是通过对原始数据的修改来实现水印信息的嵌入，这难免会对矢量地理数据的精度造成一定的干扰。尤其是在一些特定的应用场景下，用户对矢量地理数据的精度要求极高，这对矢量地理数据数字水印算法提出了更高的要求，即需要在不影响数据精度的条件下实现对矢量地理数据的版权保护。零水印技术是不修改数据坐标值的水印技术，只是利用数据的特征值生成水印信息，并将生成的水印信息存储到第三方版权机构中，从而用于数据的水印检测。零水印与传统水印最大的区别在于不会像传统水印那样向原始载体中嵌入水印数据，相反它利用原始载体自身的特征数据构造水印信息，且原始载体可以由构造的水印信息唯一表示。零水印根据这些特征采用构造方式与版权信息结合，利用加密算法生成水印信息，既避免了对原始数据的直接修改，同时也保证了水印的稳健性和安全性。

零水印技术的关键是如何构造和认证零水印，构造环节目前已有很多鲁棒性优良的算法，但现有的零水印认证环节存在一个难以回避的问题，即严重依赖于第三方版权机构。而这种权威版权机构难以达成共识，导致可行性不佳。例如对于地理数据，测绘企业作为数据的生产者、测绘地理信息部门作为数据的管理者、用户作为数据的使用者，往往是相互独立的部门机构，中心化的版权机构难以建立。因此，如何构建合理的零水印管理体系，已成为零水印技术应用中迫切需要解决的问题。

区块链技术的出现为零水印的推广应用提供了可能。区块链以去中心化、不可篡改、可追溯等特性得到了广泛关注。区块链将非对称加密算法、散列（Hash）函数、P2P（Pear to Pear）网络、分布式系统的共识机制等进行了有机结合，将所有的数据形成串联区块，构成了一个共享的分布式的数据库和账本体系。去中心化的区块链技术代替现有的中心化的知识产权（Intellectual Property Right，IPR）管理机构，成为解决零水印存储管理问题的新途径。

将零水印与区块链技术进行有机结合，能够充分解决矢量地理数据版权保护需求与IPR机构缺失的矛盾，能使零水印对矢量地理数据的安全保护切实发挥作用。

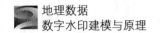

1.3.2 矢量地理数据无损水印技术

无损水印也具有不修改数据的特点，在数据版权保护方面具有重要作用。目前矢量地理数据无损水印算法大体可以分为三类：①可逆水印方法，可逆水印方法能够在提取水印的同时去除水印并恢复数据，但只能实现对矢量数据的一次性版权保护，且有些算法称为近乎无损算法，实质上对矢量数据仍会造成轻微损坏；②零水印技术，如上文所述，零水印方法虽然对矢量数据不会造成任何损坏，但是它的实现需要依赖第三方版权机构，不利于实际应用；③基于存储特征的无损水印方法，它是通过调制矢量地理数据中要素存储顺序而不修改坐标值的方式来嵌入水印信息。

要素内存储特征是指矢量地理要素内部顶点的存储特征。矢量地理要素内部顶点之间既有存储关系也有空间关系。存储关系是指顶点之间的存储顺序，对线要素来说，对其内部顶点进行逆序存储不会影响数据的显示效果和使用价值，即可以实现数据的精度无损；而其空间关系的修改，则不能保证顶点坐标的精度无损，因为空间关系修改的本质是坐标值的改动。它充分利用了矢量地理数据中要素的存储特征，有效避免了可逆水印一次性版权保护和零水印依赖第三方机构的缺陷。基于存储特征的无损水印方法不仅可以保证数据精度，有效解决了前两类方法的不足，并且具有较好的鲁棒性和实用性，是矢量地理数据无损水印技术研究中的主要方向。

1.3.3 矢量地理数据脆弱水印技术

鲁棒性数字水印具有的版权保护、溯源追踪能力，使得其成为地理数据数字水印技术研究中的重点。但随着地理数据应用的深入，地理数据还有新的安全保护需求，例如，地理数据的完整性认证、地理数据是否遭到篡改及篡改的位置等。而脆弱水印技术正是解决地理数据完整性认证的有效技术手段。

脆弱水印技术是在原始数据中嵌入某种标记信息，通过鉴别这些标记信息的改动，达到对原始数据完整性检验及确定是否篡改和篡改定位等目的。与鲁棒水印不同的是，脆弱水印应随着水印载体的变动做出相应的改变，即体现脆弱性。但是，脆弱水印的脆弱性并不是绝对的，对水印载体的某些必要性操作，脆弱水印也应体现出一定的鲁棒性，从而将这些不影响水印载体最终可信度的操作与那些蓄意破坏的操作区分开来。

地理数据脆弱水印的研究中，特别是矢量地理数据脆弱水印，有其自身的特点：首先是矢量地理数据精度高，在设计脆弱水印算法时需要重点考虑精度问题；另外对于矢量地理数据的攻击方式也与其他类型的多媒体数据有着较大的差异，比如投影转换、实体要素增删、平移、数据压缩等，故在设计算法时，就对脆弱水印算法的抗攻击性提出了更高的要求；最后，与图像等数据不同的是，矢量地理数据可以通过较少的数据量来表达较多的地物信息，所以矢量地理数据通常数据量会比较小，冗余信息也同样较少。如何在较少的数据中嵌入更多的水印信息也是水印算法需要重点研究的内容。

地理数据脆弱水印的研究对于保护地理数据的完整性、发现并定位篡改信息、完善地理数据数字水印技术等都具有重要的理论意义和应用价值，也是地理数据数字水印研究潜在的一个重要研究方向。

1.3.4　瓦片数据数字水印技术

近年来，随着面向服务的架构（Service-Oriented Architecture，SOA）、云计算、大数据分析等技术的兴起，新一代面向服务的基于互联网的地理信息系统（WebGIS）迅速发展，静态二维地图已不能满足用户需求，交互式地图成为当下的热点。瓦片地图因其缓存高效、渐进加载、简单易用的特性，被广泛应用于网络地图的可视化。目前，瓦片地图多采用栅格瓦片，有效降低了网络传输的负荷量，实现了地理空间数据在客户端的快速显示。但栅格瓦片缺乏交互性与实时性，地理样式不可定制，数据不可实时更改，地理空间分析能力弱。与栅格瓦片相比，矢量瓦片具有拓扑关系清晰、精度高、冗余度小等优点，用户可灵活设置样式，获得高质量的分辨率。矢量瓦片扩展了底图的交互性，满足了地理空间数据交互式操作与空间信息分析的需求，成为当前研究的焦点，是当今网络地图发展的重要方向。

瓦片地图的广泛使用，在显著减少网络地图可视化时间的同时，也给瓦片数据保护带来了巨大的安全挑战。非法人员恶意从服务器端批量下载瓦片数据，进行非法复制、传播并重新发布，损害了版权所有者的合法权益。应用商可以通过冻结互联网协议（IP）地址限制恶意批量下载或对数据本身进行加密混淆，在一定程度上保护了数据的安全，但非法用户仍可通过动态更换代理服务器绕过此限制或对加密进行破解。这种情况将会导致应用商难以进行瓦片地图非法传播的责任追究。

数字水印技术能够实现瓦片数据共享与瓦片数据版权保护之间的平衡。目前，数字水印技术在矢量地图和栅格瓦片等方面的研究取得了较为丰硕的研究成果，然而针对矢量瓦片的水印算法研究还很鲜见。矢量瓦片与矢量地图相比有其特殊性，矢量瓦片应用于网络分发，用户基数广，所处环境复杂，面临的攻击更加多样，多用户拼接更为常见，多用户合谋可能性大幅提高。矢量瓦片与栅格瓦片相比，在单个瓦片的数据组织和表现形式上存在着本质的区别，单个矢量瓦片对嵌入的水印信息敏感，水印信息承载能力有限。研究适用于瓦片数据的数字水印模型，对于网络地图的发展具有重要意义。

1.3.5　三维地理模型数据数字水印技术

地理空间三维建模技术的发展对数字城市、数字地球和虚拟现实等地理信息相关产业的发展起了重要的推动作用。随着计算机技术、激光扫描和倾斜摄影等技术的不断发展，三维地理模型数据的采集和处理变得更加方便快捷，由此产生了大量的三维地理模型数据，三维地理模型数据在智慧城市、城市规划、虚拟旅游、3D打印、无人驾驶等领域发挥了重要的作用。三维地理模型数据包括地理场景点云数据、倾斜摄影模型数据、建筑信息模型（Building Information Modeling，BIM）数据等，保护三维地理模型数据的版权和安全是三维地理模型数据共享应用中迫切需要解决的问题。

三维地理模型数据与矢量地理数据和栅格地理数据在数据组织等方面有明显的不同。特别是BIM数据，BIM是随着信息技术在建筑行业中应用的深入和发展而出现的，是一种将数字化的三维建筑模型作为核心应用于建筑工程的设计、施工等过程中的工作方法。BIM模型包含了几何、物理、规则等丰富的建筑空间和语义信息，有精细程度高、模型数据量大等特点。BIM模型是实体模型，内部各个图元及构件（室内构件门、窗和柱等）是真实存在的并具有相应的空间和属性特征，可以用于数据查询和分析。实体性是BIM模型最为显著和主要的特征，也是区别于三维点云模型和三维网格模型等通过表面建模或曲面建模模型的本质所在。BIM 模型的内部图元之间具有各自的空间位置、图元间约束条件和完整的拓扑关系，是构建水印算法的基础。

三维地理模型数据的数字水印技术，对于保护其安全和促进其应用具有重要意义。研究和设计三维地理模型数据数字水印算法时必须结合三维地理模型数据特点和三维地理模型数据在实际生产生活应用中可能遭受的攻击。

1.3.6 遥感影像防重复嵌入水印技术

数字水印技术在遥感影像数据安全保护中发挥着重要作用，越来越多的用户使用数字水印技术保护遥感影像数据安全。但是也会面临新的问题，例如版权认证问题。传统数字水印模型在大数据以及多用户环境下应用时，水印信息的重复嵌入时有发生，给版权唯一性认证带来困难。当一幅已含有正确版权信息的影像在使用同一水印方法的不同用户间流转时，不同的用户都可以使用同一水印方法嵌入版权信息，以此覆盖影像中含有的正确版权信息，从而给版权认证工作带来困难，进而损害遥感影像版权拥有者的合法权益。

目前研究大多侧重于提高算法鲁棒性和水印信息容量，没有很好地防止水印信息重复嵌入的技术。随着数据量的增加以及数据共享方式的便捷，一方面，用户难以确认自己拥有的数据是否嵌入过水印信息，进而导致水印信息重复嵌入；另一方面，在通过某种途径获取已含水印影像后，不同用户均可以使用同一水印方法重复嵌入代表自己的水印信息，覆盖已含有的正确水印信息，导致版权归属不明，从而引起版权纠纷。

防重复嵌入数字水印是指能且只能在原始载体数据中嵌入一次水印信息，即一旦含水印数据中嵌入了水印信息，则不允许再嵌入任何水印信息，让载体数据只保留一个正确的水印信息，为数据的版权唯一性保护提供技术支持。

防重复嵌入数字水印技术在嵌入水印信息前通过设定的机制判断数据中是否已含有水印信息，若有则不再允许重复嵌入水印信息；若无则继续嵌入水印，从而防止水印信息的重复嵌入。不仅要考虑同一算法的防重复嵌入，还要考虑不同算法的防重复嵌入；此外，算法的容量、鲁棒性、效率等也是必须要考虑的。防重复嵌入数字水印技术是水印技术应用中必须解决的问题，对于数字水印技术的广泛应用具有重要意义。

1.3.7 遥感影像抗屏摄鲁棒水印技术

近年来，随着"5G"时代的到来，数字化办公和智能手机的使用已经十分普及，使用手机拍摄计算机屏幕已经成为一种新的数据窃取方式，特别是智能手机还在追求搭载更高分辨率、更高质量的摄像头，这也使得屏幕摄影造成遥感影像内容泄露的安全隐患越来越大。

随着遥感技术的精进，遥感影像分辨率越来越高，更高的分辨率也带来更高的保密需求，因此防止通过屏幕摄影造成遥感影像内容泄露十分关键。传统的防止偷拍的方法是通过在屏幕上加入可见屏幕水印，将计算机使用者、时间等信息显示在屏幕上。但是可见水印很容易被攻击者去除，且影响用户在使用数据时的体验，难以满足应用需求。而通过水印技术，将计算机使用者、时间等信息作为水印信息不可见地嵌入到遥感影像数据中，一旦出现偷拍泄密，通过从拍摄的照片中检测水印信息，从而可以确定泄密设备，追查泄密责任人。

屏摄过程可以看作一种跨媒介信号传输过程，其在计算机端将遥感影像的数字信号转换为显示器显示的模拟信号，再通过拍摄设备捕捉模拟信号并存储为新的数字信号。因此，与传统的遥感影像数字水印技术相比，由于屏摄攻击的特殊性，相比传统图像处理攻击，屏摄攻击造成图像质量的下降更严重，因此遥感影像抗屏摄鲁棒水印对算法的鲁棒性要求更高。同时，与常规传统水印技术相同的是，算法还应该对用户使用影像数据过程中产生的传统图像处理攻击具有鲁棒性。另外，与传统图像水印技术不同的是，算法不仅考虑水印嵌入后的不可感知性，还需考虑水印嵌入后是否影响遥感影像数据后续的地理学分析使用。因此，遥感影像抗屏幕摄影水印对于技术有更高的要求。

1.3.8　矢量地理数据交换密码水印技术

随着矢量地理数据应用的深入，矢量地理数据网络传输的应用需求越来越大，单一的水印技术已不能满足网络传输的安全需求，而加密技术能够保证数据存储和传输过程中的安全性和秘密性。因此，将加密技术与数字水印技术相结合，能够很好地保证矢量地理数据的安全传输和溯源追踪。

近年来，将加密技术与数字水印技术融合的技术，即交换密码水印技术应运而生。它是对数据既进行加密也进行水印处理，但是加密和水印嵌入的操作顺序可交换，同时解密和水印提取的操作顺序也可交换，即加密和水印互不影响，相互正交。交换密码水印实现了加密技术和数字水印技术的有机融合，有效解决了传统加密技术与数字水印技术结合带来的可用性和安全性不足的问题，实现了密码学操作和数字水印操作间的可交换，从而突破了单一使用加密或水印技术的局限性。

矢量地理数据交换密码水印技术需要解决针对矢量地理数据独有的几何攻击具有强鲁棒性，即对嵌入水印后，面对矢量地理数据遭受的各类攻击，包括要素和坐标点的删除、增加、更新以及旋转、缩放、平移在内的攻击方式，需要具有一定的抵抗能力，即仍然能从受到攻击的含水印矢量地理数据中提取出水印。另外，交换密码水印的水印嵌入操作，不能对矢量地理数据的空间精度产生较大的影响，否则会造成矢量地理数据可用性的降低。即矢量地理数据在安全分发并解密后，数据的空间精度仍不影响数据的使用。因此，建立针对性的矢量地理数据交换密码水印需要密切结合矢量地理数据的实际情况。

矢量地理数据交换密码水印技术伴随着 5G 技术的发展与云存储、云传输、云共享的普及，必将在矢量地理数据安全传输和共享中发挥越来越大的作用。

参考文献

［1］测绘地理信息管理工作国家秘密范围的规定［Z］.自然资源部国家保密局，2020.
［2］荆继武，龙春，李畅.网络安全技术的新趋势探讨［J］.数据与计算发展前沿，2021，3（3）：1-8.
［3］孙圣和，陆哲明，牛夏牧.数字水印技术与应用［M］.北京：科学出版社，2004.
［4］杨义先，钮心忻.数字水印理论与技术［M］.北京：高等教育出版社，2006.
［5］尤新刚，毛英杰，周琳娜.多媒体信息技术及安全概述［J］.信息安全与通信保密，2011（10）：44-51.
［6］张卫明.军民融合背景下的信息隐藏技术［J］.中国信息安全，2016（9）：78-79.
［7］张新鹏，钱振兴，李晟.信息隐藏研究展望［J］.应用科学学报，2016，34（005）：475-489.
［8］中华人民共和国测绘法［Z］.2017.
［9］中华人民共和国数据安全法［Z］.2021.

［10］朱长青. 地理空间数据数字水印理论与方法［M］. 北京：科学出版社，2014.

［11］朱长青. 地理数据数字水印和加密控制技术研究进展［J］. 测绘学报，2017，46（10）：1609-1619.

［12］朱长青，杨成松，任娜. 论数字水印技术在地理空间数据安全中的应用［J］. 测绘通报，2010（10）：1-3.

［13］ABBAS T A, JAWAD M J. Digital vector map watermarking: applications, techniques and attacks［J］. Oriental Journal of Computer Science & Technology, 2013, 6（3）：333-339.

［14］GAATA M T. Robust watermarking scheme for GIS vector maps［J］. Ibn AL-Haitham Journal For Pure and Applied Science, 2018, 31（1）：277-284.

［15］LEE S H, KWON K R. Vector watermarking scheme for GIS vector map management［J］. Multimedia Tools and Applications, 2013, 63（3）：757-790.

［16］LI B, HE J, HUANG J, et al. A survey on image steganography and steganalysis［J］. Journal of Information Hiding and Multimedia Signal Processing, 2011, 2（2）：142-172.

［17］SHIH F Y. Digital watermarking and steganography: fundamentals and techniques［M］. Boca Raton : CRC Press, 2017.

［18］许德合，朱长青，王奇胜. 矢量地图数字水印技术的研究现状和展望［J］. 地理信息世界，2007，14（6）：43-49.

第 2 章

结合区块链的矢量地理数据零水印模型

数字水印作为一种信息安全技术，通常是通过对原始数据的修改来实现水印信息的嵌入，这不可避免地对数据精度有所影响。而对于要求数据完全无损的矢量地理数据安全保护场景，例如大地坐标系控制点、军事打击坐标、建筑施工控制点等，数据的任意变动都是难以容忍的。因此，经典的嵌入式鲁棒水印技术将不适用于此类情形。面对数据无损前提的安全保护需求，零水印技术应运而生。零水印是利用原始数据的自身特征以构造的方式生成水印，而并不对数据做任何修改。但现有的零水印认证环节却普遍存在严重依赖于第三方知识产权（Intellectual Property Right，IPR）权威机构的问题，区块链技术的出现使得零水印技术消除了对第三方 IPR 机构的依赖成为可能。

本章面向矢量地理数据版权保护需求，研究了基于区块链的矢量地理数据零水印注册模型，并设计了契合区块链模式的矢量地理数据零水印算法，构建了零水印和区块链结合的矢量地理数据版权保护模型，实现了矢量地理数据的可靠版权鉴定和来源追溯。为有效解决矢量地理数据交易过程中交易双方难以互信的问题，本章还提出了一种结合零水印和智能合约技术的矢量地理数据交易存证模型，并结合零水印版权保护模型以蚂蚁开放联盟链作为智能合约开发平台研发了矢量地理数据交易存证与版权保护系统，切实解决了零水印难以落地的问题。

2.1 零水印技术

2.1.1 零水印概念

根据水印算法是否需要修改原始数据的几何信息、拓扑结构等本身属性，可以将水印划分为嵌入式水印和构造式水印。嵌入式水印是通过轻微扰动来修改数据从而实现水印信息的嵌入。而零水印所属的构造式水印，则是在不对原始数据进行任何改动的前提下，由数据本身的特征来构造出水印，并在 IPR 信息数据库注册实现版权保护；在进行水印检测时，与从待检测数据中构造出的水印信息进行相似性对比，以判断待检测数据的版权归属。

零水印技术不对原始的数据做任何修改，因此很好地解决了传统水印技术在鲁棒性与不可见性之间不可兼得的缺陷。同时，在水印检测阶段不需要原始数据的参与，提高了其实际应用价值，为数字水印技术开拓了新的技术领域。

零水印与传统水印最大的区别在于：零水印不再向原始载体数据中嵌入水印信息，相反它利用原始载体数据自身的特征构造水印信息，且原始载体可以由构造的水印信息唯一表示。零水印的理论基础是对于每个不同的原始数据，一定可以提取出具有唯一性且稳健的特征。零水印根据这些特征采用构造的方式与版权信息结合，避免了对原始数据的直接修改，同时保证了水印的稳健性和安全性。

2.1.2 零水印基本模型

从零水印概念可以看出，实现零水印技术最重要的两个技术点是零水印构造和水印检测。除此之外，还有一重要因素需考虑，即构造出的零水印该如何保存与提取。如果零水印由数字作品的创作者自己保存则存在公信力不足的问题，且盗版者也可以构造自己的水印并发布，从而混淆版权逃避责任。因此，零水印保存与提取需有公信力的第三方机构介入，方可保证有效性与安全性。

数字产品版权保护体系中 IPR 信息数据库可作为现阶段发展较为成熟且具有公信力的第三方机构。水印生成阶段 IPR 数据库对零水印进行注册登记并保存，在水印检测阶段将待检测零水印与检索出的原始水印做相关性检测，即可实现有效可信的版权鉴定和来源追溯。

零水印模型的流程主要包括零水印构造和零水印检测两部分。其中，零水印构造的基本模型如图 2.1 所示。

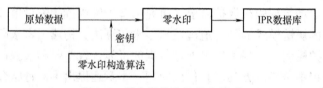

图 2.1　零水印构造的基本模型

零水印构造的基本模型在结构上相对比较简单，目前几乎所有的零水印构造方案都是由该模型发展而来。模型的关键在于如何设计出具有鲁棒性和唯一性的零水印构造算法。

零水印检测的基本模型如图 2.2 所示。

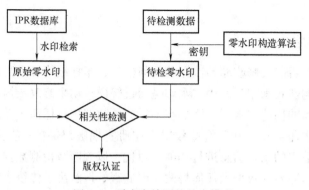

图 2.2　零水印检测的基本模型

在零水印检测的基本模型中，比较从待检测数据中构造出的零水印与注册的零水印的相似程度，从而判断版权归属。因此，零水印检测阶段也包含了零水印构造的过程。

2.1.3 零水印算法的特征与评价指标

1. 零水印算法特征

零水印算法的水印信息和被保护的数字媒体具有分离性，它利用数据自身的唯一特性来构造水印信息，并且把水印信息加上时间戳等辅助信息保存在可信任的第三方中作为版权凭证，发生版权纠纷时，通过第三方机构来实施版权保护。因此零水印算法具有以下特征：

1）不可感知性。零水印在不改变数字作品的条件下就可以实现版权保护，具有较好的不可感知性。

2）唯一性。对于不同的数据，算法所构造的零水印是确保不同的。

3）鲁棒性。对于压缩、添加噪声、滤波等传统信号处理和缩放、旋转、平移等几何攻击，算法提取出的零水印无太大的变化，经过与保存于第三方的原始零水印比较后，仍可确认版权等信息。

传统的嵌入式水印算法是通过修改数字载体的相关数据来嵌入水印信息，这种类型的算法如果提高了水印的不可感知性，就会削弱水印算法抗攻击的能力；如果提高了水印算法的鲁棒性，就会降低水印的不可感知性。零水印算法则创造性地解决了水印不可感知性和鲁棒性之间相互制约的矛盾。

2. 零水印算法的评价指标

不同的水印算法有着不同的特性，为了客观、有效、统一地评测水印算法的质量，建立统一的评测标准是必要的。由于零水印算法并没有改变原始的数字作品，不存在数据质量的降低，因此传统水印算法的不可感知性评价对零水印不适用，判断一个零水印方案有效性和可行性的主要评价依据是零水印算法的鲁棒性和唯一性。

零水印算法鲁棒性通用的量化评价指标包括归一化相关系数（Normalized Correlation Coefficient，NC）、误码率（Bit Error Ratio，BER）等。在鲁棒性检测过程中，可选择的攻击方式包括噪声攻击（高斯噪声攻击、椒盐噪声攻击、斑点噪声攻击等）、滤波攻击、几何攻击（旋转攻击、剪切攻击、缩放攻击）等。在数据遭到攻击后，通过计算出提取水印和原始水印的相似度（NC 值）与计算提取出的水印信息相较于原始水印信息误码率（BER）可以更准确地评价算法的鲁棒性。NC 值和 BER 对应的计算方式见式（2.1）和式（2.2）。

$$NC = \frac{\sum_{i=1}^{M}\sum_{j=1}^{N} \text{XNOR}(W(i,j), W'(i,j))}{M \times N} \tag{2.1}$$

$$\text{BER} = \frac{\sum_{i=1}^{M}\sum_{j=1}^{N} W(i,j) \oplus W'(i,j)}{M \times N} \times 100\% \tag{2.2}$$

式中，M，N 分别代表水印图像的行列像素个数；$W(i,j)$ 表示原始水印；$W'(i,j)$ 表示提取的水印；XNOR 是异或非运算；$\oplus$ 是按位异或运算。

两者区别在于前者是基于原始水印图像的，而后者则对应于提取的水印图像。结果 NC 值表示提取出的水印图像与原始水印图像之间的相似度，NC 值越大，则两者之间越相似，即存在的误差越小。BER 则以具体的数值表明提取的水印图像中出错的程度，以百分比概率形式呈现，BER 值越小，说明错误数据在整个数据中的占比越少，即错误数据量越少。

由于零水印并不直接添加到原始数据中，且数字水印必须是唯一的，因此需要检验零水印是否具有唯一性。检验方法如下：

1）准备一组数据，该数据组包含原始载体数据，用待评价的零水印算法针对数据组里的数据构造得到一组零水印。

2）将构造得到的零水印组分别与第三方机构存储的原始零水印进行比较，计算对应的 NC 和 BER，根据两者的具体数值判断零水印的相似程度。在测试完数据组中的所有数据之后，若数据组中只有原始数据，计算所得 NC 值大于设定阈值，作为对照的组内其他数据 NC 值均小于阈值，即水印验证失败，则证明算法唯一性良好。

2.2　区块链技术

2.2.1　区块链定义

区块链的概念最初由"中本聪"于 2008 年提出，是一种按照时间顺序将数据区块以链表的形式组合而构成的数据结构，实现不可篡改的、永久追溯的分布式账本。从本质上讲，区块链并非是全新的技术，而是巧妙地将非对称加密算法、散列函数（即哈希（Hash）函数）、P2P 网络、分布式系统的共识机制等进行了有机结合，构成了一个共享的分布式的数据库。区块链具有去中心化、时序数据、集体维护、可编程和安全可信等特点，在金融交易、公共服务、数字版权、物流管理等领域有广泛的应用前景。

从区块链的数据结构来看，区块链上的每个数据区块包含前一区块地址、Merkle 根和时间戳等元信息以及所有区块数据。以比特币为例，区块数据结构如图 2.3 所示。

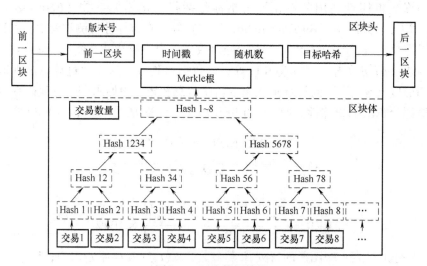

图 2.3　区块数据结构

块内的 Merkle 根实现了块内数据的不可篡改性，前一区块的哈希将区块链接在一起构成了可追溯的区块链。在区块链架构中，新区块数据的产生和确认依赖于共识算法。例如比特币采用了 PoW（Proof of Work，PoW）机制，核心思想是引入分布式节点的算力竞争来保证共识的安全性。但是比特币的挖矿行为导致了大量计算资源的浪费，因此出现了权益证明（Proof of Stake，PoS）和权益授权证明（Delegated Proof of Stake，DPoS）等，利用权益证明或者委托权益替代算力证明以减少资源浪费。此外，共识机制还包括燃烧证明（Proof of Burn）、PoW-PoS 混合证明、行动证明（Proof of Activity）等变种机制，力求更加安全、低能耗和高效的共识。

2.2.2　区块链分类

根据参与人数和应用范围不同，区块链目前分为公有区块链、联盟区块链和私有区块链三类。联盟区块链和私有区块链可以认为是广义的私链。

1. 公有区块链（Public Block Chains）

公有区块链是指世界上任何个体或者团体都可以发送交易，且交易能够获得该区块链的有效确认，任何人都可以参与其共识过程。公有区块链是最早的区块链，也是目前应用最广泛的区块链，各大比特币系列的虚拟数字货币均基于公有区块链，世界上有且仅有一条该币种对应的区块链。

2. 联盟区块链（Consortium Block Chains）

联盟区块链又名共同体区块链，即联合区块链预选的节点能够控制干预共识过程的区块链。它是由某个群体内部指定多个预选的节点为记账人，每个块的生成由所有的预选节点共同决定（预选节点参与共识过程），其他接入节点可以参与交易，但不过问记账过程。本质上，联盟区块链还是托管记账，只是变成分布式记账，预选节点的多少、如何决定每个块的记账者成为该区块链的主要风险点，其他任何人可以通过该区块链开放的 API 进行限定查询。联盟区块链在去中心化和开放程度上比公有区块链会有所限制，会提前选择参与者。一般会认为联盟区块链是介于公有区块链和私有区块链之间，属于"部分去中心化"。

3. 私有区块链（Private Block Chains）

私有区块链是指完全私有的区块链，某个区块链的写入权限仅掌握在某个人或某个组织手中，数据的访问以及编写等有着十分严格的权限。私有区块链只有少量的节点，而且都具有较高的信任度，并不需要每个节点都来验证一个交易。因此，相比需要通过大多数节点验证的公有区块链，私有区块链的交易速度更快，交易成本也更低。私有区块链的价值主要是提供安全、可追溯、不可篡改、自动执行的运算平台，可以同时防范来自内部和外部的安全攻击，这在传统的系统中是很难做到的。

2.2.3　区块链核心技术

区块链的核心技术主要包括共识机制、密码学原理以及分布式储存。

1）共识机制。所谓共识，是指多方参与的节点在预设规则下，通过多个节点交互对某些数据、行为或流程达成一致的过程。共识机制是指定义共识过程的算法、协议和规则。区块链的共识机制具备"少数服从多数"以及"人人平等"的特点，其中"少数服从多数"并不完全指节点个数，也可以是计算能力、股权数或者其他计算机可以比较的特征量。"人人平等"是当节点满足条件时，所有节点都有权优先提出共识结果、直接被其他节点认同后并最后有可能成为最终共识结果。

2）密码学原理。在区块链中，信息的传播按照公钥、私钥这种非对称数字加密技术实现交易双方的互相信任。在具体实现过程中，通过公、私密钥其中的一个密钥对信息加密后，只有用另一个密钥才能解开的过程。并且将其中一个秘钥公开后（即为公开的公钥），根据公开的公钥无法测算出另一个不公开的密钥（即为私钥）。

3）分布式存储。区块链中的分布式存储是参与的节点各自都有独立的、完整的数据存储。与传统的分布式存储有所不同，区块链的分布式存储的独特性主要体现在两个方面：①区块链每个节点都按照块链式结构存储完整的数据，传统分布式存储一般是将数据按照一定的规则分成多份进行存储；②区块链每个节点存储都是独立的、地位等同的，依靠共识机制保证存储的一致性，而传统分布式存储一般是通过中心节点往其他备份节点同步数据。数据节点可以是不同的物理机器，也可以是云端不同的实例。

2.2.4　区块链特征

1. 去中心化

区块链是由众多节点共同组成的点对点网状结构，不依赖第三方中介平台或硬件设施，没有中心管制，通过分布式记录和存储的形式，任意节点的权利和义务都是平等的，各个节点之间实现数据信息的自我验证、传递和管理。系统中的数据块由整个系统中具有维护功能的节点来共同维护，数据在每个节点互为备份，因此系统不会因为任意节点的损坏或异常而影响正常运行，使得基于区块链的数据存储具有较高的安全可靠性。

2. 开放性

系统是开放的，除了交易各方的私有信息被加密外，区块链的数据对所有人公开，任何人都可以通过公开的接口查询区块链数据和开发相关应用，因此整个系统信息高度透明。

3. 自治性

区块链采用基于协商一致的规范和协议（比如一套公开透明的算法）使得整个系统中的所有节点能够在去信任的环境下自由安全地交换数据，使得对"人"的信任改成了对机器的信任，任何人为的干预不起作用。

4. 信息不可篡改

一旦信息经过验证并添加至区块链，就会永久地存储起来，除非能够同时控制住系统中超过51%的节点，否则单个节点上对数据库的修改是无效的，因此区块链的数据稳定性和可靠性极高。

5. 匿名性

由于节点之间的交换遵循固定的算法，其数据交互是无需信任的（区块链中的程序规则会自行判断活动是否有效），因此交易对手无需通过公开身份的方式让对方对自己产生信任，对信用的累积非常有帮助。

6. 可追溯性

区块链中的数据信息全部存储在带有时间戳的链式区块结构里，具有极强的可追溯性和可验证性。区块链中任意两个区块间都通过密码学方法相关联，可以追溯到任何一个区块的数据信息。

7. 高度信任

区块链是建立信任关系的新技术，这种信任依赖于算法的自我约束，任何恶意欺骗系统的行为都会遭到其他节点的排斥和抑制。区块链技术具有开源、透明的特性，系统参与者能够知晓系统的运作规则和数据内容，任意节点间的数据交换均通过数字签名技术进行验证，按照系统既定的规则运行，保证数据信任。

2.2.5 智能合约

智能合约是存储在区块链上并可在满足预定条款和条件时自动执行的计算机代码。智能合约模型如图 2.4 所示，其中脚本代码描述了交易双方之间的协议条款，并被直接写入区块链中。智能合约将经过外部的输入数据（如指定时间、事件等）作为预置响应条件，通过预定义的合约脚本来响应输入数据，在外部核查数据源后，如果确认满足条件则激活并执行合约，执行后的结果上链不可更改。在整个过程中，区块链可实时监控合约状态与合约值。

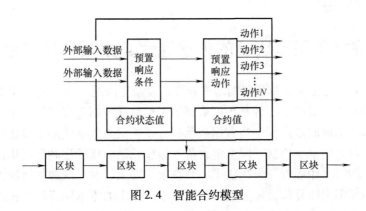

图 2.4　智能合约模型

智能合约的运行机制决定了其具有自执行、自验证、防篡改的特性。智能合约的合理设计与调用可以将法律义务性自觉行为转化为无需人为干预的自动化流程，从而减少了对第三方监管机构的依赖，实现交易双方的互信。将矢量地理数据交易信息与版权信息通过智能合约的调用及时自动化存证，既可以保障矢量地理数据交易安全性，也可为版权保护提供有力凭据。

2.2.6 区块链在版权保护领域中的应用研究

由于区块链具有不可篡改、快速追溯的特性，不少学者开展了区块链在版权保护领域的研究工作。在宏观层面上，区块链能够解决传统模式下版权不透明、难以共享等问题，但数据本身是否上链以及隐私如何保护等也是需要考虑的问题。

在具体的模式和实现层面，区块链不仅能实现版权的追溯，还能证明版权的授权和访问控制。对于数据上链的需求，主从模式能够将移动设备和个人计算机一同纳入版权区块链的架构中，能够解决数据同步效率低的问题；而对于大数据量的影像或视频等数据，可在双层架构上提供数据外部链接以优化区块链结构。面对版权交易的需求，有学者对涉及内容提供者、服务提供者和顾客之间的区块链结构和平台进行了研究，提供了高安全性和可靠性的版权交易。近年来，区块链与数字水印结合也是新兴的研究趋势，将版权信息嵌入载体数据中并上链，不仅能够对数据进行更权威有效的来源追溯和数据确权，也能借助智能合约实现对侵权者的公正惩罚。

现有的零水印体系严重依赖于第三方的权威机构，水印信息构造后，需要在 IPR 机构对零水印进行注册登记。在水印检测时，通过构造的水印信息与 IPR 注册的水印信息进行对比，从而进行数据版权归属的判别。零水印的这种数据版权追溯模式一旦脱离 IPR 管理机构的约束，盗版者便可以构造自己的水印并发布，从而混淆版权逃避责任。然而，IPR 权威管理机构在现实中难以达成共识，可行性不佳。例如，对于矢量地理数据，数据的生产单位、管理单位和使用单位都是相互独立的部门机构，中心化的 IPR 管理机构难以建立并实现互信。而去中心化的区块链技术，恰好解决了零水印 IPR 管理复杂的问题。

综上所述，区块链在版权保护领域展现了独特的研究价值和潜力，与零水印的生成和检测流程具有很高的契合度。因此，将零水印技术与区块链技术进行有机结合，能够充分解决矢量地理数据版权保护需求与 IPR 机构缺失和管理复杂的矛盾，实现基于零水印的矢量地理数据版权保护的落地。

2.3 基于零水印和区块链的矢量地理数据版权保护模型

针对现有零水印注册时，IPR 机构缺失和管理复杂等问题，本节将区块链技术引入零水印的版权保护体系中，提出了一种基于区块链的矢量地理数据零水印注册模型，该模型将数据分发与零水印的上链同步进行，当数据从数据分发单位向数据使用单位传输时，数据的零水印信息就会与双方的单位信息一同上链，留下版权凭证。该模型利用区块链去中心化和不可篡改的特征，为零水印版权存证提供了一套高效、安全以及可溯源的解决方案。同时，提出了基于角度特征零水印算法，经过实验证明，本节提出的零水印算法鲁棒性强，该算法能完全抵抗平移、旋转、缩放攻击，并且对压缩、裁剪和增加攻击有较好的鲁棒性。而且，本节提出的零水印和区块链结合的数据版权保护模型也可应用于其他数据类型，如图像、音频、视频和遥感影像等数据。

2.3.1 基于区块链的矢量地理数据零水印注册模型

为实现基于区块链的矢量地理数据零水印注册模型，主要需要从零水印注册和零水印取证两个角度进行设计。

1. 零水印注册模型

由于矢量地理数据多为保密数据，且联盟链保证了链上信息只在有限可信任节点中公开透明，无论是在效率还是安全方面都比公有链更为优秀。因此，选用联盟链进行水印信息的注册和存储。

数据分发与水印上链同步进行，每次数据分发的基本思想为：分发单位和使用单位需要在服务端先进行注册认证，再将水印信息与双方信息绑定产生区块并上链存证。交易后产生的 Hash 凭证可用于实时查询区块信息，为产生版权纠纷时的双方提供有效凭据。本方案的矢量地理数据零水印注册模型如图 2.5 所示。

2. 零水印取证流程

分发或使用单位可以通过 Hash 存证在联盟链中查询原始数据的零水印信息。然后，将其与存疑数据所提取的零水印进行相似度计算，以此来判断存疑数据是否侵权。对于同一数据的多次分发，该数据在区块链上的第一笔分发记录中的分发单位即代表了该数据的版权所属。零水印的取证校验流程如图 2.6 所示。

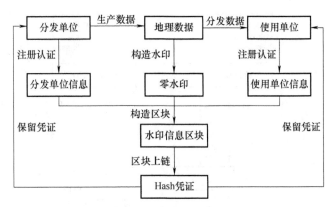

图 2.5　零水印注册模型

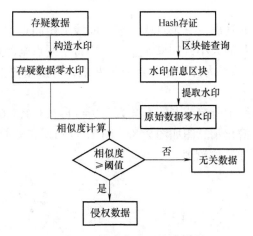

图 2.6　零水印取证校验流程

2.3.2　基于角度特征的矢量地理数据零水印算法

1. 零水印算法思想

　　基于角度特征的矢量地理数据零水印算法关键是利用角度特征来构造零水印。算法的主要思路是通过对矢量地理数据线和面进行压缩处理提取出特征点，再通过构造同心圆提取出特征点的角度序列，最后将版权图像与角度序列异或后得到多个零水印。由于矢量线要素和面要素中的线段都是由若干节点连接而成的，所以将两类要素皆视为节点集合，其中能够反映矢量数据整体特征的点为特征点，为了使算法具有抗简化攻击的能力，采用道格拉斯-普客算法对矢量数据进行压缩来选取特征点，接着计算出特征点的均值点，以均值点为圆心做圆环，根据版权图的序列长计算每个圆环中的点个数，并计算出每个环中的点的角度值，将角度序列二值化后与版权图序列异或提取出零水印。算法保证了水印特征在空间上的均匀分布，提高了构造出的水印信息的抗攻击能力。零水印的构造方案如图2.7所示。

2. 特征点提取

　　为有效提取特征点，本节使用经典的道格拉斯-普客算法来进行数据压缩，其基本思想

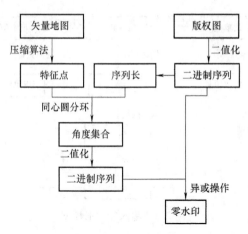

图 2.7 零水印构造方案

为：将曲线上的首末节点相连确定一条直线，求得曲线上中间点到直线的最大距离 d_{max}，比较 d_{max} 与预先给定的阈值 D 的大小，如果 $d_{max}<D$，则将中间点全部删去，处理完毕保留首末节点；如果 $d_{max} \geq D$，则以该点为界，将节点分为两组，分别重复上述步骤直到所有节点都处理完毕。

如图 2.8 所示，该曲线中所有节点的集合为：$U=\{1,2,3,4,5,6,7,8\}$，根据设定的阈值 D，道格拉斯-普客算法的简化示意图如图 2.8a～图 2.8d 所示，该曲线最终简化为：$U_D=\{1,2,5,7,8\}$。算法保留了原曲线的轮廓。

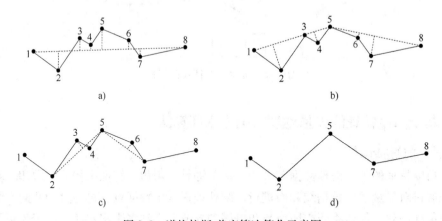

图 2.8 道格拉斯-普客算法简化示意图

3. 角度计算

如图 2.9 所示，$A(x_1,y_1)$，$B(x_2,y_2)$，$C(x_3,y_3)$，$D(x_4,y_4)$ 分别是线段 AD 和 BC 的四个端点，则 $\boldsymbol{AB}=(x_2-x_1,y_2-y_1)$、$\boldsymbol{CD}=(x_4-x_3,y_4-y_3)$，根据式（2.3）计算可得两线段的夹角 θ，$\theta \in [0°, 180°]$。

$$\theta = \arccos\left(\frac{|\boldsymbol{AB}*\boldsymbol{CD}|}{|\boldsymbol{AB}|*|\boldsymbol{CD}|}\right) \tag{2.3}$$

4. 零水印构造

零水印构造的过程如下：

步骤1：选择大小 $N×N$，含有版权信息的二值图像，记为 I，则 $I(i,j)=\{0,1\}$，其中 i, $j\in\{1,2,3,\cdots,N\}$，将二维矩阵 I 逐行排列为一维版权序列 I^*，其长度为 $N×N$。

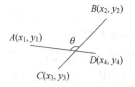

图 2.9　线段所构成的夹角

步骤2：使用道格拉斯-普客算法提取矢量数据中的特征点。

步骤3：计算出特征点集合的均值点，考虑到裁剪、增点等攻击会使平均点发生变化，因此需要将其上传区块链以用作零水印的提取验证，上链完成后再以平均点为圆心做圆环。划分圆环具体方法为：拐点是指特征点中能够与前后点构成夹角的点，每个拐点分配 8 个比特位用于存储二进制角度，根据式（2.4）可以计算出每个圆环内所需拐点个数 n。

$$I^*=N×N \tag{2.4}$$

步骤4：依次计算各特征点序列中拐点矢量夹角得到长度为 n 的角度序列 $M=(m_1, m_2,\cdots,m_i,\cdots,m_n)$，其中 $m_i\in[0°,180°]$，$1\le i\le n$。

步骤5：将序列 M 中角度二值化后得到长度为 $N×N$ 的二进制角度特征序列 M^*。根据式（2.5）将二进制版权序列 I^* 与二进制角度序列 M^* 进行按位异或处理得到零水印序列，记为 $W=(w_1,w_2,\cdots,w_i,\cdots,w_{N×N})$，其中 $w_i\in\{0,1\}$，$1\le i\le N×N$。

$$W=I^*\oplus M^* \tag{2.5}$$

步骤6：重复步骤 4 和步骤 5，最终得到 K 个零水印序列，记为 $Z=(W_1,W_2,\cdots,W_i,\cdots, W_K)$，其中 $1\le i\le K$。因为裁剪、增点等攻击会使平均点发生变化，所以将中心点坐标二值化后与零水印序列 Z 一同存储。最后将零水印序列 Z 上传区块链，获取返回的区块哈希值以用作后续版权认证。

5. 零水印检测

零水印检测过程是零水印构造的逆过程，对待检测的矢量地理数据进行角度序列提取，将提取出的序列与构造的零水印信息进行异或后生成版权图像，然后与原版权图像进行相似性检查，最终确定版权归属。

具体方法为：首先根据区块哈希值在区块链上获取对应的零水印序列 Z 与原中心点坐标，判断矢量地理数据受到的攻击方式，如果受到裁剪和增点攻击，则使用存储的原中心点坐标，否则重新计算中心点坐标，接着对待检测矢量地理数据按照上述步骤 2~步骤 5 提取出二进制角度序列 M^*，然后依次对 M^* 和 Z 中每个零水印序列进行异或运算得到版权序列并计算 NC 值，最后取 NC 值最高的版权图像为水印图像。零水印检测流程如图 2.10 所示。

2.3.3　实验与分析

1. 实验数据与参数设置

为了验证本节提出的零水印算法的有效性，实验选取了 1∶5 000 000 "江苏省行政区

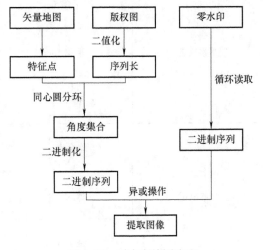

图 2.10　零水印检测流程

县级边界"作为矢量数据，如图2.11a所示，数据格式为 Shapefile，坐标系为 China Geodetic Coordinate System 2000，顶点数为 100251 个；以大小 32 像素×32 像素有意义 logo 二值图作为版权信息，如图2.11b所示。特征点采用道格拉斯-普客法，阈值设定为 0.006km，提取出的特征点数量为 9968 个，压缩率为 90.05%。本实验使用归一化相关系数（NC 值）来评价提取水印与原始水印间的相似度，将 NC 值的阈值设定为 0.75。

a)江苏省行政区县级边界　　　　b)版权图

图2.11　零水印实验数据

2. 几何攻击

本实验对矢量地理数据进行一系列旋转、缩放和平移（Rotate，Scale & Translation，RST）攻击。首先对数据分别进行不同距离的平移：5m，10m 和 20m；不同比例的放大和缩小：缩小为 $\frac{1}{2}$，放大 2 倍以及放大 5 倍；不同角度的中心旋转：旋转 30°，旋转 60°以及旋转 180°，然后再对攻击后的矢量数据进行水印信息的提取。

实验结果见表2.1，随着 RST 攻击的增强，算法所提取出零水印 NC 值始终为 1。这是因为 RST 攻击不会改变特征点之间的相对位置关系以及拐点的角度值。因此，本算法完全抵抗 RST 攻击。

表 2.1　几何攻击实验结果

攻击类型	攻击程度	提取效果	相似度（NC）
平移攻击	平移 5m		1.000
	平移 10m		1.000
	平移 20m		1.000
缩放攻击	缩小为 $\frac{1}{2}$		1.000
	放大 2 倍		1.000
	放大 5 倍		1.000

（续）

攻击类型	攻击程度	提取效果	相似度（NC）
旋转攻击	旋转30°		1.000
	旋转60°		1.000
	旋转180°		1.000

3. 裁剪和增加

裁剪和增加是矢量地理数据常见的数据处理方式。裁剪攻击是以裁剪率为特征，裁剪率定义为被裁剪的数据占整个数据的百分比。增加攻击与裁剪攻击相对，其中增加比例是指新增的数据占原数据的百分比。如图 2.12 所示，本实验通过裁剪和增加相邻区域来进行攻击，其中裁剪攻击的强度依次为 10%、70% 和 80%，而增加攻击强度依次为 10%、50%、100%，攻击后的结果见表 2.2。

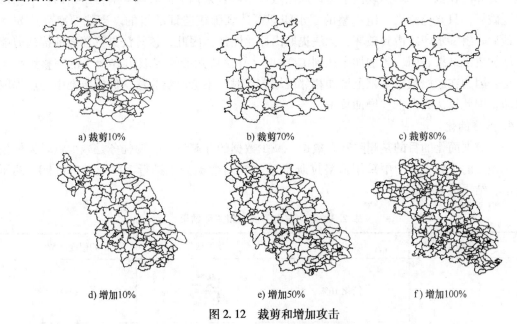

a) 裁剪10%　　　　　b) 裁剪70%　　　　　c) 裁剪80%

d) 增加10%　　　　　e) 增加50%　　　　　f) 增加100%

图 2.12　裁剪和增加攻击

表 2.2　裁剪和增加攻击下的水印提取结果

攻击类型	攻击程度	提取效果	相似度（NC）
裁剪	裁剪 10%		1.000
	裁剪 70%		1.000

（续）

攻击类型	攻击程度	提取效果	相似度（NC）
裁剪	裁剪80%		0.532
增加	增加10%		1.000
	增加50%		1.000
	增加100%		1.000

由表2.2可知，裁剪率在10%~70%之间时，本算法提取出的版权图像NC值始终为1，这是因为算法在裁剪和增加攻击下是以原始数据中心点来构造同心圆环的，所以即使数据部分遭到破坏，只要检测出一组完整的零水印即可达到版权验证的目的。当裁剪率高达80%时，最后一组零水印才遭到破坏，无法提取出原始图像。因此，该算法具有较强的抗裁剪能力。增加攻击结果表明，当增加率达到100%时，算法依然能够提取出NC=1的完整版权图像。这是因为在原始数据基础上增加相邻区域数据时，不会影响算法从原始数据中心点提取零水印，因此算法完全抵抗增加攻击。

4. 数据简化

矢量数据简化的目的是删除冗余数据，减少数据的存储量，主要任务是减少弧段矢量坐标串中顶点的个数，本节中采用道格拉斯-普客算法对数据分别进行10%、50%和90%的压缩攻击，结果见表2.3。

表2.3 简化攻击下的水印提取结果

攻击类型	攻击方式	提取效果	相似度（NC）
简化	简化10%		1.000
	简化50%		1.000
	简化90%		1.000

实验结果显示，当压缩率在10%~90%之间时，压缩后的数据始终能够提取出NC=1的

完整版权图像，这是因为本算法对数据进行了 90.05% 压缩率特征点提取。因此在实际应用中，应根据矢量数据大小合理给定压缩值构造零水印，在不影响水印构造的前提下，压缩值越小，算法抗简化能力越高。由此可知，本算法能够较好地抵抗简化攻击。

5. 本算法与其他算法对比

为了验证本节算法构造的零水印在水印攻击下的优势，分别与文献［33］、文献［35］和文献［13］进行实验对比。其中文献［33］通过构造同心圆，统计环中点的个数来生成零水印；文献［35］则是通过格网划分，统计格网中点个数来生成零水印；文献［13］通过建立图形复杂度指数，将空间拓扑信息和空间几何形态信息转化为零水印。

（1）唯一性认证对比

由于零水印并不直接添加到原始数据中，且数字水印必须是唯一的，因此需要验证算法是否具有唯一性。本节选取了三种不同的 GIS 矢量线要素数据集进行实验。如图 2.13 所示，其中图 2.13a 是鼓楼区街道矢量数据；图 2.13b 是秦淮区街道矢量数据；图 2.13c 是玄武区街道矢量数据。验证方法为：对图 2.13a 中数据提取出的零水印分别与图 2.13b 和图 2.13c 所提取的零水印计算 NC 值，结果见表 2.4。

a) 鼓楼区街道　　　　　b) 秦淮区街道　　　　　c) 玄武区街道

图 2.13　唯一性验证数据

表 2.4　算法零水印唯一性验证结果

数据名称	本节 NC 值	文献［33］ NC 值	文献［35］ NC 值	文献［13］ NC 值
鼓楼区街道	1.000	1.000	1.000	1.000
秦淮区街道	0.523	0.828	0.480	0.671
玄武区街道	0.541	0.831	0.454	0.557

由上表可知，本节算法、文献［35］和文献［13］算法所提取零水印的 NC 值均小于 0.75，所以具备唯一性，而文献［33］所提取出的零水印 NC 均高于 0.75 并不满足零水印唯一性的特征。

（2）水印鲁棒性对比

分别对本节算法、文献［33］、文献［35］和文献［13］算法进行不同强度的旋转、裁剪、增加、简化攻击，对比实验如图 2.14 所示，文献［33］在四种攻击下 NC 值均高于阈值，但其算法并不具备唯一性；而文献［35］在各攻击下的 NC 值都低于阈值，算法鲁棒性较差；文献［13］完全抵抗旋转攻击，但在裁剪、增加和简化攻击强度超过 30% 左右时，

NC 值开始低于阈值。而本节算法不仅完全抵抗旋转、增加、简化攻击，并且当裁剪率高于70%时能完整地提取出版权图像，算法效果最佳、鲁棒性最强。

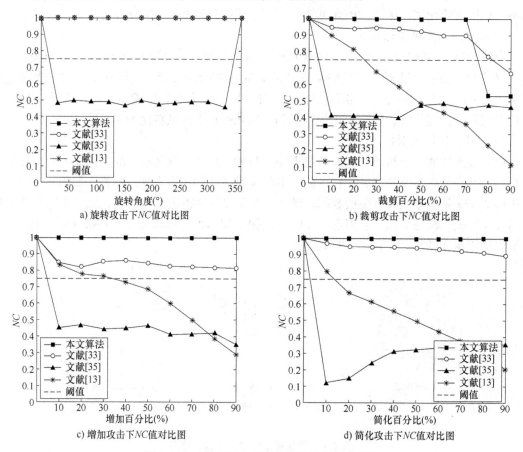

a) 旋转攻击下NC值对比图

b) 裁剪攻击下NC值对比图

c) 增加攻击下NC值对比图

d) 简化攻击下NC值对比图

图 2.14　不同水印攻击下的算法鲁棒性对比图

6. 本模型与传统 IPR 模型对比

除了对算法有高鲁棒性要求外，让水印信息具有公信力和法律效应也是零水印技术能得以实际应用的关键。如表 2.5 所示，本方案将从五个方面对比传统 IPR 模型和本方案提出的区块链模型在零水印版权认证方面的优劣，分别是：公信力、审核周期、登记费用、解释攻击和版权溯源。

表 2.5　区块链与传统 IPR 注册优劣势比较

评价指标	区块链模型	传统 IPR 模型
公信力	强	一般
审核周期	无需审核	周期长
登记费用	无需费用	价格昂贵
解释攻击	完全抵抗	无法抵抗
版权溯源	可溯源	无法溯源

在公信力方面，区块链是去中心化的分布式系统，水印信息上链就无法修改，公信力高；而传统的 IPR 本质上是一个中心化的数据库，存在人为篡改数据的风险，公信力不足。审核周期是指版权从注册到正式生效所需的时长，水印信息上链后版权即刻生效，无需审核；而传统 IPR 版权注册需要 30 个工作日的时间，且流程复杂，另费用需 30~50 美金。在区块链上的一次版权注册成本低廉，对于海量需要版权认证的矢量数据而言，区块链无疑是最佳的选择。解释攻击是指多方提取出相同的版权，无法确定版权归属的侵权方式，因为传统的 IPR 注册各机构规定的登记程序、标准以及证书很难做到统一，并且其版权申请入库时间难以以一家为准，如果出现多家多次注册的情况，版权归属则无法确认，缺乏权威性；而区块链每个区块都自带时间戳，一旦发生版权纠纷，只需要找到该数据在链上的第一条分发信息就能确定版权归属，完全抵抗解释攻击。另外，本方案所设计的区块链系统数据分发和零水印上链同步，保证了数据的可溯源；而传统的 IPR 版权注册无法追溯侵权的源头。

因此，传统的 IPR 版权注册审核周期长、登记费用高并且无法应对解释攻击与版权溯源需求，这也是零水印概念提出至今没有真正实际应用的关键问题之一。本节提出的基于区块链的矢量数据零水印注册模型给出了一套切实可行的零水印应用方案。

另外，本节模型不仅只局限在矢量数据版权方面，它也适用于任何零水印方法，包括图像、视频、音频等的零水印，均可以采用本节提供的解决方案。

2.3.4 小结

针对目前零水印因自身需要在第三方存储版权信息而导致信息易被损坏、版权归属难确认等缺陷，提出了一种基于区块链的矢量地理数据零水印注册模型。该模型相比于传统的 IPR 注册，区块链存储系统使得数据分发可溯源、高效且价格低廉。并在此基础上，提出了一种基于角度特征的同心圆结构强的鲁棒性零水印算法，利用线和面矢量要素中大量拐点的角度信息，进行同心圆分块并构造多零水印序列。实验证明，该算法具有唯一性高的同时，在不同强度的旋转、裁剪、简化等常见的水印攻击下都表现出了较好的鲁棒性。本节将零水印与区块链技术相结合，实现了无损的数据保护方案，当发生版权纠纷时，通过公开算法提取版权标识与区块链上标识比对，即可实现无损矢量地理数据的版权保护，为零水印版权认证方式提供了一种全新的思路。

2.4　基于区块链和零水印的矢量地理数据交易存证模型及实现

为有效解决矢量地理数据交易过程中交易双方互信问题，本节提出了一种结合零水印、星际文件系统（Inter-Planetary File System，IPFS）和智能合约技术的矢量地理数据交易存证模型。该模型利用区块链结合 IPFS 网络构建了一种新型的零水印注册机制，消除了对第三方 IPR 机构的依赖，还通过智能合约的设计在零水印注册的同时将交易信息上链永久存证，实现零水印注册的时间戳认证。模型中区块链存证的不可篡改性与智能合约自动执行的运行机制使交易双方能够在无第三方监管的情况下达成共识、实现互信。在模型基础上结合 2.3 节的零水印版权保护模型，以蚂蚁开放联盟链作为智能合约开发平台，实现了矢量地理数据交易存证与版权保护系统。利用本系统，交易双方可调用智能合约获取链上交易凭证，再通过从 IPFS 网络下载的零水印提取数据的水印信息，最终结合交易凭证与水印信息进行数据版权确认与来源追溯，进而有效维权或解决纠纷。

2.4.1　IPFS 特征分析

IPFS 是一个创建于 2014 年，基于区块链技术的开源项目。该项目搭建了一个哈希验证数据完整性、分布式的、可全世界通过内容寻址的去中心化存储系统，因此该系统具备数据安全防篡改、访问速度快、没有单点故障等优点。参考 2.3 节提出的基于区块链的矢量地理数据零水印注册模型，同理 IPFS 可以很好地替代现有的零水印体系中的 IPR 管理机构。在水印生成阶段对零水印进行注册登记，在水印检测阶段对比注册结果，实现版权鉴定和来源追溯。

对于每一个上传的零水印文件，IPFS 网络都会分配一个与存储位置无关、仅与内容相关的哈希值形式的文件地址，任何上网的设备上都能够通过文件的哈希地址访问和下载保存在 IPFS 网络里的零水印文件。此哈希值和文件内容具有唯一映射关系，数据一旦被修改再次经过哈希运算就会生成完全不同的哈希值，所以在 IPFS 网络上保存的零水印很难被篡改。访问和下载数据时，IPFS 通过分布式哈希表可以迅速发现其存储位置。即便某个网络节点被撤销，该数据依然可以被正常访问。使用 IPFS 网络代替原有的 IPR 管理机构，不仅可以提高零水印的安全性，而且可以降低零水印的注册成本。

2.4.2　矢量地理数据交易存证模型

基于 IPFS 技术特征分析结果，针对矢量地理数据安全性高、数据量大的特点及交易存证和版本保护需求，本节提出了一种结合零水印、IPFS、智能合约技术的矢量地理数据交易存证模型，如图 2.15 所示。

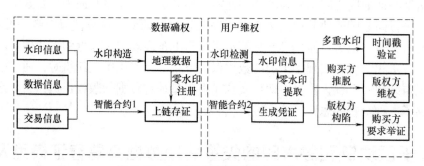

图 2.15　矢量地理数据交易存证模型

模型分为数据确权与用户维权两个部分，数据确权包括：①利用数据稳健的特征不变量生成特征图与水印信息进行异或运算构造零水印；②在 IPFS 网络完成零水印注册，将注册获得的文件地址与交易信息、数据信息、水印信息绑定，通过调用智能合约 1 上链存证。用户维权包括：①通过调用智能合约 2 获取此数据的链上交易凭证；②根据交易凭证上的文件地址从 IPFS 网络下载零水印；③利用提取的零水印完成水印检测，获取版权及交易信息并结合交易凭证完成维权或解决纠纷。

本节使用区块链与 IPFS 网络结合的方案代替传统零水印 IPR 注册机构，可以消除对第三方机构的依赖。通过智能合约的设计可以实现零水印注册与版权信息上链存证过程的自动执行。一旦零水印在 IPFS 网络完成注册且交易信息上链存证，矢量地理数据就已在零水印及区块链技术的保护之下。

本节中智能合约 1 是矢量地理数据交易信息存证合约，智能合约 2 是矢量地理数据交易凭证生成合约。参考图 2.4 中智能合约的模型结构，交易信息存证合约的外部输入数据包含交易信息、数据信息与水印信息；预置响应条件为交易双方数字签名校验完成且接收到零水印文件地址；预置响应动作是将数据信息、交易信息与零水印 IPFS 文件地址等信息绑定上链存证并返回链上交易 Hash 值。交易凭证生成合约的外部输入数据为链上交易 Hash 值；预置响应条件为链上交易 Hash 值存在；预置响应动作是生成对应的交易凭证。

在本节中，如果能够从某一数据中提取出多个版权信息，那么可以根据交易凭证中的时间戳来确定真实版权归属，即最早上链认证的版权方为数据的真正拥有者，从而解决了由于多重水印引起的多方版权声明问题。在数据外泄或被盗用时，版权方可提取水印中版权及交易信息并追溯泄露数据购买方进行维权，如果购买方推脱责任，版权方可通过智能合约 2 生成经过区块链技术认定的交易凭证锁定数据交易流向，进而确认责任人。如果版权方试图通过虚假水印构陷购买方，购买方有权要求版权方提交交易凭证举证。在本节内，智能合约 1 执行交易存证前需校验交易双方的数字签名，从而杜绝了版权方单方面上链存证的可能，进而也保护了购买方免受恶意版权方构陷的风险。

2.4.3 基于快速响应码的矢量地理数据零水印算法

为了满足矢量地理数据交易存证需求，充分利用矢量地理数据的特征不变量，结合 2.3 节所提出的零水印版权保护模型，本节提出了一种基于快速响应（Quick Response，QR）码的矢量地理数据零水印算法。QR 码兼具数据量小、信息容量大、自纠错强和识读快速等全方位技术优势，在相同的几何空间内能够承载更多的信息。因此，将交易双方的信息以 QR 码的形式编码为原始水印，在保护版权的同时还能够在数据外泄后追溯泄露责任人。QR 码在水印检测时无需任何附加信息，可直接扫码识读，相较于无意义水印信息检测更为便捷，其强大的自纠错功能则有助于提高水印检测结果的准确性。

1. QR 码简介

QR 码属于矩阵式二维条形码，目前被广泛应用于票据验证、在线社交、宣传推广和移动支付等领域。在数字水印技术研究中，如图 2.16 所示，QR 码一般用于对原始信息进行编码，编码后生成 QR 码图像可作为水印信息嵌入载体数据。

图 2.16　QR 码图像

最早的 QR 码技术标准由日本的 Dens-Wave 公司在 1994 年 9 月提出，对应的 ISO 国际标准 ISO/IES18004 则在 2000 年 6 月获得批准。区别于 PDF417 码、Data Matrix 码等传统的二维条形码，QR 码图像在扫码识读时不再依赖传统的线性扫描方式，允许识读设备（CCD 二维条形码识读器或拥有摄像头的智能终端设备等）直接定位 QR 码图像的位置探测图形，并通过解码软件读取 QR 码图像中的信息，从而大大缩短了信息识读过程。此外，由于对反射角度的要求低于其他二维条形码，使得 QR 码不仅能以传统的印刷方式出现，还可以直接通过显示设备（如液晶屏等）输出，且不同的介质

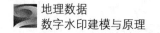
不会影响其识读效果。

QR 码图像通常呈正方形，只包含黑色和白色像元，属于二值图像，其表征的信息由黑白像元的排列组合确定。图 2.16 是一幅扫码结果为"数字水印"的 QR 码图像。QR 码中用于表征信息的单元被称为模块，不同的模块数量对应不同的符号版本。QR 码共有 40 个符号版本，版本 1 的 QR 码包含 21×21 个模块，版本 40 的 QR 码则包含 177×177 个模块，QR 码的版本号每增加 1，每边的模块数增加 4 个。

2. QR 码的特点

QR 码可在包装印刷、票据验证、在线社交、宣传推广和移动支付等诸多领域得到广泛的应用，与其技术特点有着直接的关系。QR 码除了具备一般二维条形码可靠性高、可表示多种文字信息和防伪性强等优势外，还具有以下 5 个方面的技术特点：

1）识读速度高。QR 码的符号结构和编码方式使其具备了利用图像捕获设备，配合识别软件进行快速识读的可能性。QR 码的识读速度是 PDF417 码的 10 倍，利用 CCD 二维条形码识读设备，每秒钟能够识读 30 条内容为 100 个字符的 QR 码。

2）编码支持广。QR 码拥有目前二维条形码中最为完备的编码字符集，可储存数字型数据、字母数字型数据、8 位字节型数据、日本汉字字符和中国汉字字符等多种不同类型的数据。

3）信息容量大。得益于高效的编码方式，QR 码能够在有限的二值图像空间内存储大量的信息，兼具高数据密度和低占用空间的特点。以版本 40 的 QR 码为例，其极限数据容量可达 7089 个数字型数据、4296 个字母数字型数据、2953 个 8 位字节数据或是 1817 个中国汉字字符。

4）全方位识读。QR 码具有 360°全方位识读功能，这是 QR 码优于以 PDF417 码为代表的行排式二维条形码的一个显著特点。当使用扫码识读器对 PDF417 码进行扫码时，其识读方位角仅有±10°，而 QR 码的扫码识读过程则完全不受方位角的限制。QR 码的全方位识读特性如图 2.16 所示。对图 2.16 中的 QR 码图像逆时针旋转 45°、90°和 180°，分别得到图 2.17a、2.17b 和 2.17c。之后再对图 2.17 中的 3 幅 QR 码图像进行扫码识读，其识读结果与未经旋转处理前完全一致。

a) 旋转45°   b) 旋转90°   c) 旋转180°

图 2.17 QR 码的全方位识读特性

5）纠错能力强。QR 码是一种带有自纠错功能的二维条形码。QR 码的自纠错能力从高至低分为 4 个等级：其中最高的 H 等级可纠正 30%的误码，最低的 L 等级亦可纠正 7%的误码，还有纠错率为 25%的 Q 等级和纠错率为 15%的 M 等级，可以根据实际需要灵活选择相应的纠错等级。

3. QR 码水印信息的优势

由前节中对 QR 码特点的分析可知，使用 QR 码作为水印信息具有以下 3 个方面的优势：

1）QR 码可对多种不同类型的数据进行编码，且能够在有限的几何空间内储存丰富的信息，很适合用于将数字产品的版权认证信息编码为水印信息。

2）QR 码是一种具备高度通用性的有意义编码，可以直接利用不同平台、不同客户端的解码软件进行快速扫码识读，便于用户进行水印检测。

3）QR 码的自纠错能力有利于提升水印算法的鲁棒性，即使载体数据遭受攻击，也能够在一定程度上减少攻击对水印信息的影响，保证水印检测结果的准确性。

4. QR 码图像的生成过程

QR 码图像的生成过程共分为以下 7 个步骤。

步骤 1：数据分析。分析待编码的数据流，选定编码字符类型。

步骤 2：数据编码。根据编码规则将数据字符转换为位流。

步骤 3：纠错编码。将编码后的数据分块，按块生成与数据对应的纠错码字，并将纠错码字附在数据码字之后。

步骤 4：构造最终信息，在各个分块中植入数据和纠错码字，必要时填充剩余位。

步骤 5：在 QR 码图像矩阵中布置模块。

步骤 6：掩模。采用标准的 8 种掩模图形一次对编码区域的位图进行掩模处理，并从 8 种掩模结果中择优选用。

步骤 7：在图像矩阵中附加版本信息和格式信息，生成最终的 QR 码图像。

5. 零水印算法

零水印算法包括零水印构造、零水印提取及版权确认和零水印注册下载三个环节。算法流程如图 2.18 所示。其中零水印构造环节包括①~③步骤；零水印提取及版权确认环节包括④~⑥步骤；零水印在区块链上的注册及查询下载环节对应⑦、⑧两步骤。

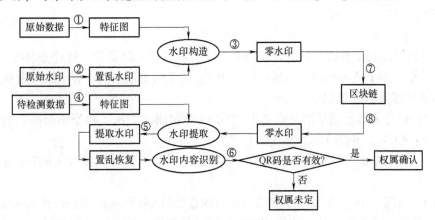

图 2.18　零水印算法流程

6. 零水印构造

本节使用奇异值分解（Singular Value Decomposition，SVD）方法构造零水印。SVD 是直接在原始矩阵上进行的矩阵分解，对非方阵矩阵也同样有效。其定义如式（2.6）所示。

$$Data_{m \times n} = U_{m \times m} \Sigma_{m \times n} V_{n \times n}^{T}$$ （2.6）

奇异值分解可以将矩阵 $Data_{m \times n}$ 分解得到左奇异矩阵 $U_{m \times m}$，对角矩阵 $\Sigma_{m \times n}$，右奇异矩阵 $V_{n \times n}^{T}$。对角矩阵 $\Sigma_{m \times n}$ 对角元素称为奇异值。奇异值用于零水印构造的主要理论背景是矩阵奇异值的稳定性非常好，即当矩阵被施加小的扰动时矩阵的奇异值不会有很大的变化。而且奇异值可以表现矩阵的内蕴特性，反映了矩阵元素之间的内在关系[39]。

步骤 1： 不同类别矢量地理数据需根据其数据的特征不变量，构造与水印相同大小的特征图。

对于矢量地理数据，首先使用道格拉斯-普克算法筛选出较为稳定的特征点，增强零水印算法抵抗简化攻击的能力。然后利用特征点的 X、Y 坐标的最大值与最小值构建特征点的最小外接矩形，根据原始水印大小将此最小外接矩形等比例地平均分为对应数量的子块，将每个子块中所有特征点的 X 坐标值与 Y 坐标值组成两个向量，分别对两个向量进行奇异值分解，同样也取出 X、Y 坐标值向量奇异值矩阵的第一个奇异值进行比较大小，如果 X 坐标向量的奇异值大于 Y 坐标向量的，则此子块取值 1，否则取值 0。这样各子块值就组成了一个与原始水印相同大小的二值化特征图。

步骤 2： 将版权交易信息编码并转换为二值化的 QR 码水印图像作为原始水印，再对 QR 码水印图像进行预处理。本节采用基于 Arnold 变换的 QR 码水印图像置乱安全技术实现水印信息加密，对于阶数为 N 的二维数字图像，Arnold 变换的定义如式（2.7）所示。

$$\begin{bmatrix} x' \\ y' \end{bmatrix} = \begin{bmatrix} 1 & 1 \\ 1 & 2 \end{bmatrix} \begin{bmatrix} x \\ y \end{bmatrix} \mod(N) \tag{2.7}$$

式中，$(x,y) \in \{0,1,2,\cdots,N-1\}$ 为变换前像素点的坐标；$(x',y') \in \{0,1,2,\cdots,N-1\}$ 为变换后像素点的坐标；mod 为取模运算。

Arnold 变换实质上是改变空间像素点坐标的迭代运算，变换后各个像素点的位置将重新排列，从而达到置乱图像的目的。

步骤 3： 将特征图 I 与置乱后的 QR 码水印图 M 进行异或运算即可得到零水印图像 W。异或运算如式（2.8）所示。

$$W = I \oplus M \tag{2.8}$$

$\oplus$ 是按位异或的运算符号，它是将两个运算参数按二进制展开，然后分别将相对应的位进行异或运算，两个值不相同，则异或结果为 1。如果两个值相同，异或结果为 0。

7. 零水印检测及权属确认

步骤 1： 将待检测数据采用与图 2.18 中步骤①相同的方法，根据不同类别数据的特征不变量，构造出与水印相同大小的特征图。

步骤 2： 将特征图与区块链中提取的零水印进行异或运算得到提取出的置乱后的 QR 码水印图。

步骤 3： 将图 2.18 中步骤⑤中获得的提取的置乱后 QR 码水印图进行置乱恢复处理，对恢复后的 QR 码直接扫码，进行内容识别，即可确认权属，并获取数据交易详情。

8. 零水印注册及提取

步骤 1： 通过接入 IPFS Lite 库的客户端程序将零水印图像上传至 IPFS 网络。IPFS 网络对上传的文件分配一个哈希值形式的文件地址，获得该文件的 IPFS 地址即可认定为完成零水印注册。

步骤 2： 通过文件的地址，即可通过接入 IPFS Lite 库的客户端访问和下载保存在 IPFS

网络里的零水印。

2.4.4　智能合约设计与调用

1. 智能合约平台选择

智能合约的开发与设计需依托于一个成熟的智能合约平台。蚂蚁开放联盟链是当下发展较为成熟且具有公信力的开放联盟链平台之一，开发者可以通过蚂蚁开放联盟链直接实现业务和区块链的快速结合，解决了现有区块链网络费用高、无法大规模商用落地等问题。因此本节针对矢量地理数据交易存证和版权保护的需求，选择蚂蚁开放联盟链作为智能合约平台，根据模型中交易信息存证合约、交易凭证生成合约的设计思路，基于蚂蚁开放联盟链提供的 Cloud IDE 在线合约开发环境编写 Solidity 类型的合约脚本代码，并使用开放联盟链 BaaS 平台提供的合约管理功能，完成了智能合约的创建与部署。

2. 智能合约设计

智能合约的功能设计如图 2.19 所示。在数据确权环节，Solidity 编程语言提供了数字签名和验证签名的操作，基于此操作智能合约 1 即矢量地理数据交易信息存证合约设计了防止版权方单独存证的执行逻辑。在接收到零水印在 IPFS 网络注册的文件地址（ipfsAddress）且交易双方数字签名（digitalSignature）校验完成时则满足智能合约 1 的预置响应条件，智能合约 1 自动执行预置响应动作即将数据信息、交易信息与零水印 IPFS 文件地址等信息绑定上链存证，并通过 transactionHash 方法向交易双方返回链上交易 Hash 值。

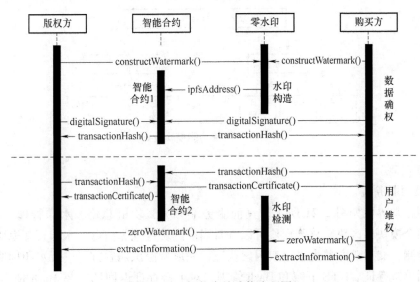

图 2.19　智能合约功能流程图

在用户维权环节，交易双方都可以通过 transactionHash 方法调用智能合约 2 即矢量地理数据交易凭证生成合约。只要提交的蚂蚁链上交易 Hash 存在即满足预置响应条件，智能合约 2 即会通过 transactionCertificate 方法生成对应的交易凭证返回给交易双方。交易双方可通过交易凭证中 IPFS 文件地址下载零水印（zeroWatermark）后即可使用 extractInformation 方法获取数据中版权及交易信息，结合交易凭证进行维权。

3. 智能合约调用

在合约部署完成的基础上完成智能合约的调用才能实现合约设计的全部功能。发送交易是实现合约调用的方式之一，交易中包含需要调用的合约地址、函数和参数等数据，交易执行成功后会更新合约的状态，并且所有的交易记录等都会保存到区块链中，具有可追溯性。智能合约 1 中矢量地理数据交易信息存证功能即采用这种发送交易的方式调用，因此每次调用需要一定的上链成本。合约调用的另一种方式是通过函数查询调用，这种方式无需发送交易，也不会在区块链中产生记录。智能合约 2 中的矢量地理数据交易凭证生成功能就是采用该调用方式，因此可以零成本无限次生成。

2.4.5 矢量地理数据交易存证及版权保护系统的设计与实现

1. 系统设计

基于提出的矢量地理数据交易存证模型并结合 2.3 节所建立的零水印版权保护模型，本节将蚂蚁开放联盟链作为底层区块链平台，设计了矢量地理数据交易存证与版权保护系统。

系统包括桌面服务端和小程序客户端。系统功能模块设计如图 2.20 所示，系统服务端实现模型中"数据确权"功能，客户端实现模型中"用户维权"功能。蚂蚁开放联盟链作为底层平台支持智能合约的创建与部署，能够供服务端合约管理模块调用智能合约 1，供客户端凭证生成模块调用智能合约 2。交易双方通过服务端能够完成具体的水印构造与检测、上链存证等工作。客户端可以实现交易凭证生成并以二维码的形式导出交易凭证。

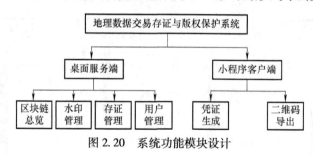

图 2.20 系统功能模块设计

2. 系统实现

（1）桌面服务端

桌面服务端界面如图 2.21 所示。桌面服务端分为区块链总览、水印管理、存证管理、用户管理四个模块：区块链总览模块可以查看当前区块链概况信息；水印管理模块可实现水印构造与检测，交易双方首先进行双因素认证，完成身份识别后方可进行水印构造；存证管理模块包括上链存证、IPFS 下载和 Hash 管理，对上链存证返回的交易 Hash 值与产品 Hash值匹配，进行保存与管理以供后期查询。用户管理模块可进行用户信息与角色管理和日志记录。

（2）小程序客户端

支付宝小程序客户端界面及支付宝二维码凭证如图 2.22 所示，可通过提交交易 Hash 值跳转到蚂蚁区块链浏览器，查看包含所有产品信息、交易信息的凭证具体内容，也可将交易凭证以二维码图片的形式保存到手机，后期可以直接通过支付宝扫码查看交易凭证详情信息。

图 2.21　矢量地理数据交易存证与版权保护系统桌面服务端界面

图 2.22　矢量地理数据交易存证与版权保护系统小程序客户端界面

2.4.6　实验与分析

1. 数据确权实验

实验选用模拟的 1∶50000 shapefile 格式的矢量地理数据（坐标单位为 m）作为交易数据，交易双方分别为测绘档案馆和信息中心。采用 MD5 算法计算出数据 32 位的 Hash 值作为交易双方认同的数据产品唯一标识，计算交易数据 Hash 值后，将"版权方：测绘档案馆购买方：市信息中心产品 Hash 值：11F3ACC10035449A15BFC168E18374CC"文本内容编码为 QR 码作为原始水印。交易双方首先在桌面端登录完成数字签名，然后使用系统中水印构造功能构造出零水印图像，如图 2.23 所示。构造完成后将生成的零水印图像保存到本地。

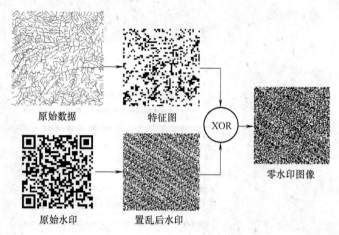

图 2.23　零水印构造过程

水印构造完成后，通过如图 2.21 所示的桌面端上链存证功能模块，在输入零水印路径并填写完交易双方及产品相关信息后，单击"零水印注册并上链存证"按钮实现接入 IPFS Lite 库，将零水印上传到 IPFS 系统完成零水印注册。注册成功后 IPFS 网络就会返回哈希值形式的文件存储地址，智能合约 1 接收到文件地址同时即进行交易双方数字签名验证，满足预置响应条件时将产品信息、水印信息、交易信息以及文件地址绑定上链存证。存证完成后桌面服务端返回上链交易 Hash 值即完成数据确权全过程。系统将交易 Hash 值与数据产品 Hash 值对应保存在 Hash 管理模块，以备维权时检索用于生成交易凭证。

2. 用户维权实验

（1）版权方维权

版权方遭遇交易数据泄露或被盗卖情况时，首先需通过桌面服务端 Hash 管理模块查询原产品 Hash 值对应的链上存证交易 Hash 值，然后在小程序客户端界面提交所需维权产品对应的交易 Hash 值。小程序客户端将跳转到蚂蚁区块链浏览器，得到如图 2.24 所示的交易凭证详情，其中包含所有产品信息、交易信息、水印信息、零水印 IPFS 文件地址和交易时间戳等具体内容。

在提取水印信息时，首先根据交易凭证中的零水印文件地址，通过桌面服务端 IPFS 下载功能接入 IPFS Lite 库下载零水印图像。然后在桌面服务端水印检测功能模块按第 2.4.3 节操作步骤实现零水印检测，过程如图 2.25 所示。最后通过扫描提取水印 QR 码，可读取文本内容为"版权方：测绘档案馆购买方：市信息中心产品：11F3ACC10035449A15BFC168E18374CC"的水印信息。只需比对侵权数据提取的水印信息与交易凭证信息是否一致，如果一致就可以确认数据外泄责任人。

凭证信息经蚂蚁链认证并存储在蚂蚁链唯一区块高度的区块上不可篡改，具有一定的法律效力，版权方因此能够以此凭证结合水印信息作为维权证据依法维权。

若一份数据被多方声称提取出版权信息时，拥有交易凭证者可与其他版权声明方通过比对交易凭证上的时间戳信息，最早零水印注册者可被认定为数据真实版权方，从而解决了多方版权声明问题。

图 2.24　矢量地理数据交易凭证详情信息

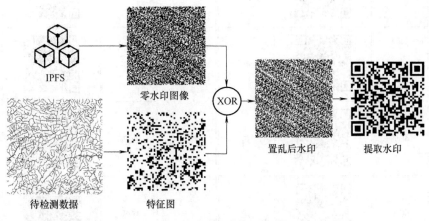

图 2.25　零水印检测过程

（2）购买方维权

购买方在交易完成后，也可以通过小程序端生成并保存支付宝二维码形式的电子凭证。如需维权，可使用支付宝扫码即可查看如图 2.24 所示的凭证详情并作为维权依据保障其合法使用权，既方便快捷又安全高效。

购买方如遇版权方使用虚假水印恶意构陷时，则可要求对方提交交易凭证，证明此交易行为确有发生。由模型中智能合约 1 的预置响应条件可知，智能合约 1 只有双方数字签名校验通过后才可实现上链存证。因此，交易凭证又可以保护其免受构陷。

由以上交易数据确权、用户维权的实验结果及分析可知，本系统既可以保护版权方利益又能够保障购买方权益。以区块链技术为依托，基于本节交易双方可达成共识，在无第三方监管情况下实现互相信任，并在水印与链上交易凭证双重保障下实现矢量地理数据安全交易。

3. 零水印鲁棒性实验

为了验证所提出零水印算法的鲁棒性，对原始数据进行了如裁剪、平移、简化、增加等攻击后，再使用系统完成水印提取实验并进行扫码识别。实验结果见表2.6。

表2.6　攻击实验结果

攻击类型	攻击程度	提取结果	识别与否	攻击类型	攻击程度	提取结果	识别与否
裁剪	10%		是	平移	30km		是
	30%		是		60km		是
	50%		是		90km		是
简化	20%		是	增加	20%		是
	40%		是		40%		是
	60%		是		60%		是

从表2.6中可见，所构造的零水印算法对裁剪、平移、简化、增加等攻击均具有较强的抗攻击能力，因此本节提出的算法具有较高的鲁棒性和有效性。

2.4.7　小结

本节针对矢量地理数据存在难以进行安全可信交易的问题，将区块链技术与零水印技术有机结合，建立了基于区块链和数字水印技术的矢量地理数据交易存证模型，提出了适用于该模型的矢量地理数据零水印算法；并以蚂蚁开放联盟链为智能合约开发平台，构建以IPFS系统为基础的零水印注册机制，研发了矢量地理数据交易存证与版权保护系统。通过区块链技术实现了交易信息对双方透明、可追溯以及不可篡改，通过零水印实现了数据交易及使用的全程版权保护，从而交易双方可以实现数据产品版权与使用权的快速确认。结合水印信息与链上交易凭证可实现有效维权，提高确权效率的同时能够降低维权成本。实验结果表明，本节提出的零水印算法具有较强的鲁棒性，建立的模型能够有效地解决矢量地理数据交易过程中存在的交易双方互信和多方版权声明问题。为实现数据交易存证和版权保护提供了新的手段，对矢量地理数据安全流通、可信交易和广泛应用都具有重要的价值。

参考文献

[1] 温泉，孙锬锋，王树勋. 零水印的概念与应用 [J]. 电子学报，2003，31（2）：214-216.

[2] YU X, WANG C, ZHOU X. A hybrid transforms-based robust video zero-watermarking algorithm for resisting high efficiency video coding compression [J]. IEEE Access, 2019, 7.

[3] 李文德. 矢量线状要素数据零水印算法研究 [D]. 兰州：兰州交通大学，2016.

[4] 梁伟东，张新长，奚旭，等. 基于零水印与脆弱水印的矢量地理数据多重水印算法 [J]. 中山大学学报（自然科学版），2018，57（4）：1-8.

[5] 吕文清，张黎明. 一种基于分布中心的矢量数据零水印算法 [J]. 测绘工程，2017，26（8）：50-53.

[6] 孙俞超，李德. 基于节点特征的矢量地图零水印算法 [J]. 地理与地理信息科学，2017，33（3）：17-21.

[7] 樊彦国，柴江龙，韩志聪，等. 一种基于最小四叉树分块和特征夹角的零水印算法 [J]. 测绘与空间地理信息，2018，41（6）：1-4.

[8] 李文德，闫浩文，王中辉，等. 一种矢量线数据零水印算法 [J]. 测绘科学，2017（03）：143-148.

[9] 吕文清，张黎明. 运用 DFT 的矢量地理数据零水印算法 [J]. 测绘科学技术学报，2018，35（1）：94-98.

[10] LIU Y, YANG F, GAO K, et al. A Zero-watermarking scheme with embedding timestamp in vector maps for big data computing [J]. Cluster Computing, 2017, 20 (4): 3667-3675.

[11] 姜晓琴. 矢量居民地群零水印算法研究 [D]. 兰州：兰州交通大学，2017.

[12] XI X, ZHANG X, LIANG W, et al. Dual zero-watermarking scheme for two-dimensional vector map based on delaunay triangle mesh and singular value decomposition [J]. Applied Sciences, 2019, 9 (4): 642.

[13] LI A, ZHU A. Copyright authentication of digital vector maps based on spatial autocorrelation indices [J]. Earth Science Informatics, 2019, 12 (4): 629-639.

[14] 孙俞超. 矢量地图水印技术在地理信息管理中的应用研究 [D]. 延吉：延边大学，2017.

[15] SATOSHI NAKAMOTO. Bitcoin: a peer-to-peer electronic cash system [J]. Consulted, 2008.

[16] 王元地，李粒，胡谍. 区块链研究综述 [J]. 中国矿业大学学报（社会科学版），2018，20（3）：73-86.

[17] 邵奇峰，金澈清，张召，等. 区块链技术：架构及进展 [J]. 计算机学报，2018，41（5）：969-988.

[18] WANG W, HOANG D T, HU P, et al. A survey on consensus mechanisms and mining strategy management in blockchain networks [J]. IEEE Access, 2019, 7pages.

[19] 朱岩，王静，郭倩，等. 基于区块链的智能合约技术研究进展 [J]. 网络空间安全，2020（9）：19-24.

[20] WANG S, OUYANG L, YUAN Y, et al. Blockchain-enabled smart contracts: architecture, applications, and future trends [J]. IEEE Transactions on Systems, Man, and Cybernetics: Systems, 2019, 49 (11): 2266-2277.

[21] SAVELYEV A. Copyright in the blockchain era: promises and challenges [J]. Computer Law & Security Review, 2018, 34 (3): 550-561.

[22] ZOU R, LV X, WANG B. Blockchain-based photo forensics with permissible transformations [J].

Computers & Security, 2019, 87: 101567.

[23] 吕永飞. 基于区块链的遥感影像数字版权控制技术研究 [D]. 开封: 河南大学, 2019.

[24] MA Z, HUANG W, BI W, et al. A master-slave blockchain paradigm and application in digital rights management [J]. China Communications, 2018, 15 (8): 174-188.

[25] MA Z, JIANG M, GAO H, et al. Blockchain for digital rights management [J]. Future Generation Computer Systems-The International Journal of Escience, 2018, 89: 746-764.

[26] MA Z, HUANG W, GAO H. Secure DRM scheme based on blockchain with high credibility [J]. Chinese Journal of Electronics, 2018, 27 (5): 1025-1036.

[27] MA ZHAOFENG, HUANG WEIHUA, GAO HONGMIN. A new blockchain-based trusted DRM scheme for built-in content protection [J]. EURASIP Journal on Image and Video Processing, 2018, 2018 (1): 91.

[28] 王海龙, 田有亮, 尹鑫. 基于区块链的大数据确权方案 [J]. 计算机科学, 2018, 45 (2): 15-19.

[29] ZHAO B, FANG L, ZHANG H, et al. Y-DWMS: a digital watermark management system based on smart contracts [J]. Sensors, 2019, 19 (14): 17pages.

[30] ZHENG Z, XIE S, DAI H, et al. An overview of blockchain technology: architecture, consensus, and future trends [C]. 6th IEEE International Congress on Big Data, 2017: 557-564.

[31] SAVELYEV A. Copyright in the blockchain era: promises and challenges [J]. Computer Law & Security Review, 2018, 34 (3): 550-561.

[32] LI Z, KANG J, YU R, et al. Consortium blockchain for secure energy trading in industrial internet of things [J]. IEEE Transactions on Industrial Informatics, 2018, 14 (8): 3690-3700.

[33] ZHANG Z, SUN S, WANG Y, et al. Zero-watermarking algorithm for 2D vector map [J]. Computer Engineering and Design, 2009, 30 (6): 1473-1475.

[34] XUN W, HUANG D, ZHANG Z. A robust zero-watermarking algorithm for vector digital maps based on statistical characteristics [J]. Software Application for Economic Analysis and Business Management, 2012, 7 (10): 2349.

[35] WANG P, LI Y, LI F, et al. Secure and traceable copyright management system based on blockchain [C]. IEEE 5th International Conference on Computer and Communications (ICCC), 2019.

[36] 赵丰, 周围. 基于区块链技术保护数字版权问题探析 [J]. 科技与法律, 2017 (1): 59-70.

[37] 林威, 王玉海, 任娜, 等. 基于 QR 码的瓦片遥感影像数字水印算法 [J]. 武汉大学学报 (信息科学版), 2017, 42 (8): 1151-1158.

[38] KADIAN P, ARORA N, ARORA S M. Performance evaluation of robust watermarking using DWT-SVD and RDWT-SVD [C]. 6th International Conference on Signal Processing and Integrated Networks (SPIN), 2019: 987-991.

[39] 梁伟东, 张新长, 奚旭, 等. 基于零水印与脆弱水印的矢量地理数据多重水印算法 [J]. 中山大学学报 (自然科学版), 2018, 57 (4): 1-8.

第 3 章

矢量地理数据无损水印模型

结合区块链的零水印技术对矢量地理数据不会造成任何损坏，可以有效实现对矢量地理数据的版权保护。但是零水印技术仍需要依靠第三方 IPR 机构或者区块链等技术来实现对零水印信息的存储，在实际应用中仍存在一定的局限性。基于存储特征的无损水印方法是通过修改数据的存储特征而不修改数据值的方式嵌入水印信息，有效避免了零水印技术依赖第三方机构的缺陷。

本章首先分析了基于特征的矢量地理数据无损水印的分类及特征，然后研究了矢量地理数据的要素内存储特征和要素间存储特征，最后提出了两个基于要素存储特征的无损水印算法，并进行实验验证和评价。

3.1 矢量地理数据无损水印

无损水印是对数据精度或数据质量没有任何影响的数字水印，即水印信息的嵌入既不会改动数据的坐标值，也不会影响数据原先的使用价值。

3.1.1 无损水印算法分类

当前矢量地理数据无损水印算法大体可以分为三类：

1）可逆水印算法。它在原始数据中嵌入水印信息的同时能够保证原始数据的完整性，在水印提取过程中可以无损地恢复出原始数据。然而，可逆水印技术有一个明显的缺陷，即水印只能使用一次，因为水印信息必须在提取后被移除。因此，该方法不能满足数据在整个使用周期中的版权保护要求。此外，为了满足可逆性和水印嵌入的要求，大多数可逆水印都需要通过破坏原始数据的精度来获得更大的存储空间。因此，从这个角度来看，可逆水印在一定程度上并不属于真正的无损水印。

2）零水印技术。该类方法不修改数据坐标值，只是利用数据的特征值生成水印信息，并将生成的水印信息存储到第三方版权机构中，从而用于数据的水印检测。该类方法的核心是矢量地理数据稳健特征值的提取。常见的有基于统计特征和几何特征的特征值提取方法，如基于统计特征的方法使用同心圆将地图分为多个圆环，并计算每个环中的顶点数，将每个环内的顶点数作为统计特征信息；然后，将顶点数与版权信息结合生成水印信息。该方法可以有效抵抗平移、缩放、旋转等攻击，然而该方法的水印信息存储方式过于依赖第三方版权机构，在实际应用中存在一定的局限性。

3）基于存储特征的无损水印方法。它是通过矢量地理数据中要素存储顺序而不修改坐标值的方式来嵌入水印信息。例如，Zhou 等人根据线状要素的存储特征，将每条线要素的存储方向进行了量化表示。通过判断水印信息与每条线要素的存储方向量化值是否相同来进行水印信息嵌入，如果二者相同，则该条线状要素的存储顺序不变；否则逆存储该条线状要素的存储顺序。Vybornova 等人通过循环偏移面要素中顶点的存储位置，该面要素对应的水印信息由其第一个顶点的空间相对位置量化为水印信息。这类方法充分利用了矢量地理数据中要素的存储特征，有效避免了无损水印一次性版权保护和零水印依赖第三方机构的缺陷。

通过上述分析可以看出，可逆水印方法能够在提取水印的同时去除水印并恢复数据，但只能实现对矢量地理数据的一次性版权保护，且有些算法对矢量地理数据仍有损坏。零水印方法虽然对矢量地理数据不会造成任何损坏，但是它的实现需要依赖第三方版权机构，不利于实际应用。基于存储特征的无损水印方法不仅可以保证数据精度，有效解决了前两类方法的不足，并且具有较好的鲁棒性和实用性。

3.1.2　存储特征与无损水印算法

矢量地理数据由地理要素构成，这些要素可以是点要素、线要素或面要素等，而要素又包含顶点和属性信息。为便于描述，本章不考虑矢量地理数据的属性信息，且仅以二维矢量地理数据为例进行研究。

通常，点要素通常只含有一个顶点，而线要素、面要素则含有多个顶点，这些顶点按照指定的规则进行存储和渲染，便得到了我们所见到的矢量地理数据。针对矢量地理数据位置明显、属性隐含的特征，许德合指出矢量地理数据各要素间顺序调整，并不会影响矢量地理数据的可视效果及量算精度。Cao 等人也提到矢量地理数据存储无序、组织有序，该特征使得在矢量地理数据中隐藏水印存在可行性，应该充分使用这个特征。

因此，矢量地理数据的存储特征为无损水印算法的实现提供了条件。从要素层面出发，可以将矢量地理数据的存储特征分为要素内存储特征和要素间存储特征。

3.1.3　要素内存储特征

要素内存储特征是指矢量地理数据要素内部顶点的存储特征。矢量地理数据要素内部顶点之间既有存储关系也有空间关系。存储关系是指顶点之间的存储顺序，对线要素来说，对其内部顶点进行逆序存储不会影响数据的显示效果和使用价值，即可以实现数据的精度无损；而其空间关系的修改，则不能保证顶点坐标的精度无损，因为空间关系修改的本质是坐标值的改动。这里以矢量地理线数据为例来阐述矢量地理数据的要素内存储特征。

矢量地理线数据是由若干线要素构成的，每个线要素又是由若干顶点构成。其中每个顶点都含有空间坐标 (x, y)，同时还可能包含其他附属信息，如高程信息等。构成线要素的顶点以特定的规则结合，经过渲染得到了线要素。图 3.1 为道路线数据，其渲染结果如图 3.1a所示，依次将每个线要素内部的顶点逆序存储，得到图 3.1b 所示的渲染结果。

从裸眼的视觉效果可以判断，图 3.1a 和图 3.1b 的渲染结果相同。不过，单从定性角度上做出判断还远远不够，表 3.1 从定量角度对比逆序前后两份线数据的空间坐标值的变化情况。由此可知，改变线要素内部顶点的存储顺序对数据的坐标值、要素数目等都没有影响。即线要素内部顶点的逆序存储改变不会影响矢量地理线数据的精度，也不影响其在终端的渲染结果。

a) 原始存储顺序 b) 逆序后

图 3.1　线要素的渲染结果

表 3.1　定量统计

统计指标	逆序前	逆序后
线要素数目	189	189
顶点数目	3002	3002
坐标变动的顶点数目	0	0

根据以上分析，如果采用改变线要素内部顶点的存储特征来实现水印信息嵌入，那么水印信息的嵌入不会影响矢量地理线数据的精度，其拓扑关系也将全部保持，因此可以满足高精度矢量地理数据的版权保护和安全性需求。

3.1.4　要素间存储特征

要素内存储特征仅仅适用于矢量地理线要素，无法提取点要素和面要素的要素内存储特征，这极大地束缚了其应用场景。因此，本节将对要素内的存储特征进行扩展，从要素内扩展到要素间，提出要素间存储特征，即在不同要素之间构造稳定的存储特征。

为了更好地实现点、线和面三者统一表征的要素间存储特征，本节提出线对的概念。线对是指对矢量地理数据中点要素、线要素和面要素的一种抽象与组合，这种组合赋予了线对一些特殊的特征，可以为无损水印算法所使用。其中，线对也将是整个无损水印算法最小的操作单元。图 3.2 给出了线对的构造过程，首先是点要素和面要素都统一为线要素，然后通过线要素的两两组合得到线对。接下来将给出更为具体的线对构造过程。

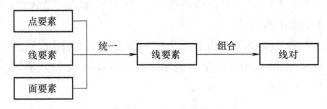

图 3.2　线对的构造

1. 统一点要素为线要素

矢量地理点数据中包含一系列的离散顶点，每个顶点都包含坐标和属性信息等。为了便于描述，我们认为点要素与顶点相同，则矢量地理点数据可表示为 $V=\{v_1,v_2,v_3,\cdots,v_i,\cdots,v_{np}\}$，其中 np 表示顶点的个数，$v_i=(x_i,y_i)$ 表示第 i 个顶点，x 和 y 分别表示顶点 v_i 在 x 轴的坐标和 y 轴的坐标。将点要素统一成线要素的过程是将两个相邻的顶点看作是一个线要素的两个端点，从而得到统一的线要素。图 3.3 展示了原始点要素和相应的统一后的线要素。

如图 3.3 所示，从 8 个点要素中得到了 4 个线要素，分别表示为 $l_1=(v_1,v_2)$、$l_2=(v_3,v_4)$、$l_3=(v_5,v_6)$ 和 $l_4=(v_7,v_8)$。例如，对于线要素 l_1 来说，其两个端点的坐标分别为 $v_1(x_1,y_1)$ 和 $v_2(x_2,y_2)$。因此，由点要素统一而得到的线要素可以表示为 $l_{(j+1)/2}=(v_j,v_{j+1})=((x_j,y_j),(x_{j+1},y_{j+1}))$，$j\in[1,np-1]$，其中线要素的数量为 $\lfloor np/2 \rfloor$，$\lfloor \ \rfloor$ 为向下取整符号。

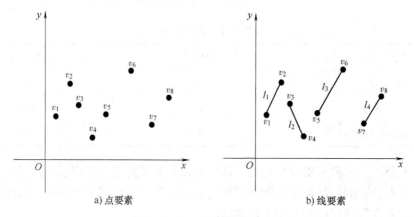

图 3.3　统一点要素为线要素

2. 统一面要素为线要素

将面要素统一为线要素的过程是将每个面要素视为一个点要素，如图 3.4 所示。然后，使用统一点要素为线要素的方法可以将两个面要素统一为线要素。

图 3.4　面要素到线要素的构造

基于上述流程，图 3.5 给出一个具体的例子。图 3.5a 显示了原始面要素，图 3.5b 显示了由两个相邻面要素组成的线要素。

如图 3.5 所示，从两个面要素得到了一个新的线要素 $l_1=(v_1,v_2)$，其中 P_1 和 P_2 分别是两个面要素所对应的多边形 $v_1v_2v_3v_1$ 和多边形 $v_2v_3v_4v_5v_2$ 的重心，多边形的重心可以通过式（3.1）和式（3.2）来计算。

$$P_1=\left(\frac{x_1+x_2+x_3}{3},\frac{y_1+y_2+y_3}{3}\right) \tag{3.1}$$

$$P_2=\left(\frac{x_2+x_3+x_4+x_5}{4},\frac{y_2+y_3+y_4+y_5}{4}\right) \tag{3.2}$$

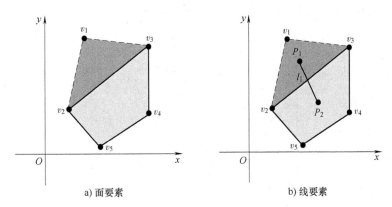

a) 面要素   b) 线要素

图 3.5　统一面要素为线要素

然后，由面要素统一而得到的面要素可以表示为 $l_{(m+1)/2}=(P_m,P_{m+1})$，$m\in[1,n_{pg}-1]$，其中 n_{pg} 是面要素的个数，统一后的线要素个数是 $n_{pg}/2$。

3. 组合为线对

当点要素和面要素都统一为线要素之后，相邻线要素进行组合便可以得到线对。一组线对用 $PairL=\{(l_1,l_2),(l_3,l_4),\cdots,(l_{N-1},l_N)\}$ 表示，N 表示线要素的数目。因此，一个线对表示为 $PairL_{(q+1)/2}=(l_q,l_{q+1})$，其中 q 是奇数并且 $q\in[1,N-1]$。可以看出，一个线对由两个线要素组成，所以 N 个线要素则可以组成 $\lfloor N/2\rfloor$ 个线对。

与要素内的存储特征相似，交换一个线对内部两个线要素的存储顺序并不会影响矢量地理数据的精度和使用价值，并且也不会更改要素的内部存储特征。因此，可以以线对为最小操作单元来构造矢量地理数据无损水印算法。

3.2　基于要素内存储特征的矢量地理数据无损水印算法

针对需要同时满足矢量地理数据高精度和高安全性的需求，本节提出了一种基于矢量地理数据线数据存储特征的无损水印算法。该算法充分利用了矢量地理线数据的要素内存储特征，在不改变数据精度的条件下实现数字水印的嵌入，且具有强鲁棒性。实验结果表明，该算法不对数据的精度造成任何影响，而且可以抵抗平移、旋转、简化和格式转换等攻击。

3.2.1　矢量线要素的存储特征

为方便对所提出算法的描述，给出了线要素的长度、线要素的角度以及逆向线要素等定义。

1. 线要素的长度

线要素的长度是指线要素的起始顶点和结束顶点之间的线段的长度。如图 3.6 所示，在线要素 *Line* 中，P_i 表示存储顺序上的第 i 个顶点，n 是顶点的数目，而 *Len* 就是线要素的长度，即线段 P_1P_n 的长度。用 (x_i, y_i) 表示顶点 P_i 的坐标，则线要素的长度可用式（3.3）表示。

$$Len=\sqrt{(x_1-x_n)^2+(y_1-y_n)^2} \tag{3.3}$$

式中，(x_1, y_1) 和 (x_n, y_n) 分别是线要素的两个起始端点。

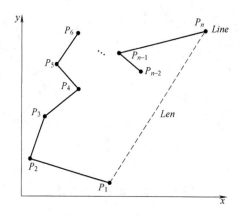

图 3.6　线要素的长度

2. 线要素的角度

线要素的角度是指起点和终点组成的线段与 x 轴之间的夹角的角度，记为 θ，并且 $\theta \in [0, 360°]$。如图 3.7 所示，线要素 *Line* 的角度值可按式（3.4）计算得到。

$$\theta = \begin{cases} \arctan \dfrac{y_n - y_1}{x_n - x_1} & x_1 < x_n, y_1 \leqslant y_n \\[2mm] 90° + \arctan \dfrac{x_1 - x_n}{y_n - y_1} & x_1 \geqslant x_n, y_1 > y_n \\[2mm] 180° + \arctan \dfrac{y_n - y_1}{x_n - x_1} & x_1 > x_n, y_1 \geqslant y_n \\[2mm] 270° + \arctan \dfrac{x_1 - x_n}{y_n - y_1} & x_1 \leqslant x_n, y_1 > y_n \\[2mm] \text{不存在} & x_1 = x_n, y_1 = y_n \end{cases} \tag{3.4}$$

3. 逆向线要素

逆向线要素是指将线要素内部的顶点进行逆序存储，即逆向了线要素中顶点的存储顺序。图 3.7 中的线要素 *Line* 可用有序集合 L 表示，$L = \{(x_i, y_i) \mid i = 1, 2, \cdots, n\}$，而逆向线要素 *Line* 则可得到有序集合 $L' = \{(x_i, y_i) \mid i = n, n-1, \cdots, 1\}$。

3.2.2　无损水印算法

本节提出基于要素内存储特征的无损水印算法，其基础是线要素的内部存储顺序。在提出的无损水印算法中，水印信息的嵌入位置由多线要素的长度决定，水印信息的嵌入由逆向线要素来实现。

1. 水印信息生成

本节采用无意义水印信息。水印信息生成步骤

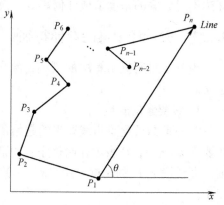

图 3.7　线要素的角度

如下：

1）设待嵌入的版权信息为 C，对 C 生成一个哈希值 $H=\{h_i\,|\,i=1,2,\cdots,N\}$，其长度为 N。

2）使用长度为 N 的密钥作为随机数种子，生成长度为 N 的二值伪随机序列 R。

3）将 H 与 R 对应的索引位做异或运算，得到置乱后的水印信息 $W=\{w_i\,|\,i=1,2,\cdots,N\}$。

2. 水印信息嵌入

本算法不是按照要素在文件中的存储顺序依次嵌入水印信息，而是根据每个矢量线要素所对应的水印索引值来确定水印的嵌入顺序。此外，水印的嵌入内容是根据水印信息中对应水印索引的水印比特值。为使水印嵌入过程易于理解，下面给出详细的步骤：

1）从原始矢量线数据中获取所有线要素的集合 $L=\{l_i\,|\,i=1,2,\cdots,m\}$，其中，$m$ 是线要素的数量。

2）对于每一个线要素，水印索引由线要素的长度决定，可用式（3.5）计算得到。
$$X_i=round(\,|\sin(Len_i)\,|\times(N-1)+1)\tag{3.5}$$
式中，$round$ 是四舍五入的取整函数，$X_i\in[1,N]$。

所有线要素的水印索引的集合是 $X=\{X_i\,|\,i=1,2,\cdots,m\}$。因此，可以根据得到的水印索引将水印信息嵌入到每一个线要素中。

3）对于每个线要素，根据式（3.6）计算其方向的量化值，从而得到所有线要素的方向量化值 $D=\{d_i\,|\,i=1,2,\cdots,m\}$；且
$$d_i=\begin{cases}1,\sin\theta_i\geq0\\0,\sin\theta_i<0\end{cases}\tag{3.6}$$

4）为了实现水印信息的嵌入，则需要判断嵌入的水印比特与方向量化值是否一致。如果它们相同，则线要素的内部存储顺序保持不变；否则将对应的线要素逆向。

按照上述步骤对所有线要素进行水印嵌入处理后，最后一步则是将含水印线要素组合成原始数据格式的文件。

3. 水印信息检测

本算法在水印检测过程中不需要原始数据，属于盲水印方法。水印信息的检测步骤如下：

1）首先从待检测的矢量地理线数据 M' 中得到线要素集合 $L'=\{l_i'\,|\,i=1,2,\cdots,m'\}$，其中 m' 为线要素的总个数。

2）对每个线要素计算方向量化值，得到 $D'=\{d_i'\,|\,i=1,2,\cdots,m'\}$。

3）对每个线要素计算水印信息检测位，得到 $Q'=\{q_i'\,|\,i=1,2,\cdots,m'\}$。

4）根据式（3.7）得到线数据 M' 中所嵌入的水印 $W'=\{w_i'\,|\,i=1,2,\cdots,N\}$，
$$w_{q_i'}=d_i\tag{3.7}$$
由于 q_i' 位的水印信息可能多次被检测出来，因此这里采用了多数原则。即最终的水印信息是 q_i' 位上检测出次数较多的水印比特。

5）将 W' 与伪随机序列 R 的对应索引位做异或运算得到反置乱后的哈希值 $H'=\{h_i'\,|\,i=1,2,\cdots,N\}$，然后根据式（3.8）计算 H' 与原始哈希值 H 的相关性系数 NC，$NC\in[0,1]$。若 NC 越接近 1，则相关性越高；否则反之。

$$NC = 1 - \left(\sum_{i=1}^{N} (h_i \char"5E h_i') \right) \Big/ N \qquad (3.8)$$

式中，^表示异或运算。

如果 H' 与 H 的相关性超过了设置的阈值，则版权 C 即为提取的水印信息。

3.2.3 实验结果与分析

为了验证本算法的有效性，使用三份 ESRI shapefile 格式的二维矢量地图"道路""河流"和"铁路"作为测试数据来进行实验。表 3.2 列出了三份矢量地理数据的一些基本属性，包括数据格式、要素类型、顶点数和要素数等。图 3.8a、b 和 c 分别是三份数据的显示效果，本实验中的水印信息为"数字水印"，水印信息长度为 128，检测阈值设置为 0.75。

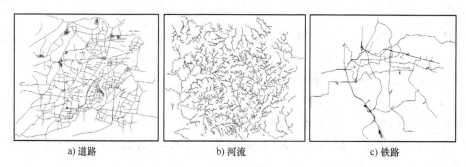

图 3.8 原始测试数据

表 3.2 定量统计

矢量地理数据	格式	要素类型	顶点数	要素数
道路	shapefile	线要素	9605	832
河流	shapefile	线要素	113077	1291
铁路	shapefile	线要素	26314	1779

1. 不可感知性

为判断水印信息的嵌入是否对数据质量有影响，对水印的不可感知性进行了实验验证。图 3.9a、b 和 c 分别是嵌入水印后的测试数据，表 3.3 给出了所提取的水印信息和 NC 值。

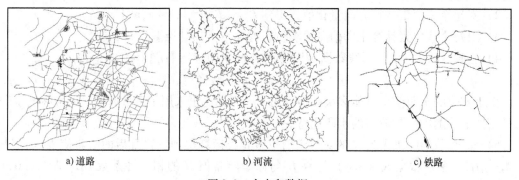

图 3.9 含水印数据

表 3.3　定量统计

含水印数据	提取的水印信息	NC
道路	数字水印	1
河流	数字水印	1
铁路	数字水印	1

从图 3.9a~c 可以看出，含水印数据与原始数据在视觉效果上很难区分。表 3.3 展示了提取的水印信息以及对应的 NC，NC 均等于 1，因此含水印数据的质量是可以接受的，可认为该无损水印算法具有良好的不可感知性。

2. 坐标点的精度变化分析

为了定量评价水印嵌入对矢量地理数据精度的影响，我们引入了坐标值的变化率 r_c，

$$r_c = \frac{\text{num}(\sqrt{(x_i'-x_i)^2+(y_i'-y_i)^2} \neq 0)}{N_l} \qquad (3.9)$$

式中，N_l 表示矢量地理数据中的顶点总数；num( ) 表示发生数值变化的坐标值的数目，详细实验结果见表 3.4。

表 3.4　精度变化分析

统计	道路	河流	铁路
要素数目	832	1291	1779
顶点数目	9605	113077	26314
$r_c(\%)$	0	0	0

根据表 3.4 所示的实验结果可知，水印嵌入后矢量地理数据的所有点坐标值都没有发生变化。也就是说，水印的嵌入操作对矢量地理数据的精度没有影响，即含水印数据没有坐标值的误差，也不会导致要素形状的拓扑扭曲。这也验证了本节所提出的水印嵌入算法不会对矢量地理的数据造成损坏，具有好的无损性。

3. 平移攻击

平移攻击主要分为全局平移攻击和局部平移攻击。全局平移用全局的平移距离来度量，而局部平移用被平移线要素的比例来度量。对测试数据同时在 x 轴和 y 轴上进行平移来实现全局平移攻击，平移距离比是指平移的距离对测试数据最大宽度的占比。用随机平移不同比例的线元素来测试局部平移攻击，表 3.5 和表 3.6 给出了平移实验的结果。

表 3.5　全局平移攻击的实验结果

距离比（%）	NC		
	道路	河流	铁路
10	1.00	1.00	1.00
20	1.00	1.00	1.00
30	1.00	1.00	1.00

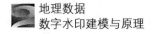
（续）

距离比（%）	NC		
	道路	河流	铁路
40	1.00	1.00	1.00
50	1.00	1.00	1.00
60	1.00	1.00	1.00
70	1.00	1.00	1.00
80	1.00	1.00	1.00
90	1.00	1.00	1.00
100	1.00	1.00	1.00

表 3.6　局部平移攻击的实验结果

平移要素占比（%）	NC		
	道路	河流	铁路
10	1.00	1.00	1.00
20	1.00	1.00	1.00
30	1.00	1.00	1.00
40	1.00	1.00	1.00
50	1.00	1.00	1.00
60	1.00	1.00	1.00
70	1.00	1.00	1.00
80	1.00	1.00	1.00
90	1.00	1.00	1.00
100	1.00	1.00	1.00

如表 3.5 和表 3.6 所示，无论平移方式和平移量如何变化，NC 始终等于1。这是因为线要素的方向和长度不会随平移而改变。也就是说，提出的算法能够完全抵抗平移攻击。

4. 旋转攻击

对于旋转攻击，主要测试对矢量地理数据的整体旋转。考虑到旋转角度过大时矢量地理数据的空间关系也会发生变化，数据也就失去了应有的使用价值。因此，只对含水印数据绕原点（0，0）从 −40°到 40°进行旋转，间隔为 5°。实验结果见表 3.7 和图 3.10。

表 3.7　旋转攻击的实验结果

旋转角度/（°）	NC		
	道路	河流	铁路
−40	0.95	0.95	0.99
−35	0.96	0.97	0.99
−30	0.97	0.98	0.99
−25	0.98	0.98	1.00

（续）

旋转角度/(°)	NC		
	道路	河流	铁路
−20	0.98	0.98	1.00
−15	0.99	0.99	1.00
−10	0.99	0.99	1.00
−5	0.99	0.99	1.00
0	1.00	1.00	1.00
5	1.00	1.00	1.00
10	0.95	1.00	1.00
15	0.94	1.00	0.99
20	0.90	0.99	0.99
25	0.88	0.98	0.98
30	0.88	0.98	0.98
35	0.86	0.97	0.96
40	0.84	0.95	0.95

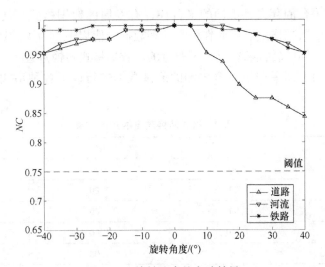

图 3.10　旋转攻击的实验结果

从表 3.7 和图 3.10 可以看出，含水印的测试数据绕原点旋转不同的角度时，NC 经历了先增长后下降的趋势。具体地，当旋转角度从 −40° 逐渐增大到 0° 时，NC 逐渐变大；当旋转角度从 0° 逐渐增加到 40° 时，NC 则逐渐减小。此外，NC 的最小值仍高于阈值 0.75。因此，所提出的无损水印算法对旋转攻击具有较好的鲁棒性。

5. 压缩攻击

线要素压缩是通过在保留要素几何特征的条件下删除线要素中的一些顶点来实现的。实验中采用道格拉斯普克算法来压缩测试数据。对含水印的矢量线数据分别采用不同的压缩率，对应的实现结果见表 3.8。

表 3.8   压缩攻击的实验结果

压缩率（%）	NC		
	道路	河流	铁路
10	1.00	1.00	1.00
20	1.00	1.00	1.00
30	1.00	1.00	1.00
40	1.00	1.00	1.00
50	1.00	1.00	1.00
60	1.00	1.00	1.00
70	1.00	1.00	1.00
80	1.00	1.00	1.00

可以清楚地看到，无论压缩率如何变化，所有实验数据的 NC 依然等于 1。这是因为压缩算法并没有删除掉线要素的起始顶点和结束顶点，根据线要素的长度定义可知，线要素的长度在压缩过程中不会受到任何影响，从而可以有效保证水印信息的同步关系。这表明该算法完全可以抵抗压缩攻击。

6. 格式转换攻击

由于各种 GIS 平台的存在，不同的平台往往有专属的数据格式，甚至在一个 GIS 平台上，也有各种各样的数据格式。因此在矢量地理数据的使用中，为了满足目标 GIS 平台的格式要求，不同格式之间的转换往往是不可避免的。数据格式转换过程中，矢量地理数据的精度可能会在不同平台有所差异。对含水印的测试数据进行以下各种格式转换，实验结果见表 3.9。

表 3.9   格式转换攻击的实验结果

目标数据格式	NC		
	道路	河流	铁路
AutoCAD DXF	1.00	1.00	1.00
AutoCAD DWG	1.00	1.00	1.00
ESRI File Geodatabase	1.00	1.00	1.00
ESRI Personal Geodatabase	1.00	1.00	1.00
GML	1.00	1.00	1.00
KML	1.00	1.00	1.00

从表 3.9 可以看出，格式转换后提取的 NC 始终为 1。这是由于格式转换的过程中通常不会更改线要素内顶点的存储顺序。因此，该算法对格式转换攻击具有较强的鲁棒性。

3.2.4   小结

本节提出了一种基于矢量地理线数据存储特性的无损水印算法。在该方法中，水印信息的嵌入只是改变了要素内顶点的存储顺序，这有效地避免了水印嵌入对坐标值的影响，实现了矢量地理数据的无损水印算法。本节算法充分利用了线要素的长度和方向特征，有效保证了水印信息的同步关系，且实验也验证了本节算法具有较强的鲁棒性。然而，本节算法无法实现对点、线、面三种常见的矢量地理数据要素的无损水印嵌入。

3.3 基于要素间存储特征的矢量地理数据无损水印算法

为实现点、线、面一体化的矢量地理数据无损水印嵌入和检测，本节提出基于要素间存储特征的矢量地理数据无损水印算法。将点、线、面三种要素统一表征为线要素，并将相邻线要素进行组合便可以得到线对。从而，以线对为最小的操作单元，根据线对的内部夹角和线对的存储方向两个特征量实现无损水印嵌入。通过实验分析与对比，提出的算法可以实现点、线、面一体化的对矢量地理数据的无损水印嵌入和检测，且能够完全抵抗平移、缩放、旋转等几何攻击，具有较好的鲁棒性。

3.3.1 线对的性质

1. 线对的存储方向

首先，引入 3.2.1 节中线要素长度的计算方法。在本节中，用 Len 表示线要素的长度。给出线对的存储方向的定义：一个线对中含有两个线要素，如果先序线要素的长度大于后序线要素的长度，则该线对的存储方向为 1，否则存储方向为 0，可由式（3.10）计算。

$$dir(PairL(l_q,l_{q+1})) = \begin{cases} 1, Len(l_q) > Len(l_{q+1}) \\ 0, Len(l_q) \leq Len(l_{q+1}) \end{cases} \quad (3.10)$$

从定义和公式可知，线对的存储方向只与其内部两个相邻线要素的长度相关。在平移或旋转矢量地理数据时，线要素的长度不会改变。因此，在平移和旋转攻击之后线对的存储方向将保持不变。另外，数据在缩放时，线对中的两个线要素的缩放比例相同，因此它们的长度的大小关系不变，即缩放攻击后线对的存储方向也将保持不变。因此，线对的存储方向具有平移、旋转和缩放不变性。

2. 线对的内角

线对的内角是两个向量的夹角，这两个向量可由线对中两个线要素的第一个顶点和最后一个顶点分别构成。图 3.11 展示了线对的内角，内角由 θ 表示，$\theta \in [-\pi, \pi]$。

如图 3.11 所示，线对 (l_1, l_2) 的内角为 θ，即向量 $Vector(l_1)$ 和 $Vector(l_2)$ 之间的角度。基于两个向量的夹角公式，可以通过式（3.11）计算线对的内角。

$$\theta_{(q+1)/2} = \begin{cases} \arctan(b_{(q+1)/2}/a_{(q+1)/2}) & a_{(q+1)/2} > 0 \\ \arctan(b_{(q+1)/2}/a_{(q+1)/2}) + \pi & b_{(q+1)/2} \geq 0, a_{(q+1)/2} < 0 \\ \arctan(b_{(q+1)/2}/a_{(q+1)/2}) - \pi & b_{(q+1)/2} < 0, a_{(q+1)/2} < 0 \\ \pi/2 & b_{(q+1)/2} > 0, a_{(q+1)/2} = 0 \\ -\pi/2 & b_{(q+1)/2} < 0, a_{(q+1)/2} = 0 \\ -\pi & b_{(q+1)/2} = 0, a_{(q+1)/2} = 0 \end{cases} \quad (3.11)$$

式中，$a_{(q+1)/2} = Vector(l_q) \cdot Vector(l_{q+1})$，$b_{(q+1)/2} = Vector(l_q) \times Vector(l_{q+1})$，$Vector(l_q)$ 表示线要素 l_q 的向量，$Vector(l_{q+1})$ 表示线要素 l_{q+1} 的向量。

同样地，由上述定义和公式可知，矢量地理数据经平移、旋转或缩放后，各线对的内角也是不会变的。因此，线对的内角对几何变换（例如平移、旋转、缩放等）是能够完全抵抗的。线对的内角可以用以计算水印信息的索引，因为它可以保证几何攻击后水印信息的同步。

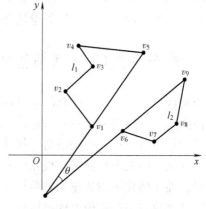

图 3.11　线对的内角

3. 逆向线对

逆向线对意味着改变线对的存储顺序，具体是指交换线对内两条线要素的存储位置，可用式（3.12）表示。线对逆向之后，数据的坐标值和拓扑关系不会改变。

$$Rev(PairL(l_q, l_{q+1})) = PairL(l_{q+1}, l_q) \quad (3.12)$$

3.3.2　无损水印算法

根据 3.1.4 节的分析可知，矢量地理数据中的所有要素都可以统一并组合为线对。因此，可以基于线对来实现无损水印算法。这其中有两个关键点：一个是水印信息的索引由线对的内角决定；另一个是将水印信息嵌入到线对的存储方向之中。与一般的数字水印算法的流程相同，所提出的无损水印算法主要包括水印信息的嵌入和水印信息的检测。

1. 水印嵌入

所提出算法的嵌入过程如图 3.12 所示。

水印的嵌入过程描述如下：

步骤 1：生成水印信息

与 3.2.2 节的水印生成方式相同，得到水印记为 $W = \{w_i \mid i = 1, 2, \cdots, L_w\}$，$w_i = \{0, 1\}$，其中 L_w 是水印的长度。

步骤 2：将矢量地理数据统一为线要素的集合

首先读取矢量地理数据并判断数据类型，然后根据 3.1.4 中的方法将点要素、线要素和面要素统一为线要素。

步骤 3：组合成线对

将存储顺序上相邻的两个线要素组合成线对 $PairL_{(q+1)/2} = (l_q, l_{q+1})$，并计算出每一个线对的存储方向 $dir_{(q+1)/2}$ 和内角 $\theta_{(q+1)/2}$。

步骤 4：计算水印索引

根据式（3.13）计算每一个线对所对应的水印索引 $Index$。

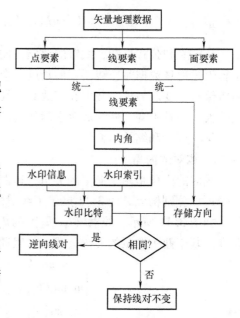

图 3.12　水印嵌入流程图

$$Index_{(q+1)/2} = rand(\theta_{(q+1)/2}) \times L_w + 1 \quad (3.13)$$

式中，$rand()$ 是一个随机函数，可以根据传入的数值不同而生成不同的 0~1 的随机数。

每个线对待嵌入的水印比特为 $w_{Index_{(q+1)/2}}$。

步骤 5：往每个线对中嵌入水印

对于每一个线对，根据式（3.14）来嵌入水印。

$$PairL_{(q+1)/2} = PairL(l_q, l_{q+1}) = \begin{cases} PairL(l_q, l_{q+1}), dir_{(q+1)/2} = w_{Index_{(q+1)/2}} \\ Rev(PairL(l_q, l_{q+1})), \text{其他} \end{cases} \quad (3.14)$$

可以看出，如果每个线对的存储方向与水印信息相同，就保持线对的存储顺序不变。否则，则逆向线对。

步骤 6：得到含水印的矢量地理数据

在所有线对都嵌入水印之后，将线对进行组合便得到含水印的矢量地理数据。

2. 水印检测

水印检测是水印嵌入的逆过程。本算法的水印检测不需要原始数据的参与，因此属于一种盲检测方法。水印检测过程的总体流程图如图 3.13 所示。

水印检测过程描述如下：

步骤 1：与水印嵌入相似，首先从矢量地理数据中获取线对 $PairL'_{(q+1)/2}$。

步骤 2：计算线对的存储方向 $dir'_{(q+1)/2}$。

步骤 3：计算线对的内角 $\theta'_{(q+1)/2}$，并根据内角计算该线对对应的水印索引 $Index'_{(q+1)/2}$。

步骤 4：结合存储方向和式（3.15）提取水印信息。

$$w_{Index'_{(q+1)/2}} = \begin{cases} 1, dir'_{(q+1)/2} = 1 \\ 0, dir'_{(q+1)/2} = 0 \end{cases} \quad (3.15)$$

步骤 5：判断水印信息的提取是否成功。

采用与 3.2 节相同的水印信息相似性评价方法，都采用 *NC* 来判断水印信息的提取是否成功。

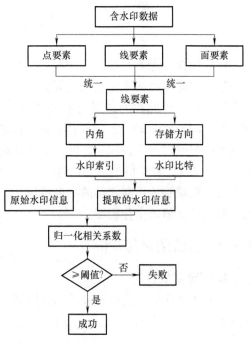

图 3.13　水印检测流程图

3.3.3　实验设置

本节给出了一些实验设置以更好地验证所提出算法的有效性。使用 ESRI Shapefile 类型的矢量地理数据，这是地理信息系统领域最为常见的一种矢量地理数据格式。分别选择了三种不同要素类型的矢量地理数据作为实验数据，即点数据、线数据和面数据。如图 3.14 所示，它们分别是三个不同地区的交通站点、水路和土地利用数据，表 3.10 列出了这些数据的基本信息。

表 3.10　测试数据的基本信息

数据	要素类型	要素数	顶点数
交通站点	Point	1505	1505
水路	Polyline	1360	118697
土地利用	Polygon	2116	23411

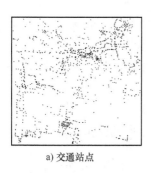  

a) 交通站点   b) 水路   c) 土地利用

图 3.14   原始测试数据

设置版权信息为"数字水印",使之映射到一个无意义二值序列的水印上。通过在原始水印信息和提取出的水印信息之间计算 NC,来判断水印提取是否成功。考虑 NC 的阈值是一个经验值,因此我们选择与上节算法的 NC 阈值相同,即 0.75。那么水印检测成功时,NC 的范围是 [0.75,1]。NC 值越高,提取的水印质量越好。当然,如果 NC=1,则表示提取的水印与原始水印相同。此外,上节算法将被选作本算法的对比算法来进行鲁棒性实验,记作算法 3.2。需要指出的是,算法 3.2 只适用于矢量地理线数据,不支持点数据和面数据。为了更精确地判断水印的不可感知性,同样采用坐标值的变化率式(3.9)来评估矢量地理数据坐标值的变化程度。

3.3.4   实验结果与分析

1. 不可感知性

在嵌入水印后,进行不可感知性测试。分别定性和定量来判断含水印数据与原始数据之间的差异,如图 3.15 和表 3.11 所示。

表 3.11   坐标值变化统计

统计	交通站点	水路	土地利用
原始顶点数	1505	118697	23411
发生改变的顶点数	0	0	0
r_c	0	0	0

图 3.15 显示了含水印数据叠加在原始数据上的显示效果,第二列是局部放大图以便更好地观察要素的变化。其中,原始数据的颜色为深色,含水印的数据的颜色为浅色。对于交通站点数据,原始数据和含水印数据的符号分别用圆圈和十字表示。而水路数据中,原始数据的宽度略大于含水印数据。在土地利用数据中,原始数据的轮廓为蓝色,填充色为无;相应的含水印数据的轮廓没有着色,而填充颜色为浅色。可知,无法在原始数据和含水印数据的坐标值之间找出任何差异。同时,表 3.11 显示三份测试数据的 r_c 均为零,因此证明了在嵌入水印信息后数据的坐标值确实没有发生任何改变,这充分证明了本算法具有良好的不可感知性。

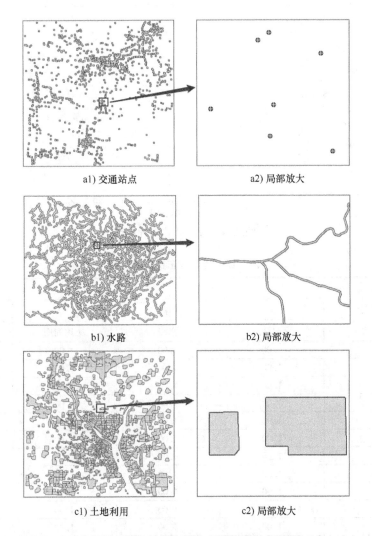

a1) 交通站点　　　　　　　a2) 局部放大

b1) 水路　　　　　　　　　b2) 局部放大

c1) 土地利用　　　　　　　c2) 局部放大

图 3.15　原始数据与含水印数据的叠加情况

2. 平移攻击

在本实验中，将整个矢量线数据（水路数据）在 x 轴和 y 轴同时平移一定的距离。并与算法 3.2 进行对比，如图 3.16 所示。

图 3.16 的实验结果表明，无论平移距离如何变化，本算法的 NC 始终为 1。这是因为在平移数据时，线对的内角和存储方向都没有发生变化。因此，该算法在平移攻击方面具有良好的鲁棒性，且与算法 3.2 的鲁棒性相同。

3. 旋转攻击

本实验的旋转攻击是指矢量地理数据绕着数据中心以某些特定的角度逆时针进行旋转。具体地，即含水印数据旋转角度从 15° 到 360°。表 3.12 给出了旋转攻击的实验结果，为了更加直观地展示实验结果，图 3.17 给出了水路数据的 NC 变化折线图。

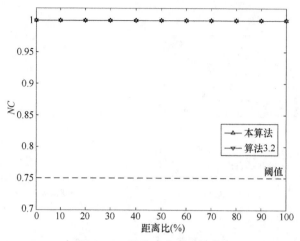

图 3.16　平移攻击对比结果

表 3.12　旋转攻击的实验结果

旋转角度/(°)	NC			
	本算法			算法 3.2
	交通站点	水路	土地利用	水路
15	1.00	1.00	1.00	1.00
30	1.00	1.00	1.00	1.00
45	1.00	1.00	1.00	1.00
60	1.00	1.00	1.00	0.97
75	1.00	1.00	1.00	0.88
90	1.00	1.00	1.00	0.59
105	1.00	1.00	1.00	0.19
120	1.00	1.00	1.00	0.03
135	1.00	1.00	1.00	0.00
150	1.00	1.00	1.00	0.00
165	1.00	1.00	1.00	0.00
180	1.00	1.00	1.00	0.00
195	1.00	1.00	1.00	0.00
210	1.00	1.00	1.00	0.00
225	1.00	1.00	1.00	0.00
240	1.00	1.00	1.00	0.06
255	1.00	1.00	1.00	0.09
270	1.00	1.00	1.00	0.41
285	1.00	1.00	1.00	0.78
300	1.00	1.00	1.00	0.97
315	1.00	1.00	1.00	1.00
330	1.00	1.00	1.00	1.00
345	1.00	1.00	1.00	1.00
360	1.00	1.00	1.00	1.00

　　如表 3.12 和图 3.17 所示，无论旋转角度如何，所提算法的 NC 始终为 1。这是因为旋转数据时，线对的内角和存储方向不会改变。但是，对于算法 3.2，当旋转范围在 90°~270°

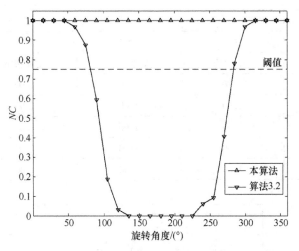

图 3.17　旋转攻击的实验结果

之间时，算法 3.2 的 *NC* 低于阈值，即无法检测到水印信息。因此，实验结果表明该方法能够完全抵抗旋转攻击。

4. 缩放攻击

本实验的缩放攻击是等比缩放，即在 *x* 轴和 *y* 轴上同时缩放相同的比例因子来改变矢量地理数据的形状大小。将实验数据按照从 0.1 到 10 倍的比例因子来进行缩放时，实验结果见表 3.13。为了更直观地显示实验结果，图 3.18 显示了所提出的方法与算法 3.2 的对比折线图。

表 3.13　缩放攻击的实验结果

比例因子	*NC*			
	本算法			算法 3.2
	交通站点	水路	土地利用	水路
0.1	1.00	1.00	1.00	0.44
0.2	1.00	1.00	1.00	0.44
0.3	1.00	1.00	1.00	0.53
0.4	1.00	1.00	1.00	0.50
0.5	1.00	1.00	1.00	0.47
0.6	1.00	1.00	1.00	0.50
0.7	1.00	1.00	1.00	0.44
0.8	1.00	1.00	1.00	0.47
0.9	1.00	1.00	1.00	0.50
1	1.00	1.00	1.00	1.00
2	1.00	1.00	1.00	0.47
3	1.00	1.00	1.00	0.56
4	1.00	1.00	1.00	0.50
5	1.00	1.00	1.00	0.59

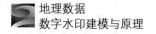
(续)

比例因子	NC			
	本算法			算法3.2
	交通站点	水路	土地利用	水路
6	1.00	1.00	1.00	0.47
7	1.00	1.00	1.00	0.41
8	1.00	1.00	1.00	0.56
9	1.00	1.00	1.00	0.47
10	1.00	1.00	1.00	0.56

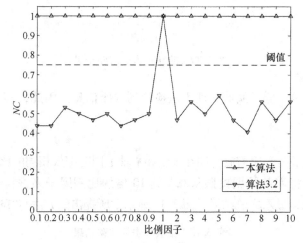

图 3.18　缩放攻击的实验结果

如表 3.13 和图 3.18 所示，无论比例因子如何变化，所提算法的 NC 都保持为 1。然而，算法 3.2 的 NC 除了缩放比例因子为 1 时，其余缩放的 NC 结果都小于阈值，所以 3.2 节的算法无法抵抗缩放攻击，而本节的算法可以有效抵抗任意缩放比例的攻击。需要指出的是，这也证明了缩放操作对线对的内角和存储方向都具有不变性。因此，本算法在缩放攻击方面具有较好的鲁棒性。

5. 压缩攻击

与 3.2.3 第 5 小节的压缩攻击相同，本实验也采用 Douglas-Peucker 算法来压缩矢量地理线数据。由于 Douglas-Peucker 算法仅支持线数据，因此这里使用水路数据进行实验。依次按照 10%~80% 的压缩率来压缩本算法和算法 3.2 处理后的水路数据，实验结果见表 3.14。

表 3.14　压缩攻击的实验结果

压缩率（%）	NC	
	本算法	算法3.2
10	1.00	1.00
20	1.00	1.00
30	1.00	1.00

（续）

压缩率（%）	NC	
	本算法	算法 3.2
40	1.00	1.00
50	1.00	1.00
60	1.00	1.00
70	1.00	1.00
80	1.00	1.00

可以看到，在不同的压缩率下，本算法和算法 3.2 的 NC 始终为 1。这是因为 Douglas-Peucker 算法并不会影响到线要素的起始顶点，即线要素的长度没有发生改变。由线对的内角定义和线对的存储方向定义可知，二者均没有发生改变，所以水印信息在压缩过程中被完整地保存。因此，本算法能够抵抗 Douglas-Peucker 压缩攻击，并且抗压缩攻击的鲁棒性与算法 3.2 相同。

6. 格式转换攻击

与 3.2.3 第 6 小节的格式转换攻击相同，分别将经过本算法和算法 3.2 处理过的水路数据做一系列数据格式的转换，并计算相应的 NC，实验结果见表 3.15。

可以看到，从 ESRI Shapefile 到 AutoCAD DXF、AutoCAD DWG、ESRI File Geodatabase 等数据格式进行转换时，本算法和算法 3.2 的 NC 始终保持为 1。这说明在数据格式发生转变时，线对的内角和存储方向都没有发生变化。因此，这也证实了本算法具有较强的抗格式转换攻击能力，并且抵抗格式转换攻击的鲁棒性与算法 3.2 相同。

表 3.15　格式转换攻击的实验结果

目标数据格式	NC			
	本算法			算法 3.2
	交通站点	水路	土地利用	水路
AutoCAD DXF	1.00	1.00	1.00	1.00
AutoCAD DWG	1.00	1.00	1.00	1.00
ESRI File Geodatabase	1.00	1.00	1.00	1.00
ESRI Personal Geodatabase	1.00	1.00	1.00	1.00
GML	1.00	1.00	1.00	1.00
KML	1.00	1.00	1.00	1.00

3.3.5　小结

本节充分利用了矢量地理数据的要素间存储特征，提出了一种基于要素间存储特征的点、线、面一体化的无损水印算法，该算法基于线对的存储方向和内角特征，保持了无损水印的同步关系，且这些特征对矢量地理数据的旋转、缩放和平移具有不变性。实验结果表明，该方法可以实现矢量地理点、线、面数据的无损水印嵌入，且具有较好的鲁棒性。但是，该算法的水印容量依赖于线对的数目，因此水印容量较低。如何提高无损水印算法的水印容量将是下一步的研究重点。

参考文献

［1］ ABUBAHIA A, CO CE A M. Advancements in GIS map copyright protection schemes-a critical review ［J］. Multimedia Tools & Applications, 2017, 76 (10): 12205-12231.

［2］ CAO J, LI A, LV G. Study on multiple watermarking scheme for GIS vector data1 ［C］. The 18th International Conference on Geoinformatics: GIScience in Change, Geoinformatics, 2010: 18-20.

［3］ LI A B, ZHU A X. Copyright authentication of digital vector maps based on spatial autocorrelation indices ［J］. Earth Science Informatics, 2019, 12 (2): 629-639.

［4］ LIN Z X, PENG F, LONG M. A low distortion reversible watermarking for 2D engineering graphics based on region nesting ［J］. IEEE Transactions on Information Forensics & Security, 2018, 13 (9): 2372-2382.

［5］ LIU Y, YANG F, GAO K, et al. A zero-watermarking scheme with embedding timestamp in vector maps for big data computing ［J］. Cluster Computing, 2017, 20 (4): 3667-3675.

［6］ PENG F, LEI Y, LONG M, et al. A reversible watermarking scheme for two-dimensional CAD engineering graphics based on improved difference expansion ［J］. Computer-Aided Design, 2011, 43 (8): 1018-1024.

［7］ PENG F, LIN Z X, ZHANG X, et al. Reversible data hiding in encrypted 2D vector graphics based on reversible mapping model for real numbers ［J］. IEEE Transactions on Information Forensics and Security, 2019, 14 (9): 2400-2411.

［8］ Peng Y, Yue M. A zero-watermarking scheme for vector map based on feature vertex distance ratio ［J］. Journal of Electrical and Computer Engineering, 2015, 421529, Gpages.

［9］ QIU Y, DUAN H, SUN J, et al. Rich-information reversible watermarking scheme of vector maps ［J］. Multimedia Tools and Applications, 2019, 78 (17): 24955-24977.

［10］ Qiu Y, Gu H, Sun J. High-payload reversible watermarking scheme of vector maps ［J］. Multimedia Tools and Applications, 2018, 77 (5): 6385-6403.

［11］ REN N, ZHOU Q, ZHU C, et al. A lossless watermarking algorithm based on line Pairs for vector data ［J］. IEEE Access, 2020 (8): 156727-156739.

［12］ TIAN J. Reversible watermarking by difference expansion ［C］. Proceedings of Workshop on Multimedia and Security, 2002: 19-22.

［13］ VYBORNOVA Y D, SERGEEV V V. A new watermarking method for vector map data ［J］. Computer Optics, 2017, 41 (6): 913-919.

［14］ WANG N. Reversible fragile watermarking for locating tampered polylines/polygons in 2D vector maps ［J］. International Journal of Digital Crime and Forensics, 2016, 8 (1): 1-25.

［15］ WANG XUN, HUANG D, ZHANG Z. A robust zero-watermarking algorithm for 2D vector digital maps ［C］. Computer, Informatics, Cybernetics and Applications, 2012: 533-541.

［16］ WANG XUN, HUANG D, ZHANG Z. A robust zero-watermarking algorithm for vector digital maps based on statistical characteristics ［J］. Journal of Software, 2012, 7 (10): 2349-2356.

［17］ WEN Q, SUN T F, WANG S X. Concept and application of zero-watermark ［J］. Acta Electronica Sinica, 2003, 31 (2): 214-216.

［18］ ZHOU Q, REN N, ZHU C, et al. Storage feature-based watermarking algorithm with coordinate values preservation for vector line data ［J］. KSII Transactions on Internet and Information Systems (TIIS), 2018, 12 (7): 3475-3496.

［19］ 许德合. 基于 DFT 的矢量地理空间数据数字水印模型研究 ［D］. 郑州: 解放军信息工程大学, 2008.

［20］ 朱长青. 地理数据数字水印和加密控制技术研究进展 ［J］. 测绘学报, 2017, 46 (10): 1609-1619.

第4章

矢量地理数据脆弱水印模型

随着矢量地理数据应用的深入，尤其是网络化应用的普及，矢量地理数据除了版权保护外，其他安全保护方面的要求也日趋增多。例如，如何鉴别矢量地理数据的完整性？如何确定矢量地理数据是否遭到篡改？如何及时发现并定位矢量地理数据篡改的信息？如何解决这些都是矢量地理数据安全中迫切需要研究的问题，而脆弱水印是解决这些问题的有效途径。脆弱水印是数字水印技术的一个重要分支，可以实现对数据内容真实性的认证，并能准确检测到数据的篡改位置、篡改量甚至篡改类型，是解决矢量地理数据完整性认证难题的有力手段。

本章将基于脆弱水印技术，对矢量地理数据精确性认证和选择性认证模型进行探索与研究，解决基于脆弱水印的矢量地理数据认证模型研究的关键科学问题，将详细介绍脆弱水印技术原理、特征和要求等，以及基于脆弱水印的精确认证模型和选择性认证模型。这些脆弱水印模型的研究对于保护矢量地理数据的安全、完整性保护、及时发现并定位篡改信息，以及发展和完善矢量地理数据数字水印技术等都具有重要的理论意义和应用价值。

4.1 脆弱水印技术

4.1.1 脆弱水印的特点和要求

脆弱水印是在原始数据中嵌入某种标记信息，通过鉴别这些标记信息的改动，达到对原始数据的完整性检验。它是一种要求对数据的内容变化具有极高敏感性的水印技术，主要用于数据的真伪辨别和完整性鉴定，又称为认证。因此，与鲁棒水印不同的是，脆弱水印应随着水印载体的变动做出相应的改变，即体现出脆弱性。但是，脆弱水印的脆弱性并不是绝对的。对水印载体的某些必要性操作，脆弱水印也应体现出一定的鲁棒性，从而将这些不影响水印载体最终可信度的操作与那些蓄意破坏操作区分开来。另一方面，对脆弱水印的不可见性和所嵌入数据量的要求与鲁棒水印是近似的。

脆弱水印作为数字水印的一种，除了具有水印的基本特征如不可感知性、安全性、一定的鲁棒性之外，还应该能够可靠地检测篡改并根据具体场合的不同具有不同的鲁棒性。基本要求如下：

1）检测篡改。脆弱水印最基本的功能就是能可靠地检测篡改，而且理想的情况是能够提供修改或破坏量的多少及位置，甚至能够分析篡改的类型并对被篡改的内容进行恢复。

2）水印盲检测。在一些应用背景下，如可信赖数码相机，为保证相片真实性，需要在拍摄成像时自动嵌入水印，此时原始数据无法得到。因此，要求脆弱水印技术应具有盲检测功能。

3）鲁棒/脆弱性。脆弱水印的鲁棒性与脆弱性根据应用场合的不同而不同。如果用于版权保护，希望水印足够鲁棒，能承受大量的、不同的物理和几何失真（包括有意的和无意的），若攻击者试图删除水印则将导致数字产品的彻底破坏。而在进行数据的内容篡改鉴别时，则希望水印是在满足一定的鲁棒性条件下的脆弱水印。例如在很多场合，数据压缩就属于被允许的篡改，要求水印在能够抵抗一定压缩下同时检测出其他的恶意篡改，并进行有效的篡改定位。

4）不可见性。同鲁棒水印一样，在一般情况下，脆弱水印也要求是不可见的。

脆弱水印的嵌入与一般鲁棒水印的嵌入在原理上是基本相同的，从数字信号处理的角度可看成是对原始数据的调制过程。但由于脆弱水印要检测出篡改并定位，因此水印应先与数字产品的特征融合在一起，然后嵌入到数字产品中。在脆弱水印的嵌入过程中，首先对原始数字产品进行特征提取，为保证水印的定位功能与安全性，可以将原始水印和提取出的特征及密钥经嵌入运算得到实际要嵌入的内容，以此取代原始数字产品中的特征，从而得到含水印的数字产品。水印提取时首先对待检测的数字产品进行特征提取，然后根据相同的密钥通过水印提取运算提取水印。为对篡改内容有较好的定位，有时还需要与原始水印进行比较。

脆弱水印算法和鲁棒水印一样，根据实现方法的不同，也可以分成空域和变换域方法，但是更多的是根据识别篡改能力的层次进行划分。根据识别篡改的能力，可将脆弱水印划分为以下四个层次：

1）完全脆弱水印。水印能够检测出任何对数字产品改变的操作或数字产品完整性的破坏。

2）半脆弱水印。在许多实际应用中，往往需要水印能够抵抗一定程度的数据攻击，这类水印比完全脆弱水印鲁棒性稍强一些，允许数字产品有一定的改变，是在一定程度上的完整性检验。

3）数字产品可视内容鉴别。在有些场合用户仅对数字产品的视觉效果感兴趣，也就是说能够允许不影响视觉效果的任何篡改，此时嵌入的水印主要是对数字产品主要可视化特征进行真伪鉴别，比前两类水印更加鲁棒。

4）自嵌入水印。把数字产品本身作为水印嵌入，不仅可鉴别数字产品的内容，而且可以部分恢复被修改的区域，自嵌入水印可能是脆弱的或者半脆弱的。

在四个层次中，本质上脆弱水印主要分为完全脆弱水印和半脆弱水印两个层次，后面两个层次是对完全脆弱水印和半脆弱水印的调整和整合。一般情况下，在算法研究中通常使用脆弱水印代表完全脆弱水印。

4.1.2　脆弱水印技术分类

利用脆弱水印技术可以有效实现数据的完整性认证。完整性认证就是对数字产品自身是否发生改变的判定，这种判定是为了在数字产品被攻击的情况下确定数字产品是否依然可用。在实际应用中，有些场合数字产品不允许任何篡改，也有一些场合对数字产品的微小改变或者不影响主要部分的改变是允许的，因此完整性认证包括两类认证：精确认证和选择性认证。

1. 基于脆弱水印技术的精确认证

精确认证就是验证数据是否发生变化，哪怕只有一个数据位或一个坐标点发生变化，数据即被认为已发生篡改，并被认为不可信或者不真实。假如在矢量地理数据中嵌入脆弱水印，在数据受到怀疑的时候，检测数据中包含的水印信息，如果检测到的脆弱水印信息与原始的脆弱水印信息一致，就可以认为数据没有发生变化，精确认证通过；反之，则表示数据发生了变化，精确认证不通过，并且可以定位到数据发生变化的位置。

2. 基于脆弱水印技术的选择性认证

选择性认证允许数据发生一些可接受的改变，如一定比例的压缩等，但是如果数据发生显著的改变依旧能够识别出数据已被修改。首先假设矢量地理数据可能遭遇到的失真是可以事先确定的，并且把这一失真归类为允许的操作，即合法失真；而其他所有的失真都归类为不合法失真。这就构成了选择性认证系统中必不可少的合法失真以及不合法失真，半脆弱水印是指不受合法失真的影响但却会被不合法失真破坏的水印，它的出现为选择性认证提供了一种新的技术方法。

半脆弱水印结合了鲁棒水印和脆弱水印的优点。半脆弱水印既要对合法的失真具有鲁棒性，即对合法的失真操作不做任何提示；又要对不合法的失真具有脆弱性，即一旦数据发生不合法的失真就要能够对篡改做出提示或者是能确定发生修改的位置。因此，半脆弱水印技术既要有脆弱水印的脆弱性，又要有鲁棒水印的鲁棒性，可以看作对某种类型操作具有一定鲁棒性的脆弱水印。

4.1.3 矢量地理数据脆弱水印技术特征

考虑到矢量地理数据自身的特点，不能将其等同于图像、音频、视频等其他多媒体数据，适用于其他多媒体数据的水印技术不一定也适用于矢量地理数据。因此，必须以矢量地理数据自身的特点为基础，研究适用于矢量地理数据的脆弱水印技术：

1) 矢量地理数据精度高、密级高，在设计水印算法时需要着重考虑精度问题。如果水印信息的存在对原始数据造成很大的精度扰动，则会影响矢量地理数据的使用，是不可取的。因此，设计相关矢量地理数据脆弱水印算法时要尽可能地减少对原始数据的影响，保证数据的正常使用。

2) 对于矢量地理数据的攻击方式也与其他类型的多媒体数据有着较大的差异，比如投影转换、实体要素增删、平移、数据压缩等，此类攻击方式在图像、音频、视频等多媒体数据中是不多见的。在设计针对某类操作的选择性认证算法时，就对半脆弱水印算法的抗攻击性提出了更高的要求。

3) 与图像等数据不同的是，矢量地理数据可以通过较少的数据量来表达较多的地物信息，所以矢量地理数据通常数据量会比较小，冗余的信息也同样较少。如何在较少的数据中嵌入更多的水印信息也是水印算法需要重点研究的内容。

4.1.4 矢量地理数据鲁棒水印和脆弱水印的区别

数字水印按照特性划分，可以分成鲁棒水印和脆弱水印。在矢量地理数据安全保护实际应用中，鲁棒水印和脆弱水印也起着不同的作用。鲁棒水印主要用于数据的版权保护，它是对原始数据版权准确无误的标识，这种标识在各种恶意攻击下都需要具备很高的抵抗能力，保证水印信息的完整性。脆弱水印主要用于数据的真伪鉴别和完整性鉴定，它将水印信息作为标记信息嵌入到数据中，通过鉴别这些标记信息在数据各种攻击下的改动，达到对原始数据完整性检验的目的。

鲁棒水印和脆弱水印的不同主要体现在以下五个方面：

（1）二者关注的对象不同

虽然鲁棒水印和脆弱水印的载体都是数据，但鲁棒水印所关注的是水印信息的完整性，数据纯粹是水印信息的载体，只要水印信息不被破坏，载体如何变化、遭受什么攻击对水印信息是没有影响的。

脆弱水印关注的是数据的完整性，水印信息与数据相互关联，息息相关，水印信息需要和数据经历相同的变化，并通过水印信息表现出来。

（2）水印信息提取的相似性要求不同

在数据遭受攻击的情况下，鲁棒水印需要保持水印信息还能够完整地提取出来，在攻击所影响的数据上，水印能够不受攻击的影响，提取出的水印信息仍然是和嵌入的一样，或者相似性较高。

脆弱水印就需要在数据遭受攻击的时候水印信息也遭到破坏，在攻击所影响的数据上，水印能够同时反映攻击的影响，提取出的水印和嵌入的不一样，通过提取水印与原始水印的差别来判断数据是否遭受了攻击，并进行有效定位。

（3）水印信息生成与数据的关联关系不同

鲁棒水印的水印信息生成一般与数据无关，基本是与数据的版权所有者的信息相关，根据版权所有者需要保存在数据中的信息生成水印。鲁棒水印信息也可以利用数据特征生成，但都是为了抵抗数据攻击对水印信息的影响，或者提高水印信息嵌入的不可见性，水印信息和数据内容并无直接关联。

脆弱水印的水印信息生成一般都是与待嵌入的数据息息相关，水印信息根据数据的内容生成，并与数据紧密联系，以实现在数据变化时与数据一同变化，从而对数据的篡改进行检测和定位。

（4）水印信息的嵌入方式不同

鲁棒水印由于要维护水印信息的完整性，在水印嵌入的过程中，就需要寻找数据具有不变性的系数进行嵌入，特别是在针对各种攻击的情况下，需要使用各种方法对数据进行分析和变换，确定对应攻击中的不变参数进行水印嵌入。此外，还需要将水印信息在整个数据中重复嵌入，提高水印的鲁棒性，以便水印检测时提取水印信息的完整。

脆弱水印由于要维护数据的完整性，在水印嵌入时，不需要寻找数据的不变性，反而需要特别注意数据容易发生变化的地方，针对容易发生的变化来设计水印嵌入方法。同时，脆弱水印根据数据中每一个元素生成不同的水印信息，然后嵌入到相对应的元素上，尽量避免不同数据元素具有相同的水印信息，以便实现针对每一个元素的检测。

（5）水印信息完整性的要求不同

由于鲁棒水印需要根据水印信息来保护数据的版权，所以水印信息的完整性很重要，也就造成了水印信息数据各个水印位的信息相关性很强。也就是说，每一个水印位检测错误都会对整体水印信息产生影响，水印位错误过多还会造成整个水印信息的不可用。

脆弱水印并不需要保证水印信息的完整，反而是根据水印信息的不完整，即水印信息发生的改变来检测数据的修改。脆弱水印信息根据每个数据元素不同而不同，没有水印信息整体的概念，即使水印信息全都发生更改了，也不会影响水印的检测和数据的篡改定位。

4.2 基于脆弱水印的矢量地理数据精确认证模型

4.2.1 矢量地理数据精确认证

矢量地理数据精确认证的基本任务就是判断数据是否发生任何改变，即使是一个比特位的改变也不能通过精确认证。精确认证追求两个目标：①能够确定数据是否发生变化；②能够定位到数据发生变化的位置，定位精度越高越好。

根据嵌入时选择域的不同可以分为空间域算法和频率域算法。其中，空间域的水印算法简单易行，水印容量大，但是容易被精心设计的攻击破坏，即被"伪认证"通过。频率域的水印算法鲁棒性更好，可以与现有的压缩标准相结合，但是水印容量小，而且对于修改大多只能定位到相应的数据块，没有空间域算法定位精准。目前现有的矢量地理数据精确认证算法主要对数据进行分块操作，在认证变化时，只能粗略定位到相应的数据块或组。不论是发生什么变化，即使是一个数据点发生了改变，整个数据块或组都被标记。如果在设计脆弱水印算法时，只考虑同一要素上的数据点，则一旦整个要素被整体删除时，就无法检测到水印信息，即很容易被"伪认证"通过。

基于脆弱水印的认证方法可以识别数字产品被改变的区域，并证明数字产品的其余部分没有发生改变，这种能力称之为篡改定位。篡改定位功能有较好的实用价值，因为如果知道数字产品在那些地方发生改变，就可以推断改变数字产品的动机、可能的攻击者、改变是否合法等。

篡改定位主要有两种方法：①分块内容认证；②样本内容认证。分块内容认证是将数字产品分成彼此相连的几个区域，并在每块区域中都独立地嵌入水印，每个区域均被分开检测。如果数字产品的某个部分被修改，那么会使受到影响的区域无法通过认证。样本认证是分块认证的极端情况，其中每个区域都被减至只有一个样本的大小，从而实现定位的更加精确。

4.2.2 一种抗要素删除的矢量地理数据精确认证模型

本节核心思想就是建立要素之间的空间位置关系，利用要素中的数据点生成水印信息，然后将水印信息嵌入到其他要素的数据点上。当某一要素被删除时，在认证时通过含有其水印信息的其他要素可以检测到数据是否发生变化。因而，矢量数据要素的空间位置关系排序是本节模型的关键。

1. 基本思想

脆弱水印算法是以数据本身为载体，将水印信息嵌入到数据上，使得水印信息与载体数据信息融为一体。这就导致如果载体数据本身被删除，那么其所承载的水印信息也就同样会被删除，所以为了实现抵抗要素删除的攻击，就必须为要素之间建立一定的关联，将当前要素所生成的水印信息嵌入到其他要素上去，从而就可以实现抵抗要素删除的攻击。

以线状要素为例来说明算法的思想，如图 4.1 所示。

图 4.1 中包含三个线状要素，分别为 L_1、L_2 和 L_3，其中 L_1 由数据点 $P_1(x_1, y_1)$，$P_2(x_2, y_2)$，$P_3(x_3, y_3)$，$P_4(x_4, y_4)$，$P_5(x_5, y_5)$，$P_6(x_6, y_6)$ 组成，L_2 由数据点 $P_7(x_7, y_7)$，$P_8(x_8, y_8)$，$P_9(x_9, y_9)$，$P_{10}(x_{10}, y_{10})$，$P_{11}(x_{11}, y_{11})$ 组成，L_3 由 $P_{12}(x_{12}, y_{12})$，$P_{13}(x_{13}, y_{13})$，$P_{14}(x_{14}, y_{14})$，$P_{15}(x_{15}, y_{15})$，$P_{16}(x_{16}, y_{16})$，$P_{17}(x_{17}, y_{17})$ 组成。考虑到矢量地理数据中的线状要素和面状要素都是由点要素组成的，同时又考虑精确认证的变化检测定位精度，本节算法的核心思想就是利用要素中的数据点生成水印信息，然后将水印信息嵌入到其他要素的数据点上，以此建

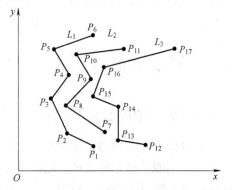

图 4.1　矢量地理数据示意图

立要素之间的空间位置关系，从而保障某个要素被删除时，在认证时可以检测到数据发生变化。

以图 4.1 为例，提取图中的所有数据点，打乱其原先的数据组织方式，按照数据点的坐标值进行空间位置排序。对数据点按照 x 坐标值和 y 坐标值由小到大进行"之字形"排序，那么数据点 $P_8(x_8, y_8)$ 的前一数据点为 $P_2(x_2, y_2)$，后一数据点位 $P_4(x_4, y_4)$，将数据点 P_2 生成的水印信息嵌入到数据点 P_8 上，数据点 P_8 生成的水印信息则嵌入到数据点 P_4 上。以此类推，可以将 L_2 上数据点生成的脆弱水印信息嵌入到 L_1 和 L_3 上。则当 L_2 被删除时，认证时从 L_1 和 L_3 上提取出的脆弱水印信息就无法与原始脆弱水印信息匹配，那么就可以识别数据发生了修改，无法通过认证，而且可以将发生修改的数据点进行标记，用来确定数据发生修改的位置。对于其他的修改类型同样适用，比如增加要素，那么在认证时脆弱水印信息同样无法进行匹配，也可以识别出数据发生变化，这样就能有效地抵抗要素删除操作。

考虑到实际应用中对矢量地理数据的精度要求比较高，在水印的嵌入过程中，对原始数据的改动要尽量做到最小。因此，算法在水印嵌入时只对矢量地理数据的精度位进行操作，同时采用量化的思想，将脆弱水印信息嵌入所引起的误差控制在最小范围内。精度位指的是坐标的一个数据位，在此之前的数据修改会导致数据不可用；在此之后的数据修改则不会影响数据的使用。

基于上述分析，建立抗要素删除的矢量地理数据精确认证算法。算法的基本步骤是：首先获取矢量地理数据中所有的数据特征点，按照数据的坐标值进行空间位置排序；其次提取坐标值精度位前的数值用于生成脆弱水印信息；然后再将生成的水印信息按照量化的思想嵌入到排序后的相邻数据点上；在认证时，将提取到的脆弱水印信息与原始的脆弱水印信息进行比较，根据脆弱水印信息是否一致来鉴别数据是否发生变化，检测到修改的同时对修改位置进行定位。

基本流程如图 4.2 所示。

2. 空间位置关系建立

矢量地理数据要素间空间位置关系排序是本节算法的核心，基本过程包括标记和排序。基本步骤为：

1) 对于待处理矢量地理数据中的所有数据点标记，记为 $T = \{t_i(u_i, v_i) \mid i = 1, 2, \cdots, m\}$，

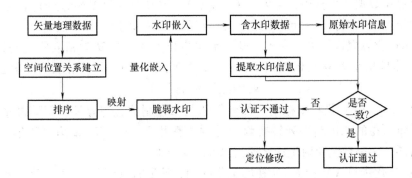

图 4.2 基于脆弱水印的矢量数据精确认证算法流程图

其中 u_i 和 v_i 分别为数据点 t_i 的横坐标值和纵坐标值，m 为数据点个数的总和。

2）将所有的数据点按照其在 x 轴方向上的投影数值从小到大进行排序，如果在 x 轴方向上的投影数值相等，则取 y 轴方向上的投影数值进行从小到大的排序，即相当于对所有的数据点进行"之字形"排序，重新排序后的矢量地理数据记为 $P_s = \{p_i(x_i, y_i) \mid i = 1, 2, \cdots, m\}$。

根据上述排序方法，对图 4.1 中要素的数据点进行"之字形"排序，排序后的顺序为 $P_3 P_5 P_2 P_8 P_4 P_{10} P_1 P_9 P_{15} P_6 P_7 P_{16} P_{13} P_{14} P_{11} P_{12} P_{17}$，如图 4.3 所示。

利用上述的数据点空间位置关系的"之字形"排序，即建立了要素间的相互关系与联系，为本节建立的抗要素删除的矢量地理数据精确认证算法奠定了基础。

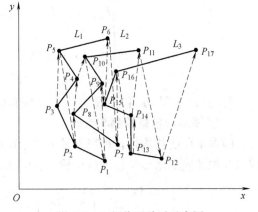

图 4.3 空间位置关系示意图

3. 脆弱水印信息的生成与嵌入

为了保证矢量地理数据在嵌入水印后的可用性，算法利用坐标映射的思想生成水印信息，利用量化和替换的方法来嵌入水印信息，流程如图 4.4 所示。

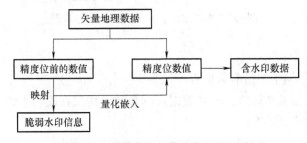

图 4.4 脆弱水印生成和嵌入流程图

脆弱水印信息生成和嵌入步骤如下：

1）对于 P_s 中的任意数据点 p_i，提取其在 x 和 y 坐标值精度位前的数值，为了方便运算处理，将浮点型数据转为整形，记为 $p_i^*(x_i^*, y_i^*)$，取其空间位置相邻点 $p_{i+1}(x_{i+1}, y_{i+1})$ 在 y 坐标值精度位上的数值，记为 b_{i+1}，其中 $b_{i+1} \in \{0,1,2,\cdots,9\}$。

2）采用量化思想进行水印嵌入。设置量化步长为 N，设 M 为精度位上的最大改变量，则取 $N<M$，水印信息为 $W = \{0,1,2,\cdots,N-1\}$，按照式（4.1）生成脆弱水印信息值为

$$w_i = f_2(f_1(x_i^*, y_i^*)) \tag{4.1}$$

式中，函数 $f_1(x_i^*, y_i^*)$ 是将坐标精度位前数值的二进制信息与等长的伪随机序列进行异或操作，并且将所得的二进制序列转换为十进制的整数 k_i，$k_i \in Z$，Z 为整数集；函数 $f_2(k_i)$ 是利用映射函数将整数 k_i 映射生成水印信息 w_i，$w_i \in W$。

3）根据量化步长 N 得出 b_{i+1} 所在的量化区间，按照式（4.2）的水印嵌入规则将水印信息嵌入到精度位 b_{i+1} 上，将精度位前的数值 y_{i+1}^* 和嵌入水印后的精度位数值合并，得到含水印的坐标值，其中 n 为量化的区间个数。

$$\begin{cases} b_{i+1} = w_i & 0 \leq b_{i+1} < N \\ b_{i+1} = w_i + N & N \leq b_{i+1} < 2N \\ \vdots & \vdots \\ b_{i+1} = w_i + (n-2)N & (n-2)N \leq b_{i+1} < (n-1)N \\ b_{i+1} = w_i + (n-1)N & (n-1)N \leq b_{i+1} \leq 9 \end{cases} \tag{4.2}$$

4）重复步骤 2）和步骤 3），直到所有的数据点都包含脆弱水印信息。

4. 脆弱水印信息检测与认证

脆弱水印的检测过程相当于是脆弱水印的生成以及嵌入过程的再现，将提取的脆弱水印信息与原始脆弱水印信息进行比较。脆弱水印信息检测与认证的流程如图 4.5 所示。

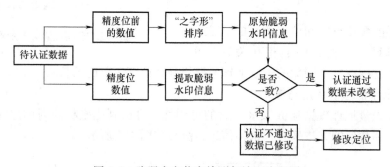

图 4.5　脆弱水印信息检测与认证流程图

具体过程如下：

1）读取待检测数据中的所有数据点，记为 $P' = \{p_i'(x_i', y_i') \mid i = 1,2,\cdots,m'\}$，其中 x_i' 和 y_i' 是数据点 p_i' 的横坐标和纵坐标值，m' 是数据点的总数。按照在脆弱水印嵌入时同样的方法建立数据点之间的空间位置关系。

2）对于任意数据点 p_i' 提取其 x 和 y 坐标值精度位前的数值，记为 $p_i^{*\prime}(x_i^{*\prime}, y_i^{*\prime})$，按照式（4.1）计算得到 w_i'。

3）提取出数据点 p_i' 空间位置上相邻点 $p_{i+1}'(x_{i+1}', y_{i+1}')$ 在 y 坐标值精度位上的数值，记为 b_{i+1}'。

4）按照式（4.3）计算提取到的脆弱水印信息。

$$\begin{cases} w_i' = w_i' & 0 \leqslant b_{i+1}' < N \\ w_i' = w_i' + N & N \leqslant b_{i+1}' < 2N \\ \quad \vdots & \quad \vdots \\ w_i' = w_i' + (n-2)N & (n-2)N \leqslant b_{i+1}' < (n-1)N \\ w_i' = w_i' + (n-1)N & (n-1)N \leqslant b_{i+1}' \leqslant 9 \end{cases} \tag{4.3}$$

5）比较 w_i' 和 b_{i+1}' 的值是否相同，如果相同，则表示数据点 $p_i'(x_i', y_i')$ 没有发生变化，认证通过，数据点未修改；如果不相同，则表示数据点 $p_i'(x_i', y_i')$ 已经发生修改，认证不通过，并且对数据点进行标记。

6）重复步骤 2）~步骤 5），直到所有数据点都被检测，实现矢量地理数据的精确认证。

5. 实验与分析

对本节提出的算法进行实验验证，采用的实验数据是一幅 1∶25 万的等高线矢量地理数据，其中包含线状要素 55 条，数据点总数为 10302 个，如图 4.6 所示。针对含水印的数据进行多种几何攻击，根据水印检测结果来判断提出的算法的有效性和可行性。假设该实验数据允许的精度位最大改变量为 $M=5$，取量化步长 $N=3$，根据水印嵌入的量化规则可以计算出水印嵌入对数据造成的误差范围为 $[0, 3\sqrt{2}]$，理论上不会影响数据的使用精度。文中实验均用圆圈标记出发生变化的数据点。

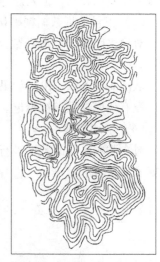

图 4.6　原始等高线数据

（1）可视化分析

对比嵌入脆弱水印前后的数据，如图 4.7 所示。从图 4.7a 和 b 可以看出，本节提出的算法从人眼视觉角度看不出任何变化，具有良好的不可感知性，由此可知，脆弱水印的存在不会影响到数据的可视化表达效果。

（2）误差分析

对嵌入脆弱水印前后的数据进行误差统计和分析，结果见表 4.1。

a) 嵌入脆弱水印前的数据

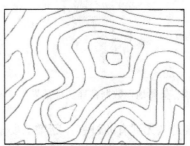
b) 嵌入脆弱水印后的数据

图 4.7　嵌入脆弱水印前后的数据可视化对比（局部放大图）

表 4.1 基于脆弱水印的矢量地理数据精确认证算法误差分析

精度位变化大小	数据点个数	占总数比例（%）
0	3627	35.21
0~1	3892	37.78
1~2	2099	20.37
2~3	684	6.64
大于3	0	0

从表4.1可以看出，脆弱水印嵌入所引起的精度位误差都不超过3，比预计的精度误差最大值5要小，所以符合数据的使用精度。而且在精度位的数值变化都比较小，只有少数数据点的误差比较大，但是总体来说不影响数据的使用价值。

（3）矢量地理数据精确认证

对含水印的矢量地理数据进行认证，当数据没有发生任何修改时，认证结果如图4.8所示。

从图4.8可以看出，如果矢量地理数据没有发生任何改动的话，精确认证可以正常通过，没有任何数据点被标记。

（4）增加要素

对含脆弱水印的数据进行增加要素（增加一个要素）攻击，然后再对其进行认证，结果如图4.9所示。

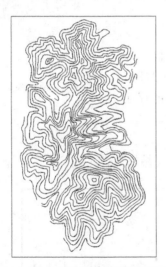 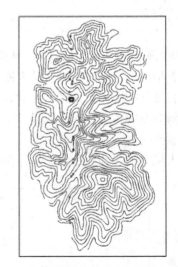

图 4.8 矢量地理数据精确认证结果　　　图 4.9 含水印数据增加要素后的认证结果

增加要素是从无到有的过程，新增的要素中不包含脆弱水印信息。对比图4.9和图4.8可以看出，在含水印的数据中增加要素，即使是一个要素的时候，精确认证无法通过，检测到修改并且进行标记。增加的要素不仅本身被标记出来，而且由于脆弱水印信息是嵌入到相邻要素的数据点上，相邻的要素也被标记。所以当要素本身以及周围相邻的要素都标记为修改时，则可以判定为要素增加修改，有效识别出此类修改的类型。

（5）平移要素

对含水印的数据进行平移要素（整体平移）攻击，然后再对其进行认证，结果如图4.10所示。

从图4.10的认证结果可以看出，当对含水印数据进行整体平移操作后，无法通过认证，即数据发生了变化。数据整体平移相当于数据在原始位置被删除，并且在其他位置新增了形状、属性一模一样的数据，即每一个数据点的空间位置都发生了变化，所以无法通过精确认证，而且几乎所有数据点都被标记为修改。

（6）删除要素

对含水印的数据进行删除要素（一个要素）攻击，然后再对其进行认证，结果如图4.11所示，图中虚线处为已被删除的要素。

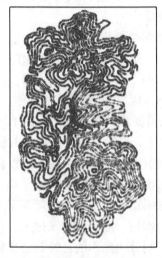 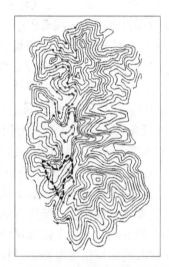

图4.10　含水印数据平移要素后的认证结果　　　图4.11　含水印数据删除要素后的认证结果

要素删除除了会将要素本身删除之外，还会将其所承载的脆弱水印信息都一并删除，所以认证难度比其他攻击方式更大。从图4.11的认证结果可以看出，当删除含水印数据中的某个要素时，虽然要素本身和其承载的水印信息都被删除了，但是周围的要素仍然存在，而且包含已被删除要素的水印信息，所以在认证时可以检测到被删除要素周围的数据发生变化，精确认证不通过，同时对于识别出的修改位置进行标记。

6. 本节小结

结合矢量地理数据的要素特征，本节设计了一种基于脆弱水印技术的矢量地理数据精确认证算法。算法首先对所有要素的数据点进行空间位置关系排序，再利用数据点自身生成脆弱水印信息，将生成的脆弱水印信息嵌入到排序后的相邻数据点上，从而实现了抗要素删除的精确认证。实验表明，算法有良好的不可见性，水印嵌入对数据的精度影响较小。算法能够实现矢量地理数据的完整性认证，能够检测到数据发生变化，尤其是要素删除的变化，同时能够区分出增加要素的修改。但是由于是对数据点整体进行了排序，从实验结果可以看出，修改的定位呈现出明显的条带状，定位的精度和准确度有待提高。

4.2.3 基于点约束分块的矢量地理数据精确认证算法

4.2.2 节提出的抗要素删除的脆弱水印模型虽然能够有效地检测到针对要素的几何攻击，但是从实验结果可以看出，修改的定位明显呈条带状分布，定位精度不尽如人意，还有待改进。考虑到以上的情况，本节在对数据点排序之前先根据数据的分布情况进行自适应的点约束分块，以期得到更好的数据变化检测定位精度和准确度。

1. 基于点约束的分块方法

原始矢量地理数据记为 V，读取其所有的数据点，记为 $P = \{p_i(x_i, y_i) \mid i = 1, 2, \cdots, m\}$，其中 x_i 和 y_i 是数据点 p_i 的横坐标和纵坐标值，m 是数据点的总数。所有数据点围成的区域面积记为 S_v，S 为自定义的最小数据块的面积。为了达到能够检测要素删除修改的目的，按照以下方法进行基于点约束的分块：

1）将 V 按照水平方向分成面积相等的两个数据子块，记为 V_{h1} 和 V_{h2}。如果 V_{h1} 和 V_{h2} 中任一子块数据点围成的区域面积小于 S，则取消 V 的分块操作。

2）对于数据子块 V_{h1} 再按照垂直方向分成面积相等的两个数据子块，记为 V_{h1w1} 和 V_{h1w2}。如果 V_{h1w1} 和 V_{h1w2} 中任一子块数据点围成的区域面积小于 S，则取消 V_{h1} 的分块操作。

3）对于数据子块 V_{h2} 再按照垂直方向分成面积相等的两个数据子块，记为 V_{h2w1} 和 V_{h2w2}。如果 V_{h2w1} 和 V_{h2w2} 中任一子块数据点围成的区域面积小于 S，则取消 V_{h2} 的分块操作。

4）重复步骤 1）~3），直至面积相等的分块完成，获得面积相等的均匀数据子块 V_n。

5）根据实际需求，假定自适应分块的点约束条件为每个数据子块中包含的数据点个数不超过 t。如果数据子块 V_n 中包含的数据点个数大于 t，则按照步骤 1）~ 4）的数据分块方法，继续将数据子块 V_n 按照 x 轴方向或者是 y 轴方向分为面积相等的两个数据子块。对每一个数据子块都重复操作，直至所有的数据子块中包含的数据点个数都小于或者等于 t。

其中面积 S 的大小对于修改定位精度有着至关重要的作用，如果面积 S 过大，在认证检测时对于修改的定位精度就会相对较差；如果面积 S 小，则分块操作的耗时就会比较长，影响数据认证的效率。

2. 脆弱水印算法

本节所采用的脆弱水印生成算法与 4.2.2 节的脆弱水印生成算法一致，在脆弱水印嵌入和检测部分有所不同，流程如图 4.12 所示。

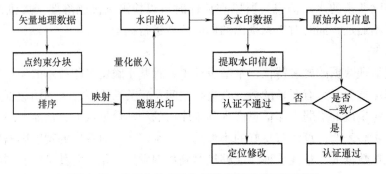

图 4.12 基于点约束的矢量数据精确认证流程图

脆弱水印信息嵌入基本过程如下：

1）对矢量地理数据按照前面提出的分块方式对数据进行点约束分块，使得数据在要素密集的区域分块粒度较小，而在要素稀疏区域则相对分块粒度较大。

2）对于每个分块内的数据点进行空间位置关系的"之字形"排序，建立数据点之间的位置关系。

3）将前一个数据点所生成的脆弱水印信息按照量化的思想嵌入到排序后的相邻数据点 y 坐标值的精度位上。

脆弱水印的检测基本过程如下：

1）按照嵌入时同样的方法对矢量地理数据进行点约束分块以及块内数据点排序。

2）利用前一个数据点计算提取脆弱水印信息并且量化。

3）与从相邻数据点 y 坐标精度位上的原始脆弱水印信息进行比较，如果两者相等，则表示数据没有发生修改，精确认证通过；反之则表示发生了修改，精确认证不通过，对此位置进行标记，确定修改位置。

3. 实验与分析

对本节提出的算法进行验证，实验数据为一幅 1∶25 万的等高线数据，其中包含线状要素 235 条，数据点总数为 34282 个，如图 4.13 所示。假设该实验数据的精度位最大改变量为 $M=5$，则取量化步长 $N=3$，兼顾认证效率和变化检测定位精度，令最小分块面积 $S=S_v/1000$，数据块中包含的数据点个数最大值 $t=50$，即对于要素分布较为稀疏的区域按照面积进行分块，而要素分布密集的区域则会按照数据点个数划分为更细小的数据子块。以均匀分块作为对比实验的算法，其中最小分块面积 S 保持一致，对含水印数据进行常见几何攻击，验证本节提出的算法的有效性和可行性。

图 4.13　原始等高线数据

（1）可视化分析

对比嵌入脆弱水印前后的数据，如图 4.14 所示。从图 4.14 可以看出，嵌入脆弱水印后的数据对人眼视觉查看不会造成任何影响，因此脆弱水印具有良好的不可见性。

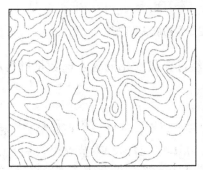
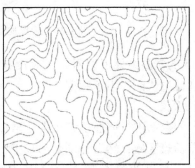

a) 嵌入脆弱水印前的数据　　　　　　b) 嵌入脆弱水印后的数据

图 4.14　嵌入脆弱水印前后的数据可视化对比（局部放大图）

（2）误差分析

对嵌入脆弱水印前后的数据进行误差统计和分析，结果见表4.2。

表4.2　基于点约束的矢量地理数据精确认证算法误差分析

精度位变化大小	数据点个数	占总数比例（%）
0	12081	35.24
0~1	14015	40.88
1~2	6750	19.69
2~3	1436	4.19
大于3	0	0

从表4.2可以看出，脆弱水印嵌入时的点约束分块处理同样没有对数据精度造成过多的影响，依旧只有少数数据点的误差较大，仍在可接受的误差范围内，整体来说不影响数据的使用价值。

（3）矢量地理数据精确认证

提取含水印的矢量地理数据中的水印信息进行认证，结果如图4.15所示。

图4.15　矢量地理数据精确认证结果

从图4.15的实验结果可以看出，对没有经过任何变化的含水印数据进行精确认证时，数据能够顺利通过认证，不予标记。

（4）增加要素

对含水印的数据进行增加要素攻击，增加两个要素，其中一个在要素分布密集区域，一个在要素分布稀疏区域，然后分别采用基于均匀分块的算法和本节提出的基于点约束分块的算法进行认证，结果如图4.16所示。其中图4.16a采用的是基于均匀分块的认证算法，图4.16b采用的是本节提出的基于点约束的认证算法。

对比图4.16a和图4.16b的认证结果可以看出，本节提出的点约束分块方法能够检测到

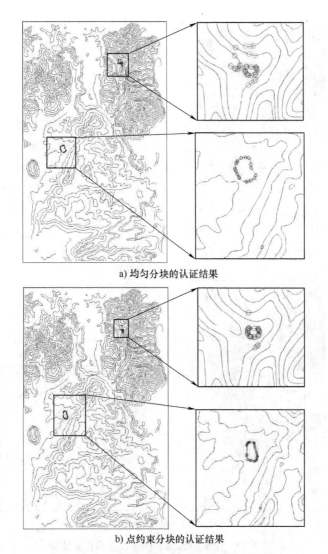

a) 均匀分块的认证结果

b) 点约束分块的认证结果

图 4.16　含水印数据增加要素后的认证结果

要素增加的修改。同样的最小分块面积，在要素分布相对密集的右上角区域增加的要素，点约束分块算法的修改定位更为集中，定位的精度和准确度效果都较好；在要素分布相对稀疏的左下角区域增加的要素，修改定位精度和准确度与基于均匀分块算法保持一致。

（5）平移要素

对含脆弱水印的数据进行平移要素（整体平移）攻击，然后再对其进行认证，结果如图 4.17 所示。其中图 4.17a 采用的是基于均匀分块的认证算法，图 4.17b 采用的是本节提出的基于点约束的认证算法。

从图 4.17a 和 b 的认证结果可以看出，对含水印的数据进行整体平移后，基于均匀分块的认证算法和基于点约束的认证算法同样都可以认证数据整体发生了变化。

（6）删除要素

对含脆弱水印的数据进行删除要素攻击，分别在数据分布密集和稀疏的区域删除一个要

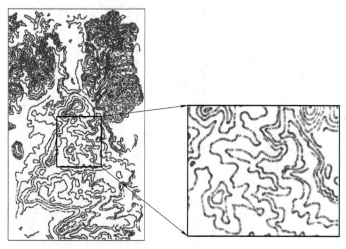

a) 均匀分块的认证结果

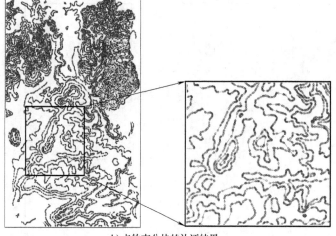

b) 点约束分块的认证结果

图 4.17　含水印数据平移要素后的认证结果

素，然后再对其进行认证，结果如图 4.18 所示。其中图 4.18a 采用的是基于均匀分块的认证算法，图 4.18b 采用的是本节提出的基于点约束的认证算法。

　　对比图 4.18a 和 b 的认证结果可以看出，本节提出的点约束的分块脆弱水印算法能够检测到要素删除的修改。同样的最小分块面积，在要素分布相对密集的右上角删除一个要素，点约束的分块方法的修改定位更集中、精度更高；在要素相对稀疏的左下角删除一个要素，修改定位精度和准确度与基于均匀分块的算法保持一致。

4. 本节小结

　　本节采用点约束的分块方法来实现数据的自适应分块，使得算法能够适用于要素分布不均的数据，具有更好的实用性。实验表明，算法具有良好的不可见性，对数据精度的影响较小，在分布不均的数据中也有良好的适用性，而且认证检测的定位精度和准确度同样能够得到保持。

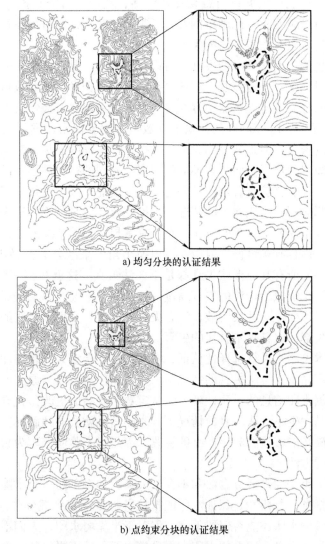

a) 均匀分块的认证结果

b) 点约束分块的认证结果

图 4.18　含水印数据删除要素后的认证结果

4.3　基于脆弱水印的矢量地理数据选择性认证

选择性认证，顾名思义，就是指有选择性地进行认证。既然是有选择性的，那么就意味着存在两种情况，在选择性认证系统中，人们用合法失真以及不合法失真来描述这两种失真情况。如何界定这两种失真之间的关系就成为了选择性认证系统实现的前提条件。

4.3.1　合法及不合法失真

矢量地理数据包含许多冗余信息，在某些应用场合如进行数据压缩，冗余的数据会被去除。该操作虽然会使得原始数据失去部分细节信息，但是压缩后的数据还是会保留基本的地形地貌、保留地物的特征信息等，不影响数据的正常使用，这种类型的失真即可以视为是合法的失真。假如对矢量地理数据进行裁切操作的话，裁切所得的数据只是原始数据的一部分，但是由于数据所对应的实际地理范围发生了很大的变化，有可能使得关键的地物信息丢失，此类型的失真就可以看作不合法的失真。

如果是比较理想的、类型单一的失真，可以轻易判断出是合法失真还是不合法失真。而在实际的数据应用过程中，可能涉及更多的复杂情况。数据发生的修改可能是一种，也有可能是多种重叠的；而且矢量地理数据中存在着大量的保密数据，经常会牵涉到一些法律法规等问题。例如，比例尺为1：50000的矢量地理数据是国家保密数据，在合法情况下对其进行数据压缩是合法的失真。但是如果作为涉密数据案件审理的证物，数据压缩是否为合法失真就要根据相关法律来判定了。而且，不同的国家、不同的行业甚至不同时期可能对于同一数据同一类型的失真是否合法有着不一样的定义，这就需要根据具体情况而定。

考虑到种种实际应用中可能遇到的情况，数据的合法失真与不合法失真的界定显得越发困难。不合法的失真错综复杂、千变万化，总会有意想不到的情况发生；对照看来，合法的失真显得相对简单，而且有迹可循。故而，可以换个角度来区分数据经历的失真是否合法，即除去合法失真之外的所有其他形式失真都是不合法失真。这就相当于将问题进行了简化，也就是说选择性认证系统只给合法的失真通过认证，其他情况一律无法通过认证。如果在认证时没有提示数据发生变化，就表明数据没有失真，或者是发生了合法的失真；反之，则表示数据已经发生了失真，而且是不合法的失真。

半脆弱水印技术可用来进行选择性认证，它是指不受合法失真影响却会被不合法失真破坏的水印。在数字产品发生合法失真的情况下水印信息仍然可以与原先嵌入的保持一致，这样在水印检测时根据水印信息的一致性就可以认定数字产品的更改是允许的，数字产品仍是可用的；在数字产品发生不合法失真的情况下，水印信息就会遭到破坏，与精确认证的情况类似，通过水印的破坏能够检测数字产品的篡改。因此，半脆弱水印为数字产品的选择性认证提供了一种有效的方法。

如果完全根据可否感知来区分合法和不合法失真，那么创建一个半脆弱水印就和创建一个鲁棒水印类似。毕竟，鲁棒性是保证水印能抵抗各种操作直到载体作品被改得失去价值。此后，就不再关心鲁棒水印还能否保留下来。但对于半脆弱水印，人们不仅希望它可以经受各种操作直到作品失去意义，还希望水印在作品失去意义后不再保留。通常，人们可通过仔细调整鲁棒水印，使之会被某种特定失真破坏来实现这一点。当合法失真所包括的种类更加明确时，设计半脆弱水印就更加困难。如合法失真在医学法律上的运用。在这些情况下，即使不合法失真对作品的影响在感觉上可以忽略，人们也希望水印可抵抗某些特定的失真而无法抵抗其他失真。有非常多的失真都可认为是合法的，并且每一项都可能需要特定类型的半脆弱水印。

4.3.2　一种抗光栏法压缩的矢量数据选择性认证算法

1. 光栏法压缩失真分析

光栏法压缩首先要预先定义一个扇形（"喇叭口"），根据曲线上各节点是在扇形外还是扇形内来决定节点是保留还是舍去。在矢量地理数据进行光栏法压缩过程中，是逐个判断曲线上的数据点是否为冗余点，即可以在数字化的同时对数据进行压缩操作。所有的数据点被划分为两种：①在数据压缩后仍然存在的特征点；②会被压缩掉的非特征点。对于特征点来说，在经过矢量地理数据的压缩后依然存在，是用来描述最基本的要素信息，每一个特征点都包含着矢量地理数据中一些必不可少的信息，每一个特征点的修改都有可能使得原始数据丢失关键的数据信息。而对于矢量地理数据中的非特征点来说，非特征点的存在与否并不会影响到数据所需要表达的必要信息等，在矢量地理数据的压缩过程中非特征点会被压缩掉；但是非特征点的修改会影响数据表达的细节内容，可能使得要素的形状、拓扑关系等发生变化，原本相分离的要素有可能会变成相交或者重合等，或者非特征点在修改之后就变成了特征点。在矢量地理数据精确认证的时候对所有的数据点一视同仁，做相同的水印生成、嵌入和检测操作。但是在进行选择性认证的时候，由于要考虑上述提到的合法失真以及不合法失真，就必须根据数据点的重要程度，分别采用不同的方法来进行水印的生成、嵌入和检测操作。

对于矢量地理数据压缩过程中的特征点来说，要能够抵抗基本的几何攻击类型，如增加、删除、平移等，任何的修改都属于不合法失真；而对于矢量地理数据压缩过程中存在的非特征点来说，由于在压缩过程中会被删除掉，所以删除属于合法的失真，其他的几何攻击类型才属于不合法失真，所以非特征点需要能够抵抗增加、移动等几何修改攻击，而不需要抵抗数据点删除的修改方式。因此，本节对于两种不同类型的数据点，采用不同的水印处理方式来实现抗光栏法压缩的半脆弱水印算法。

2. 半脆弱水印信息的生成与嵌入

在水印生成与嵌入之前，首先要对原始数据采用光栏法进行压缩，提取出特征点并且进行标记；然后对于特征点和非特征点分别采用不同的方法进行水印生成与嵌入；最后得到含水印的矢量地理数据，如图 4.19 所示。

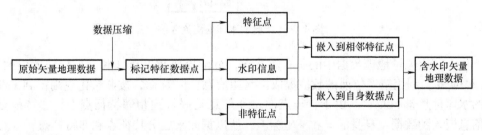

图 4.19　半脆弱水印嵌入流程图

对于标记出的特征点采用 4.2.2 节中的脆弱水印信息生成方法来生成脆弱水印信息，同时考虑到对恶意修改的定位精度问题，采用 4.2.3 节中的方法对特征点进行分块，并且将生成的脆弱水印信息嵌入到相邻的特征数据点上。

鉴于非特征点会在数据压缩的过程中被删除，而该删除是属于合法的失真，不用予以标记，所以对于非特征点就无需要考虑抗删除的情况。对于非特征点，本节依照 4.2.2 节提出的脆弱水印信息生成方式生成脆弱水印信息 w_i。在水印嵌入时不再将水印信息嵌入到相邻数据点上，而是嵌入到数据点自身。同时为了方便在水印检测时能够顺利区分出特征点和非特征点，在此将生成的脆弱水印信息 w_i 同时嵌入到当前数据点的 x 和 y 坐标精度位上，分别按照式（4.4）和式（4.5）的嵌入规则将水印信息嵌入到精度位上，以此完成水印的嵌入，得到含水印的数据，其中 n 为量化区间的个数。

$$\begin{cases} xb_i = w_i & 0 \leqslant xb_i < N \\ xb_i = w_i + N & N \leqslant xb_i < 2N \\ \vdots & \vdots \\ xb_i = w_i + (n-2)N & (n-2)N \leqslant xb_i < (n-1)N \\ xb_i = w_i + (n-1)N & (n-1)N \leqslant xb_i < 9 \end{cases} \qquad (4.4)$$

$$\begin{cases} yb_i = w_i & 0 \leqslant yb_i < N \\ yb_i = w_i + N & N \leqslant yb_i < 2N \\ \vdots & \vdots \\ yb_i = w_i + (n-2)N & (n-2)N \leqslant yb_i < (n-1)N \\ yb_i = w_i + (n-1)N & (n-1)N \leqslant yb_i < 9 \end{cases} \qquad (4.5)$$

3. 半脆弱水印信息的检测与认证

在半脆弱水印检测时，首要是区分出特征点和非特征点，然后针对特征点和非特征点采用相对应的检测算法进行水印检测，以此来判断数据是否遭到非法修改，并且对于发生修改的区域进行标记，流程如图 4.20 所示。

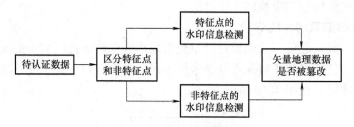

图 4.20　半脆弱水印检测流程图

首先，获取矢量地理数据中的所有数据点，分别提取数据点 x 和 y 坐标精度位的数值，记为 xb_i' 和 yb_i'；利用精度位前的数值提取出水印信息，记为 w_i'，按照量化规则得到 x 和 y 相对应的水印信息 xw_i' 和 yw_i'。由于特征点的水印信息是嵌入到相邻特征点上，非特征点是将水印信息嵌入到数据点自身的 x 和 y 坐标上，所以据此来区分特征点和非特征点，并且采用相对应的水印检测方法。

在 $|xb_i' - yb_i'| = 0$ 或者 N 的倍数时存在两种情况：①该数据点为非特征点；②该数据点为特征点并且已经发生修改。通过判断提取出的水印信息与原始的水印信息是否一致来进一步确定是否为非特征点：若 $xb_i' = xw_i'$ 并且 $yb_i' = yw_i'$，则可以判定该数据点为非特征点且没有发生修改；若 $xb_i' \neq xw_i'$ 或者 $yb_i' \neq yw_i'$，则该数据点发生了修改。

在 $|xb_i' - yb_i'| \neq 0$ 或者 N 的倍数的情况下，则该数据点可能是特征点，可以通过以下方式进行验证。将所有的疑似特征点按照点约束的分块方法进行分块排序，并且确定每个数据点的相邻数据点，提取下一个相邻数据点 y 坐标精度位上的数值记为 yb_{i+1}'。若 $yb_{i+1}' = yw_i'$，则当前数据点和相邻的数据点都为特征点并且没有发生修改；若 $yb_{i+1}' \neq yw_i'$，则无法判断出当前数据点是否为特征点，也无法判断出数据点是否遭受了修改，同样无法判断相邻数据点的真伪，只能根据之后的数据点来进行判断。

4. 实验与分析

对本节提出的算法进行实验验证，采用一幅 1:25 万的等高线数据作为实验数据，如

图 4.21 所示。其中包含线状要素 545 条，数据点总数为 87927 个。对含水印的数据进行光栅法数据压缩视为合法失真，其他形式的失真都视为不合法失真，根据检测结果来判断所提出算法的有效性和可靠性。假设该实验数据的精度位最大改变量为 $M = 5$，则取量化步长 $N = 3$，由量化规则计算可知水印嵌入对数据造成的误差范围为 $[0, 3\sqrt{2}]$，理论上不会影响数据的使用精度。

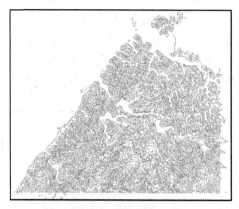

图 4.21　原始实验数据

（1）可视化分析

图 4.22 为嵌入水印前后的数据对比图，从放大的图 4.22a 和图 4.22b 来看，本节提出的半脆弱水印算法对数据本身造成的破坏不是很明显，肉眼是无法区分出来的，具有良好的不可感知性。因此，半脆弱水印的嵌入与否并不会影响数据的可视化表达效果。

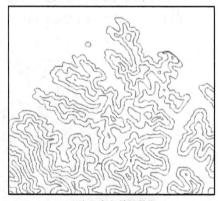

a) 嵌入水印前的数据

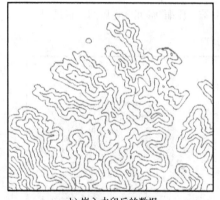

b) 嵌入水印后的数据

图 4.22　嵌入半脆弱水印前后的数据可视化对比（局部放大图）

（2）误差分析

对嵌入半脆弱水印前后的数据进行误差统计和分析，结果见表 4.3。

表 4.3　抗光栅法压缩的矢量地理数据选择性认证算法误差分析

精度位变化大小	数据点个数	占总数比例（%）
0	26262	29.87
0~1	38948	44.30
1~2	18261	20.77
2~3	4456	5.06
>3	0	0

从表 4.3 的误差统计结果可以看出，水印信息嵌入所造成的数据误差都在预计的范围之

内，对数据的正常使用不会造成影响。

（3）数据光栏法压缩选择性认证

采用光栏法对含水印的数据进行不同压缩比的数据压缩，然后再对其进行认证。图4.23是压缩9%冗余点后的认证结果，图4.24是压缩18%冗余点后的认证结果，图4.25是压缩33%冗余点后的认证结果，图4.26是压缩42%冗余点后的认证结果。

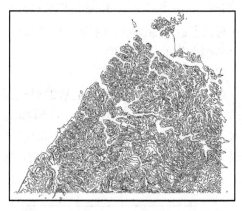

图4.23　压缩9%冗余点后的认证结果　　　图4.24　压缩18%冗余点后的认证结果

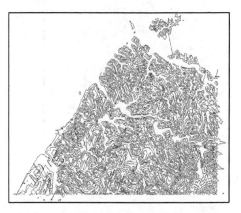
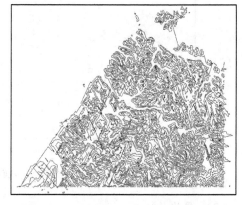

图4.25　压缩33%冗余点后的认证结果　　　图4.26　压缩42%冗余点后的认证结果

从以上实验结果可以看出，本节提出的算法能够抵抗一定程度的光栏法数据压缩攻击。其中图4.23和图4.24在数据经过光栏法压缩（压缩比较小）后进行认证时不会提示数据发生修改，认证通过。但是，当数据的压缩比过大时（如图4.25和图4.26所示），从图中可以看出，矢量地理数据已经发生了很大的变形，数据已经被破坏，而且数据的特征点已经发生了改变，部分特征点已经被当作非特征点遭到了删除，故而在认证时可以检测到数据发生了修改，无法通过选择性认证。实验可以看出提出的算法可以实现针对光栏法数据压缩的选择性认证。

（4）其他攻击

对含水印的数据进行其他类型的攻击，如增加要素攻击和删除要素攻击，对遭受攻击后的数据进行认证，选择性认证结果如图4.27和图4.28所示。

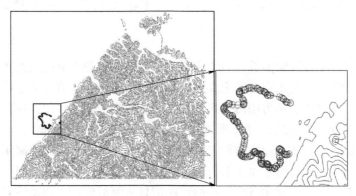

图 4.27　增加要素后的选择性认证结果

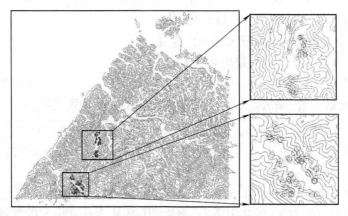

图 4.28　删除要素后的选择性认证结果

　　从图 4.27 和图 4.28 的认证结果可以看出，当数据遇到增加要素或者删除要素等不合法失真时，本节提出的算法能够检测到修改并且进行标记。由于采用的算法对特征点进行分块，然后将水印信息嵌入到数据子块中的相邻特征点上，所以这些攻击也会对其他的特征点造成一定的影响。因此，图中周围的部分相关特征点也会被标记为发生改变。

4.3.3　一种抗几何变换的矢量地理数据选择性认证模型

　　矢量地理数据有时因为比例尺不符，或为了实现数据的合成与排版，特别是矢量地理数据拼接时的接边处理，需要对这些数据进行几何变换（线性变换），以便满足矢量地理数据使用或地理信息系统应用的要求。几何变换主要用于矢量地理数据的微调，一般变换幅度都不大。矢量地理数据的几何变换主要包括平移、旋转、缩放等。由于缩放变换对数据精度改变很大，而且对矢量地理数据而言实际意义不大，因此，在矢量地理数据需要进行几何变换的应用中，对数据进行平移、旋转几何变换是允许的。

　　从数据认证的角度来说，在矢量地理数据允许几何变换的情况下，几何变换就可以认为是合法的失真，所以在使用水印技术对矢量地理数据进行认证时，不应该对发生几何变换的数据做出篡改检测。针对这一问题，本节通过寻找矢量地理数据几何变换中的不变特征，基于常函数的方法，提出一种抗平移和旋转的矢量地理数据半脆弱水印算法。

1. 基本思想

选择性认证要求水印算法能够在合法失真的情况下，对数据更改的检测视为正常，不算篡改。在算法设计上，即要求在合法失真时，检测到的脆弱水印信息和原始脆弱水印信息相同，认为数据未发生篡改，是可用的。通过不变性参数生成脆弱水印并进行嵌入，以达到算法抵抗平移、旋转变换的目的，并实现选择性认证。因此，该方法基于矢量地理数据在平移、旋转中的特征，根据不变量距离构造数据点间的距离函数，利用距离函数值的特征映射生成水印信息。然后，通过对距离函数值的分类分级，自适应地确定水印嵌入位置，控制水印引起的数据误差，并采用量化方法，根据水印信息将距离值量化到相应的区间中，再对相应的数据点坐标进行修改完成水印嵌入。该方法充分利用了矢量地理数据平移和旋转中的距离不变量，解决了在平移、旋转变换作为合法失真情况下的矢量地理数据选择性认证，并实现对平移、旋转变换之外的数据篡改检测和定位。

2. 水印嵌入位置选择与半脆弱水印信息生成

1）读取待嵌入水印信息的矢量地理数据。

2）提取矢量地理数据前后两个数据点 (x_i, y_i) 和 (x_{i+1}, y_{i+1})，$i = 1, 2, \cdots, m, m$ 为矢量地理数据中数据点的个数。根据下述公式计算相邻两点之间的距离值为

$$f(x_i, y_i, x_{i+1}, y_{i+1}) = \sqrt{(x_{i+1} - x_i)^2 + (y_{i+1} - y_i)^2} \tag{4.6}$$

3）基于模糊聚类方法对距离函数值进行分类分级，根据不同的类别确定对距离函数值的水印嵌入位置。

4）提取函数 $f(x_i, y_i, x_{i+1}, y_{i+1})$ 在嵌入位置之前的数值记为 $f^*(x_i, y_i, x_{i+1}, y_{i+1})$。

5）设水印信息范围为 $W_1 = \{0, 1, 2, \cdots, M\}$，其中 M 为任意设定的整数，使用 n 阶模 2 本原多项式 $R(f^*(x_i, y_i, x_{i+1}, y_{i+1}))$ 生成 $\{0, 1\}$ 随机序列，然后根据二进制到十进制的转换器将序列转换为十进制整数后关于 M 取模，生成水印信息 $w_i \in W_1$。

6）针对生成的水印信息 w_i，根据 $w_i = \begin{cases} 1, & w_i \geq M/2 \\ 0, & w_i < M/2 \end{cases}$ 转化为 $\{0, 1\}$ 序列的水印信息 $w_i \in W = \{0, 1\}$。

3. 半脆弱水印信息嵌入

1）设置量化步长为 N，将水印嵌入位置上拥有的数值区间 $[0, 9]$ 根据 N 划分量化区间，基于水印信息 $\{0, 1\}$ 对量化区间进行调制。

2）设水印嵌入位置上的数值为 $f_b(x_i, y_i, x_{i+1}, y_{i+1})$，如果 $f_b(x_i, y_i, x_{i+1}, y_{i+1})$ 所对应的水印信息为 0，水印嵌入规则为

$$f_b(x_i, y_i, x_{i+1}, y_{i+1}) = \begin{cases} f_b(x_i, y_i, x_{i+1}, y_{i+1}), & f_b(x_i, y_i, x_{i+1}, y_{i+1})\%N < N/2 \\ f_b(x_i, y_i, x_{i+1}, y_{i+1}) + N/2, & f_b(x_i, y_i, x_{i+1}, y_{i+1})\%N \geq N/2 \end{cases} \tag{4.7}$$

3）如果 $f_b(x_i, y_i, x_{i+1}, y_{i+1})$ 所对应的水印信息为 1，水印嵌入规则为

$$f_b(x_i, y_i, x_{i+1}, y_{i+1}) = \begin{cases} f_b(x_i, y_i, x_{i+1}, y_{i+1}) + N/2, & f_b(x_i, y_i, x_{i+1}, y_{i+1})\%N < N/2 \\ f_b(x_i, y_i, x_{i+1}, y_{i+1}), & f_b(x_i, y_i, x_{i+1}, y_{i+1})\%N \geq N/2 \end{cases} \tag{4.8}$$

4）用修改后的 $f_b(x_i, y_i, x_{i+1}, y_{i+1})$ 与嵌入位之外的数值结合得到嵌入水印后的 $f(x_i, y_i,$

x_{i+1}, y_{i+1}）。然后根据 $f(x_i, y_i, x_{i+1}, y_{i+1})$ 的值修改数据点坐标（x_{i+1}，y_{i+1}）的值，最终实现水印的嵌入。

5）保存嵌入水印信息后的矢量地理数据。

4. 水印信息检测与认证

1）读取含水印信息的矢量地理数据。

2）提取前后两个数据点（x_i'，y_i'）和（x_{i+1}'，y_{i+1}'），$i=1$，2，…，m'，m' 为矢量地理数据中数据点的个数。根据式（4.6）计算相邻数据点之间的距离值。

3）基于模糊聚类方法对距离函数值进行分类分级，根据不同的类别确定对距离函数值的水印嵌入位置。

4）提取函数 $f(x_i', y_i', x_{i+1}', y_{i+1}')$ 在嵌入位置之前的数值记为 $f^*(x_i', y_i', x_{i+1}', y_{i+1}')$。

5）设水印信息范围为 $W_1=\{0,1,2,\cdots,M\}$，使用 n 阶模 2 本原多项式 $R(f^*(x_i', y_i', x_{i+1}',$ $y_{i+1}'))$ 生成 $\{0,1\}$ 随机序列，然后根据二进制到十进制的转换器将序列转换为十进制整数后关于 M 取模，生成水印信息 $w_i' \in W_1$。

6）针对生成的水印信息 w_i'，根据 $w_i'=\begin{cases}1, & w_i'\geqslant M/2\\0, & w_i'<M/2\end{cases}$ 转化为 $\{0,1\}$ 格式的最终水印信息 $w_i'\in W=\{0,1\}$。

7）设水印嵌入位置上的数值为 $f_b(x_i', y_i', x_{i+1}', y_{i+1}')$，根据量化步长 N，水印信息 w_i'' 提取的规则为

$$w_i''=\begin{cases}0, & f_b(x_i', y_i', x_{i+1}', y_{i+1}')\%N<N/2\\1, & f_b(x_i', y_i', x_{i+1}', y_{i+1}')\%N\geqslant N/2\end{cases} \qquad (4.9)$$

8）将 w_i'' 与 w_i' 进行比较，根据比较结果是否相同确定 $f(x_i', y_i', x_{i+1}', y_{i+1}')$ 的值是否更改，从而确定数据点（x_{i+1}'，y_{i+1}'）是否更改，完成针对矢量地理数据的篡改定位。

5. 实验与分析

为验证本节算法的有效性，选取一幅 1∶25 万等高线层矢量地理数据作为实验数据（如图 4.29 所示，92320 个坐标点），对提出的算法进行实验分析。针对此幅数据，数据允许的最大误差定为 5 个单位。

（1）可视化比较

对嵌入水印前后的两幅矢量地理数据进行可视化比较，如图 4.30 所示。分别选取了同样区域范围的原始矢量地理数据局部放大图和嵌入水印后矢量地理数据的局部放大图，如图 4.30a 和图 4.30b 所示。从图 4.30a 和图 4.30b 的比较可以看出，水印嵌入前后并没有引起数据的视觉变化。所以本节提出的水印算法具有好的不可感知性，水印的嵌入不会影响数据可视化表达的效果。

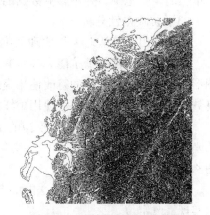

图 4.29　原始的矢量地理数据

（2）误差分析

对嵌入水印前后的数据进行误差比较，分别给出了数据的误差大小的单位。水印嵌入前后两幅矢量地理数据的误差大小比较单位的误差分析结果见表 4.4。

a) 嵌入水印前数据　　　　　　　　b) 嵌入水印后数据

图 4.30　嵌入水印前后矢量地理数据可视化比较（局部放大）

表 4.4　误差分析

误差大小的单位	数据点个数	所占百分比（%）
0	17260	18.70
0~1	19220	20.82
1~2	23087	25.01
2~3	24884	26.95
3~4	7869	8.52
>4	0	0

从表 4.4 可以看出，水印嵌入对数据造成的误差都在 4 个单位以内，没有超过数据的 5 个单位的误差范围，并不影响数据的使用。由此可见，本节算法可以有效保障数据的精度。

（3）抗攻击性分析

利用提出的算法对矢量地理数据遭受攻击的情况进行检测和篡改定位，检测算法对平移、选择几何变换的抵抗能力和对其他篡改的检测和定位能力。在检测时对篡改做出标记，图形化显示时，对发生的篡改使用虚线表示。由于对数据端点使用了精确认证水印算法，所有数据端点发生篡改时将会使用虚线或圈进行表示。

1）噪声攻击。噪声攻击模拟的是对矢量地理数据的随机修改操作，对水印数据中 20% 的坐标点叠加服从 [−3，3] 上均匀分布的噪声，然后对其进行水印检测，检测结果如图 4.31 所示。

从图 4.31 可以看出，算法能够有效检测出数据的修改，并且对于数据端点的改变也可以实现篡改定位。

2）增点攻击。对含有水印的矢量地理数据进行随机增加数据点攻击，增点 10%，然后对其进行水印检测，检测结果如图 4.32 所示。

从图 4.32 可以看出，算法有效检测出增加的数据点对原始矢量地理数据的更改，由于随机增加的数据点位于端点的数据较少，基本上端点都没有变化。

3）删点攻击。对含有水印的矢量地理数据进行随机删点攻击，删点 5%，然后再对其进行水印检测，检测结果如图 4.33 所示。

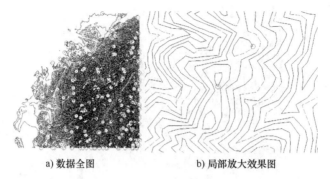

a) 数据全图 b) 局部放大效果图

图 4.31 噪声攻击（攻击 20%的数据）后的水印检测结果

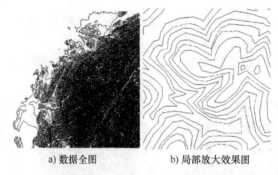

a) 数据全图 b) 局部放大效果图

图 4.32 增点攻击（增点 10%）后的水印检测结果

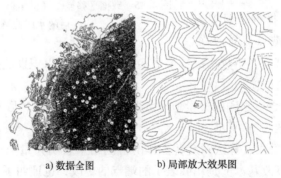

a) 数据全图 b) 局部放大效果图

图 4.33 删点攻击（删点 5%）后的水印检测结果

从图 4.33 可以看出，算法能够有效检测出数据点被删除的情况，对矢量地理数据进行精确的删点定位。

4）数据裁剪。对含有水印的矢量地理数据进行裁剪操作，对裁剪后的数据进行水印检测，检测结果如图 4.34 所示。

从图 4.34 中可以看出，算法对裁剪后的数据发生的数据删点实现了准确定位。数据裁剪之后相当于新出现了很多端点，因此对于端点的特殊水印嵌入方法可以更好地实现对裁剪攻击的检测和篡改定位，同时由于很多新的数据点的出现，距离函数的值也发生了变化，因此有些地方通过距离函数也检测出了篡改。

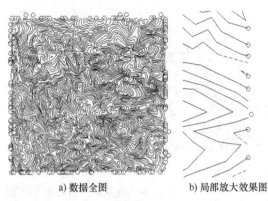

a) 数据全图   b) 局部放大效果图

图 4.34 裁剪攻击（裁剪 92%）后的水印检测结果

5）平移操作。对含有水印的矢量地理数据进行平移操作，数据平移是对数据同时进行横、纵坐标方向的平移，然后对平移后的数据进行水印检测，检测结果如图 4.35 所示。

从图 4.35 可以看出，算法对平移操作的检测结果表明矢量地理数据经过平移之后并没有被篡改，图中的篡改基本上是用圈表示的端点的更改，数据平移对端点进行了更改，算法对端点实现了精确认证，也充分说明了算法对数据平移的选择性认证功能。在实际应用中，根据端点被篡改而数

a) 数据全图   b) 局部放大效果图

图 4.35 数据平移操作（横坐标平移 43，纵坐标平移 26）后的水印检测结果

据绝大多数没有更改可以证明数据进行了平移操作，从而可以识别数据的具体操作类型，在希望恢复数据时可以有效实现。

6）旋转操作。对含有水印的矢量地理数据进行旋转操作，然后对旋转后的数据进行水印检测，检测结果如图 4.36 所示。

从图 4.36 中可以看出，算法对旋转操作的检测结果表明矢量地理数据经过旋转之后并没有被篡改，图中的篡改基本上是用圈表示的端点的更改，也证明了算法针对矢量地理数据旋转变换的选择性认证作用。

6. 算法的适应性

为了分析算法针对不同要素类型数据的适应性，对单独的矢量地理点数据进行分析和实验。针对点数据首先将其进行"之字形"排序，然后将排序后的数据组成序列应用算法，实质上的处理与线数据相同，这样的处理也是为了有效防止针对点数据的倒序攻击。

使用一幅包含 1959 个坐标点的 1∶25 万矢量地理点数据作为实验数据，对提出的水印算法进行实验分析。

下面针对矢量地理点数据进行抗攻击性实验，图形化显示时，对于作为数据点序列的端点的篡改根据精确认证的要求进行显示，对于数据点序列中间的数据点的篡改，对检测到的

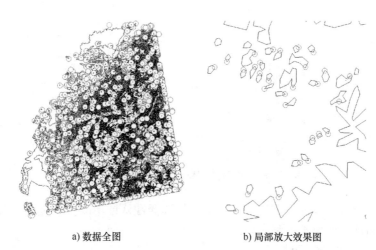

a) 数据全图　　　　　　　　b) 局部放大效果图

图 4.36　数据旋转操作（旋转 10°）后的水印检测结果

数据点使用虚线圈表示。

（1）增点攻击

对含有水印的矢量地理点数据进行随机增加数据点攻击，增点 10%，然后对其进行水印检测，检测结果如图 4.37 所示。

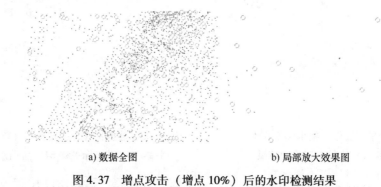

a) 数据全图　　　　　　　　b) 局部放大效果图

图 4.37　增点攻击（增点 10%）后的水印检测结果

从图 4.37 可以看出，算法对矢量地理点数据的检测结果与等高线数据的检测结果相似，端点没有变化，增加数据点造成数据点之间的距离变换，从而检测出增加的数据点的位置。

（2）删点攻击

对含有水印的矢量地理点数据进行随机删点攻击，删点 5%，然后再对其进行水印检测，检测结果如图 4.38 所示。

从图 4.38 可以看出，算法对矢量地理点数据同样能有效检测出数据点被删除的情况，对其进行精确的删点定位。

（3）平移操作

对含有水印的矢量地理点数据同时进行横、纵坐标方向的平移，然后对平移后的数据进行水印检测，检测结果如图 4.39 所示。

从图 4.39 可以看出，算法对矢量地理点数据平移操作的检测结果表明矢量地理点数据

a) 数据全图　　　　　　　　　b) 局部放大效果图

图 4.38　删点攻击（删点 5%）后的水印检测结果

经过平移之后并没有被篡改，实现了针对平移的选择性认证功能，只是首端点在数据平移操作之后按照精确认证的要求检测出更改。

（4）平移、旋转复合操作

对含有水印的矢量地理点数据进行旋转操作，然后对旋转后的数据同时进行横坐标和纵坐标方向上的平移，水印检测结果如图 4.40 所示。

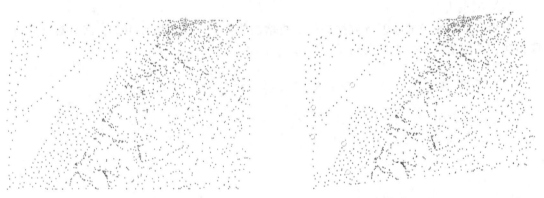

图 4.39　数据平移操作（横坐标平移 13，　　　图 4.40　数据平移、旋转操作（旋转 6°，横坐标
　　　纵坐标平移 24）后的水印检测结果　　　　　平移 28，纵坐标平移 64）后的水印检测结果

从图 4.40 中可以看出，整幅数据基本上没有篡改的标识，证明算法针对矢量地理点数据平移、旋转几何变换具有较好的选择性认证作用。图 4.40 中除了端点更改标识之外的少数几个数据点的篡改标识，是由于旋转变换过程中的数据运算误差造成的。

通过实验分析可以看出，对于矢量地理点数据，算法仍然能够实现针对平移、旋转几何变换的选择性认证，能够有效检测其他数据攻击对数据造成的篡改，并进行精确定位，具有较好的适应性。

参考文献

[1] 杨义先，钮心忻. 数字水印理论与技术 [M]. 北京：高等教育出版社，2006.

[2] 孙圣和，陆哲明，牛夏牧. 数字水印技术与应用 [M]. 北京：科学出版社，2004.

[3] 闵连权. 一种鲁棒的矢量地图数据的数字水印 [J]. 测绘学报，2008，37（2）：262-267.

[4] 杨成松，朱长青，陶大欣. 基于坐标映射的矢量地理数据全盲水印算法 [J]. 中国图象图形学报，2010，15（4）：684-688.

［5］ 吴柏燕. 空间数据水印技术的研究与开发 ［D］. 武汉：武汉大学，2010.

［6］ 杨成松，朱长青. 基于常函数的抗几何变换的矢量地理数据水印算法 ［J］. 测绘学报，2011，40（2）：257-261.

［7］ 王奇胜，朱长青. 一种用于精确认证的矢量地理数据脆弱水印算法 ［J］. 测绘科学技术学报，2012，29（3）：218-221.

［8］ 侯翔，闵连权，唐立文. 定位篡改实体组的矢量地图脆弱水印算法 ［J］. 武汉大学学报（信息科学版），2020，45（2）：308-309.

［9］ 任娜，吴维，朱长青. 一种点约束分块的矢量地理数据精确认证算法 ［J］. 地球信息科学学报，2015，17（2）：166-171.

［10］ Abubahia A，Co Ce A M. Advancements in GIS map copyright protection schemes-a critical review ［J］. Multimedia Tools & Applications，2016，76（10）：12205-12231.

［11］ AI-ARDHI S，THAYANANTHAN V，BASUHAIL A. Fragile watermarking based on linear cellular automata using manhattan distances for 2D vector map ［J］. International Journal of Advanced Computer Science and Applications，2019，10（6）：398-403.

［12］ PENG F，LIN Z X，ZHANG X，et al. A semi-fragile reversible watermarking for authenticating 2D engineering graphics based on improved region nesting ［J］. IEEE Transactions on Circuits and Systems for Video Technology，2021，31（1）：411-424.

［13］ PENG Y，LAN H，YUE M，et al. Multipurpose watermarking for vector map protection and authentication ［J］. Multimedia Tools and Applications，2018，77（6）：7239-7259.

［14］ WANG N. Reversible fragile watermarking for locating tampered polylines/polygons in 2D vector maps ［J］. International Journal of Digital Crime and Forensics，2016，8（1）：1-25.

［15］ WANG N，BIAN J，HAN Z. RST invariant fragile watermarking for 2D vector map authentication ［J］. International Journal of Multimedia and Ubiquitous Engineering，2015，10（4）：155-172.

［16］ WANG N，KANKANHALLI M. 2D vector map fragile watermarking with region location ［J］. Acm Transactions on Spatial Algorithms & Systems，2018，4（4）：1-25.

［17］ HAGHIGHI B B，TAHERINIA A H，Mohajerzadeh A H. TRLG：fragile blind quad watermarking for image tamper detection and recovery by providing compact digests with optimized quality using LWT and GA ［J］. Information Sciences，2019，486：204-230.

第 5 章

瓦片地图水印模型

随着网络技术的发展，地理数据的应用更加广泛，很多地理数据共享服务也越来越大众化，比如百度地图、天地图、高德地图等。这极大地推动了地理信息产业的发展，意味着测绘地理信息行业走向了更广泛的地理信息公众服务，为拓宽服务空间、促进产业大发展带来机遇。网络环境下地理数据通常是以切片的形式存放于服务端，这种瓦片存储方式的数据存在一个致命弱点，即十分易于下载，以致于目前存在瓦片地理数据非法下载、非法使用、非法谋利等安全问题，严重危害了数据拥有者的权益，扰乱了地理信息产业的正常发展。因此如何保护网络环境下瓦片地理数据版权、化解瓦片地理数据共享、应用和瓦片地理数据安全之间的矛盾是目前亟待解决的关键问题。

本章首先分析了栅格瓦片地图、矢量瓦片地图的数据特征，然后提出了基于索引机制和二维格网量的瓦片地图数据数字水印算法，并进行了实验验证与分析。

5.1 瓦片地图水印技术

5.1.1 栅格瓦片地图特征及水印技术

1. 栅格瓦片地图特征

栅格瓦片数据是指将固定范围的某一比例尺下的地图按照特定的尺寸（通常为 128×128 像素或 256×256 像素）切成若干行、列的正方形栅格图片。这些正方形栅格图片就称为栅格瓦片数据（参见本章参考文献 [20]）。

栅格瓦片数据与栅格地图等具有相同的表现形式，为了节省海量瓦片数据的存储，数据存储方式往往采用索引机制，即采用基于调色板的存储方式。对于索引图像来说，图像文件的数据内容中存储的是颜色索引值，这些颜色本身差别非常大，而且颜色数据量少，失去了在空间位置上的相关性。

栅格瓦片地图数据不同于灰度或真彩色影像的独特之处在于：

1）为了有效节省存储空间，栅格瓦片地图通常采用索引机制进行组织，并以 PNG、JPEG 等格式存储，尤其是 PNG 格式具有透明通道，更有利于地图的表达。

2）打开栅格瓦片地图数据时，构成具体颜色的索引值被读入，然后根据索引值在颜色表中找到具体的颜色从而完成显示。

3）栅格瓦片地图数据在不同级别下，每一片所蕴含的信息量本身比栅格地图数据少，并且索引所用到的颜色数目非常有限，这使得在基于索引机制存储的数据中隐藏信息非常困难。

4）在栅格瓦片地图数据中，索引表中颜色值的排列顺序不会影响栅格瓦片地图数据的显示，即不存在空间位置的相关性。

5）在栅格瓦片地图数据中，索引表中值的微小改变，也不会影响栅格瓦片地图数据的显示和分析。

2. 栅格瓦片地图水印特征分析

目前大多数的数字栅格地图水印均建立在灰度或是真彩色地图上。栅格瓦片地图数据水印在抗攻击鲁棒性方面较之栅格地图水印有很大的区别，栅格地图裁剪后仍具有较高的使用价值和商业价值。然而，单一的栅格瓦片地图往往并不具备实际应用价值。因此，研究栅格瓦片地图数据水印算法并不能照搬栅格地图的水印算法，需要依据其数据特征来开展研究。

通过对栅格瓦片地图数据的特征分析，其对水印算法的要求主要表现在以下 4 个方面：

1）由于瓦片地图的大小统一，每张瓦片地图的大小为 128×128 像素或 256×256 像素。因此，栅格瓦片地图数据水印算法可以按照数据大小更有针对性地研究。

2）栅格瓦片地图尤其是瓦片线化图中高亮线的特征比较明显，且空白区域也较多，也就是说栅格瓦片地图具有较高的亮度和较低的饱和度。因此，栅格瓦片地图数据水印算法可以有效利用该特征完成水印的嵌入。

3）在应用端往往根据栅格瓦片地图的命名规则进行加载，对于单一栅格瓦片进行攻击的可能性相对较少，几乎不可能对单一的栅格瓦片地图进行裁剪或者旋转等攻击。但是在进行水印算法设计时，仍需要考虑单一瓦片可能遭受的加噪、压缩等不影响其使用的攻击方式。

4）不法分子从网上下载栅格瓦片地图时，往往会根据自己的需要自定义栅格瓦片的数据格式为 PNG 和 JPEG，或者是其他数据格式。因此，针对栅格瓦片地图数据的水印算法应该能够有效抵抗格式转换的攻击。

由以上分析可知，栅格瓦片地图数据水印的研究需要遵循栅格瓦片地图特有的数据特征和算法要求，其像素值或者索引值中可隐藏信息的数据量非常少，但是索引值排列顺序具有可变动性。因而，可以考虑从瓦片地图中富含的图像特征以及索引值的排列顺序中嵌入水印信息。

5.1.2 矢量瓦片地图特征及水印技术

1. 矢量瓦片地图特征

矢量瓦片地图是由矢量地图数据切片而成，两者在数据组织和使用过程中存在较大的差异：一方面，单个矢量瓦片地图量小、拓扑关系强，面对有限的水印承载空间，需要考虑如何嵌入尽可能多的水印信息；另一方面，网络环境下的矢量瓦片获取途径多，面对的水印攻击也更加复杂，多用户的合谋攻击更加普遍。

矢量瓦片地图作为矢量地理数据的一种，不仅具有传统矢量地理数据的特点，还具有独特的生成方式、使用环境及存储特征等数据特征。矢量瓦片地图的特征如下：

（1）存储结构复杂

矢量瓦片是按照金字塔模型对矢量数据切片生成，因此在进行管理时，也是按照金字塔模型进行存储。一般的存储方式有文件系统存储例如通过多级目录组织，还有数据库存储例如 Sqlite、MongoDB 等。具体到单个矢量瓦片而言，其存储格式多样，如 Geojson、Topojson、

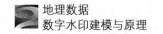

Mvt 等。对于单个瓦片地图，内部可能包含多个图层，图层内的元素间的存储顺序是可以变换的，元素内的存储顺序通常不能变换，如线、面等，其构成点的顺序是不能随意改变的。

（2）降低数据复杂度

为了加快瓦片的生成效率和显示效率，在生成矢量瓦片时，会对节点密集的对象进行抽稀，减少数据冗余。如在大比例尺下，复杂地物对象会被简化，用较少的特征点来表示该地物。过程如图 5.1 所示。

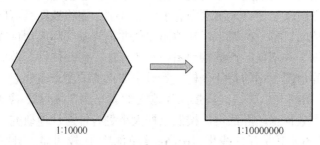

1:10000   1:10000000

图 5.1   抽稀示意图

（3）单个瓦片地图量小

切片技术是将大数据量的矢量地理数据进行切片，转为多幅小数据量的瓦片进行表示，减少网络带宽，快速响应应用户需求。单个矢量瓦片地图的大小由其中包含的元素个数决定，其数据量往往偏小。

（4）空间关系约束强

与传统矢量地理数据类似，单个矢量瓦片在同一图层和不同图层之间的元素具有严格的拓扑关系。对于矢量瓦片而言，其是通过切片生成。因此，同一尺度下，相邻瓦片间的共有元素在渲染显示时，不应出断裂现象。不同尺度下，父子瓦片间具有大量的共有元素，元素的详细程度不同，但在地理空间性质上是一致的。

（5）应用环境复杂

传统矢量地理数据，可以通过采用内网分发或者权限控制的方式，严格控制数据流向。但矢量瓦片地图作为缓存数据，用于网络传输，所处环境更加复杂，无法把控用户，面临的威胁也更加多样。客户端数据易被窃取，且客户端代码非常脆弱，有可能泄露服务器端瓦片地图的组织结构。网络爬虫技术也可以对服务器进行攻击，从而批量获取瓦片地图。

2. 矢量瓦片地图攻击方式

矢量瓦片地图攻击方式应当是以不影响矢量瓦片地图正常使用为前提的。旋转、缩放、平移等几何变换多是在矢量数据生产阶段发生，而矢量瓦片地图作为结果数据，对其进行上述操作会严重影响数据精度。基于此，本节对矢量瓦片地图可能面临的攻击方式进行分析，讨论不同攻击方式对数据集的影响，见表 5.1。

表 5.1   矢量瓦片地图攻击方式分析

攻击类型	数据量增加	数据量减少	数据存储顺序错乱	数据值改动
增加	√		√	
删除		√	√	

（续）

攻击类型	数据量增加	数据量减少	数据存储顺序错乱	数据值改动
拼接	√		√	
裁剪		√	√	
更新			√	√
压缩		√	√	
乱序			√	
位平面				√
坐标系变换				√
多用户合谋				√

从表 5.1 可以看出，不同攻击对数据的影响各异。除了上述攻击方式之外，矢量瓦片地图还可能面临格式转换攻击，格式转换并不会影响数据的变化，但增加了水印提取时操作的难度。

基于对各个攻击产生效应的分析，本节对四种攻击效应对水印算法的影响进行具体分析。

1）数据存储顺序错乱，破坏了水印信息同步，使提取出的水印信息无法与整个水印序列中的正确位置对应，破坏水印信息的准确性。

2）数据量增加，一般会使数据存储顺序发生错乱，也可能导致无法有效构建正确的嵌入域。构建出不含水印信息的嵌入域或使原始嵌入域发生改变，进而提取出错误的水印信息，对最终结果产生扰动。

3）数据量减小，与数据量增加类似，造成顺序错乱的同时，对嵌入域产生影响。一是无法构造出正确的嵌入域，错误提取水印信息，对结果产生扰动；二是嵌入域数量减少，提取出的水印信息无法置满整个水印序列，影响水印序列的完整性。

4）数据值改动，是通过直接修改数据值或特征值，进而直接破坏水印信息载体。

为了应对上述四种攻击效应对水印算法的影响，必须采取相应的措施保证水印信息提取的成功率。对于存储顺序错乱，可以通过相应的同步机制保证嵌入位置与水印信息的对应关系，通常采用排序、映射、辅助信息等方式；对于数据量的增加和减小，可以通过扩大水印信息容量，增加水印信息重复嵌入次数的方式，提高水印信息提取的成功率；对于数据值改动，目前还未有相对有效的方式进行抵抗，可以通过多数原则抵抗部分数值扰动，或是寻找数据相对稳定的特征位置进行水印信息嵌入。

数值改动是相对有效的攻击方式，但也是最冒险的方式，会对数据精度产生影响，有较大风险使数据无法使用。因此本节考虑的数值攻击方式均是建立在保证数据可用性的前提下，若攻击方式严重影响了数据的精度，则认为该攻击方式无效，其最终所得数据已失去了保护价值。

与栅格瓦片相比，矢量瓦片地图依赖于坐标系的特性，使其可能面临坐标系变换攻击。坐标系变换可以是地理坐标系和投影坐标系之间的相互转换，也可以是不同的地理坐标系或不同的投影坐标系之间的转换。坐标系变换是由缩放、平移、旋转等组成的复合变换方式，在有效攻击数据值的情形下，保证了矢量瓦片地图的可用性，对水印信息提取造成较大影响。

与传统矢量地理数据相比，单个矢量瓦片地图量有限，对于攻击者而言价值不高。攻击者多是将多幅矢量瓦片地图进行拼接后使用。因此，对于矢量瓦片而言，拼接攻击最为常见。

3. 矢量瓦片地图水印特征分析

矢量瓦片地图作为矢量地理数据的一种，其水印算法不但需要满足矢量地理数据的性质要求，而且因其独特的数据特征、应用环境及面对的多样攻击方式，对数字水印算法性质提出了更高的要求。具体性质要求如下：

（1）大水印容量

单个矢量瓦片地图量小、冗余度小以及精度要求高，对水印信息嵌入敏感，水印承载能力有限，因此要求水印算法必须具备大水印容量。同时，伴随着水印容量的提高，水印嵌入次数会增加，有助于提高算法对增加、删除、拼接、裁剪攻击时的鲁棒性。

（2）同步机制

大部分攻击方式会破坏水印信息与嵌入位置之间的对应关系，需要设计良好的同步机制保证水印信息提取成功。与传统矢量地理数据相比，水印算法不仅需要保证不同图层间的坐标点同步，而且因为矢量瓦片的存储结构较为复杂、空间关系约束强，还需要考虑同一尺度下邻接瓦片间的同步以及不同尺度下父子瓦片间的同步。良好的同步机制可有效抵抗增删、拼接、裁剪、乱序等攻击。

（3）抵抗多用户攻击

矢量瓦片应用环境复杂，用户基数大，传输给每个用户的数据都需嵌入相应的水印信息。相较于传统稳健性攻击，多用户攻击更为有效，严重影响了水印信息检测。因此，在设计矢量瓦片数字水印算法时，必须将抵抗多用户攻击作为其核心性能之一。

（4）高效性

矢量瓦片数字水印算法不仅要能提高数据的安全性，而且不应对用户体验产生消极影响，算法时间复杂度要低，需考虑网络带宽和延迟。用户发出数据请求之后，应用商嵌入水印信息的同时，不应影响数据的实时传输和瓦片地图的实时渲染显示。实时性在鲁棒性和不可见性之上，对算法提出了更高的要求。

当一个矢量瓦片数字水印算法提出之后，需根据相应的标准对其性能进行评价，评判其是否能够抵抗相应的攻击，满足矢量瓦片数字水印的性质要求，评价指标如下：

（1）数据保真性

数据保真性可以从主观和客观两方面去评价：主观评价是指目视判断差异，即不可感知性，水印嵌入不应对数据造成肉眼可变的变化；客观评价是指通过数值统计，定量分析矢量瓦片地图坐标点的偏移程度。

设原始数据集 $V(v_1, v_2, \cdots, v_n)$，嵌入水印后的数据集为 $V'(v_1', v_2', \cdots, v_n')$，其中 n 为坐标点总数，相应的评价指标如下：

1）最大误差（$Maxe$）为

$$Maxe = \max(\{|v_i - v_i'|, i = 1, 2, \cdots, n\}) \tag{5.1}$$

式中，max（·）表示取最大值。

最大误差是指嵌入水印后坐标点调制的最大距离。水印算法必须能够有效控制最大误差，使其值不能超过矢量瓦片地图的允许误差，影响数据正常使用。

2）平均误差（*Meane*）为

$$Meane = \frac{1}{n}\sum_{i=1}^{n} |v_i - v_i'| \tag{5.2}$$

平均误差是嵌入水印后坐标点调制距离的平均值，可以反映误差分布的集中趋势。

3）标准差（*Std*）为

$$Std = \sqrt{\frac{1}{n}\sum_{i=1}^{n} (|v_i - v_i'| - Meane)^2} \tag{5.3}$$

误差的标准差与误差在同一个量纲上，可以有效反映误差分布的离散程度，标准差越小，表明误差分布越稳定。

4）均方根误差（*RMSE*）

$$\begin{cases} x.RMSE = \sqrt{\frac{1}{n}\sum_{i=1}^{n} (x_i - x_i')^2} \\ y.RMSE = \sqrt{\frac{1}{n}\sum_{i=1}^{n} (y_i - y_i')^2} \end{cases} \tag{5.4}$$

通过均方根误差衡量数据调制前后的失真程度，均方根误差越小，数据失真越小。

（2）水印容量

水印容量是指在一个矢量瓦片地图中能够嵌入的水印位数，多将每个坐标点所能嵌入的水印位数作为评价指标。矢量瓦片地图是由大数据量矢量地理数据经过切片而成，单个瓦片含有的元素数较少，数据量往往偏小。因此大水印容量对于矢量瓦片数字水印算法至关重要。

（3）鲁棒性

与传统矢量地理数据水印算法不同，矢量瓦片数字水印算法的鲁棒性包括抗稳健性攻击和抗合谋攻击的能力。

抗稳健性攻击能力是指数据在经过增删、裁剪、拼接、更新、压缩等攻击之后，水印算法仍能保证水印信息的成功提取。评价多将攻击之后提取的水印信息与原始水印信息做比较，计算数值不同位的数量，以位错率（BER）作为评价指标，计算公式如下：

$$BER = \left[\frac{1}{m}\sum_{i=1}^{m} XOR(w_i, w_i')\right] \times 100 \tag{5.5}$$

式中，XOR 为异或运算；*m* 为水印信息长度；w_i 为原始水印信息；w_i' 为提取的水印信息。

抗合谋攻击是指在多个用户通过最大值、最小值、随机选择等合谋攻击生成一个新数据之后，水印算法能够追踪到参与合谋的用户。根据应用场景的不同，抗合谋系统的性能要求也不同，由追踪到合谋用户的数量可以分为三种（参见本章参考文献［14］）：至少追踪到一个合谋用户（catch one）；追踪到尽可能多的合谋用户（catch many）；追踪到所有的合谋用户（catch all）。

针对矢量瓦片地图的应用环境以及面临多用户拼接攻击的特殊性，以追踪到尽可能多的合谋用户为目的，因此本节评价指标主要包括误警率（false positive error probability）、漏检率（false negative error probability）和部分检测率。设 X 为用户矩阵，Y 为最终合谋生成的编码，C 为合谋者集合，$Y=\rho(X)$，σ 是追踪策略，追踪到的合谋用户记为 $\sigma(Y)$，

误警率 P_{fp} 是指指认的合谋用户中包含合法用户的概率：

$$P_{\mathrm{fp}}=P[\sigma(\rho(X))\nsubseteq C] \tag{5.6}$$

漏检率 P_{fn} 是指追踪不到任何一个合谋用户的概率：

$$P_{\mathrm{fn}}=P[\sigma(\rho(X))\cap C=\varnothing] \tag{5.7}$$

部分检测率是指追踪到部分用户的概率，以追踪到合谋用户数量的期望值作为评价指标。

5.2　栅格瓦片地图水印模型

现有的针对栅格瓦片地图数据的水印算法，无论是空域的还是变换域的，都会通过修改栅格瓦片地图数据的像素值来实现水印信息的嵌入。但是一些特定的行业对栅格瓦片地图的精度要求极高，甚至不允许有一丝一毫的修改，因此，本节提出了一种基于栅格瓦片地图数据索引机制的无损水印算法，可以实现在数据无损条件下保护栅格瓦片地图数据的版权。该算法充分利用了栅格瓦片地图数据的索引机制，通过调整调色板中颜色的顺序以及相应地改变图像数据矩阵中颜色索引值来实现水印信息的嵌入。实验表明，嵌入水印信息后的栅格瓦片地图数据的精度没有发生任何损失，实现了真正的无损。

5.2.1　算法思路

由 5.1.1 节可知，栅格瓦片地图数据具有自己独特的存储特征，通常是索引图像。这是出于节约存储空间和减轻网络带宽压力的考虑。而索引图像主要由调色板和图像数据矩阵组成，调色板中存储该图像所用到的所有颜色，图像数据矩阵中则记录了对应位置的颜色在调色板中的索引值。而调色板中的颜色排序并没有实际意义，与图像数据矩阵也没有空间位置上的相关性。调整调色板中颜色的排列顺序以及相应地改变图像数据矩阵中颜色索引值不会改变图像的像素值，因此可以借此实现无损水印算法。

5.2.2　基于栅格瓦片地图数据索引机制的无损水印算法

栅格瓦片地图数据所包含的颜色数量较少，无法满足有意义水印信息的嵌入，因此该算法使用无意义水印信息。所谓无意义水印信息，即用一串无规则的数字与版权信息建立映射表，而嵌入数据中的则是那一串无规则的数字。而在水印检测时，将提取出的无意义水印信息在映射表中寻找最佳匹配项，即可得到版权信息。

1. 水印信息生成

首先生成一串二进制序列作为水印种子，记做 C，其长度为 N，将待嵌入的版权信息 I 与水印种子 C 建立一一映射表；然后使用某一固定不变的密钥作为随机数种子，生成长度为 N 的二值伪随机序列 R；最后将 C 与 R 对应的索引位做异或运算，得到置乱后的水印种子 $W=\{w_i\mid i=1,2,\cdots,N\}$。

2. 水印嵌入位的确定

将瓦片数据调色板中颜色从第一个开始，依次按奇偶顺序配对。设调色板中的颜色数量为 cnt，颜色对的数量为 m，若 cnt 为奇数，则最后一个未配对的颜色不做处理，如式（5.8）所示。

$$m = floor(cnt/2) \tag{5.8}$$

式中，$floor$ 为向下取整函数。

收集调色板中的所有的颜色对 $ClrPair$，$ClrPair = \{clrpair_i \mid i=1,2,\cdots,n\}$，其中每一个颜色对又由两种颜色组成，设 $Clr1(r1,g1,b1)$ 和 $Clr2(r2,g2,b2)$ 为一个颜色对 $clrpair_i$ 的两个颜色，则该颜色对的水印嵌入位 q_i 由式（5.9）来确定。

$$q_i = \left[\left| \sin(r1+r2+g1+g2+b1+b2) \right| (N-1)+1 \right] \tag{5.9}$$

式中，$[\ ]$ 表示四舍五入求整运算。

3. 水印信息嵌入

由于该算法是通过调整调色板中颜色的位置来嵌入水印信息的，所以必须建立一套颜色的排序规则。为了简化计算，该算法采用的规则是通过依次比较两个颜色的 r、g、b，第一次出现较大值者顺序靠前，采用式（5.10）得出比较的结果 Rs。

$$Rs = (r1 \times 10^6 + g1 \times 10^3 + b1) - (r2 \times 10^6 + g2 \times 10^3 + b2) \tag{5.10}$$

若 Rs 为正值则 $Clr1$ 应该在 $Clr2$ 的前面；若 Rs 为负值，则应该在其后面；由于调色板中不允许出现颜色值一样的颜色，因此 Rs 不会是零值。

取水印种子 $W = \{w_i \mid i=1,2,\cdots,N\}$ 在 q_i 索引位上的水印 w，若 $w=1$，Rs 为正，则不调整 $Clr1$ 和 $Clr2$ 的顺序；若 $w=1$，Rs 为负，则调整 $Clr1$ 和 $Clr2$ 的顺序；若 $w=0$，Rs 为正，则不调整 $Clr1$ 和 $Clr2$ 的顺序；若 $w=0$，Rs 为负，则调整 $Clr1$ 和 $Clr2$ 的顺序。最后，图像数据矩阵中的颜色索引值也要做相应的调整。

4. 水印信息提取

水印信息提取是水印信息嵌入的逆过程。首先从待检测的瓦片数据中取出所有的颜色对，计算每个颜色对的水印嵌入位和 Rs 值，可以得到一个水印种子 W'。根据式（5.11）计算 W' 与 W 的相关性系数 α，$\alpha \in [0,1]$。α 越接近 1，则相关性越高；否则反之。

$$\alpha = 1 - \left(\sum_{i=1}^{N} (w_i \hat{} w_i') \right) \Big/ N \tag{5.11}$$

式中，^表示异或运算。

如果 W' 与 W 的相关性超过了某一特定的阈值，则 C 在映射表中所对应的版权信息即为所求；否则水印提取失败。

5.2.3 实验与分析

栅格瓦片地图数据的格式有很多，如 PNG、JPEG 等。鉴于众多地图信息服务商皆采用 PNG 格式来存储栅格瓦片地图数据，因此本节也使用 PNG 格式的实验数据。图 5.2 所示为百度地图的一份栅格瓦片数据，大小为 256×256 像素，PNG 格式，9.67KB。

1. 可视化分析

将原始数据和嵌入水印后的数据进行对比，嵌入水印后的栅格瓦片地图数据如图 5.3 所示。

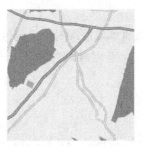 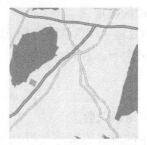

图 5.2　原始瓦片数据　　　　　图 5.3　含水印瓦片数据

从图 5.2 和图 5.3 的对比可以看出，嵌入水印前后的栅格瓦片地图数据跟原始数据很难分辨出不同，这也表明嵌入的水印具有较好的不见性。

2. 误差分析

统计嵌入水印前后的瓦片数据的像素值，按式（5.12）来度量其像素值的像素绝对量 Ab。

$$Ab = r \times 10^6 + g \times 10^3 + b \tag{5.12}$$

表 5.2　像素绝对量的变化情况

分　析　项　目	数　　　值
原始数据像素的数目	65536
含水印数据像素的数目	65536
像素绝对量发生变化的像素数	0

由表 5.2 可知，像素绝对量发生变化的像素数为 0，即嵌入水印的操作对数据的精度没有任何影响，也证明了本节算法实现了无损。

3. 抗攻击性分析

由于栅格瓦片地图数据的调色板中的颜色值和颜色的数量对各种攻击的敏感性非常强，特别是数据增加攻击、数据旋转、数据压缩、数据删除等。这些攻击会增加或减少调色板中颜色的数据，同时也存在打乱调色板中原本的颜色对的可能，甚至会出现全部配对出错的情况。因此本算法对各种攻击的鲁棒性较低。

5.2.4　结论

本节根据栅格瓦片地图数据的存储特点以及特定行业对栅格瓦片地图数据无损的要求，提出了一种基于栅格瓦片地图数据索引机制的无损水印算法。实验结果表明该算法对栅格瓦片地图数据实现了真正的无损，该算法可以用在各类电子地图供应商的瓦片地图数据的版权保护上，可以给侵犯数据版权的不法分子以震慑。但是由于受到本算法与栅格瓦片数据的调色板结合太紧密的限制，其鲁棒性很弱。因此，下一步的研究重点将是使用该算法来做脆弱水印方面的应用，以此来保证栅格瓦片数据的真实性和完整性。

5.3　基于二维格网量化的矢量瓦片地图水印模型

单个矢量瓦片地图量小，可嵌入空间少，这要求算法有较高的水印容量，同时要保证误差在其允许范围内，不影响数据的正常使用。量化调制是实现大水印容量的一种常用思路。本节在考虑空间约束条件下，计算单个坐标点水印容量的上限。基于量化调制，提出了一种二维格网划分的量化索引调制机制，充分利用可嵌入空间，进一步提升水印容量。

5.3.1　算法思路

从水印嵌入角度出发，现有的水印大容量算法可以总结为以下三种：

1）利用可逆水印算法的可逆性，通过迭代嵌入多次水印信息。

2）通过插入冗余点，扩展可嵌入空间。

3）利用数值的可变区间，一次嵌入多位水印信息，如量化索引调制或直接修改数值位。

对于方法1），若不考虑可逆性，仅从水印容量角度，通过迭代的方式，必定存在一个数不断减小或是不断增大，不能最大限度地利用可嵌入空间。对于方法2），增加了数据量，破坏了数据结构。对于直接修改方式，未从数值特性出发，可嵌入空间的利用率较低。

量化索引调制具有可嵌入空间利用性高、不增加原始数据量和误差可控的优点，因此，本节选择量化索引调制的方法提升水印容量。

通过对经典的量化索引调制算法进行分析，讨论水印容量与量化步长、量化区间长度、量化区间数之间的关系，研究水印容量提升机理。分析现有量化机制的不足，多是将矢量数据看作一维数据，在误差控制和区间划分上可以进一步改进。

从矢量瓦片的空间特征和表现形式出发，以矢量瓦片的允许误差与最低有效精度位为约束条件。在水印容量上需要进行以下两个方面的研究：

1）将坐标点可调制区间数的计算转为求圆内整数点问题，计算单个坐标点的水印容量上限。

2）提出一种新的量化机制，通过二维格网划分进行量化索引调制，并对该量化机制进行了容量优化计算。

同时，为进一步提升水印容量，在水印生成阶段，结合安全散列算法，对水印信息进行大幅压缩，且能防止合法用户被构陷。

本节算法的流程框架如图 5.4 所示。

5.3.2　量化调制与水印容量

从水印容量角度出发，量化索引调制主要有三个影响要素：量化步长、量化区间长度和量化区间数。量化步长越大，量化区间长度越小，则量化区间数越多，水印容量越高。因此，如何在有限的误差范围内，充分利用可嵌入空间，实现水印信息的最大化嵌入，是矢量瓦片数字水印算法研究中的重要问题，也是本节着重解决的问题。

1. 基本量化

量化索引调制的基本原理是根据量化器 Q，将量化系数 C 调制到所要嵌入水印信息对应的量化区间内，得到 C'。提取时，根据量化系数所在区间得到相应的水印信息，如图 5.5 所示。

量化器主要由三个元素构成，分别为量化系数 C、量化步长 L 和量化区间。量化区间包括量化区间总数 n，量化区间长度 l。其中参数关系为：

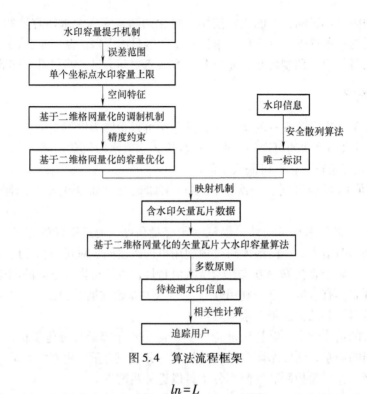

图 5.4　算法流程框架

$$ln = L \tag{5.13}$$

本节为了简化分析过程，同时也有利于后续的误差讨论和容量优化，以下分析将以 C、l 和 L 为整数出发，小数量化只需将相应数值设为小数即可，并不影响分析结果。以最基本的量化为例，即区间数 $n=2$ 时，介绍量化索引调制的基本原理，如图 5.6 所示。

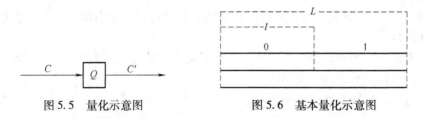

图 5.5　量化示意图　　　　　　　图 5.6　基本量化示意图

从图 5.6 可见，水印信息 0 和 1 各对应一个区间，通过量化步长的设置将所有数值进行分段，得出原数值所对应的区间，再根据数值对应的水印信息，将原数值调制到相应区间内，进而嵌入水印信息。

量化索引调制能够有效控制水印嵌入之后的数据失真。水印提取时，通过区间判别的方式，能够实现水印信息的盲检测。

2. 大水印容量的量化索引调制

通过基本量化索引调制，能够实现在一个数值中嵌入一位水印信息，即单位水印信息容量为 1bit。由式（5.13）可以看出，现有算法优化基本可以归纳为对量化区间数 n，量化步长 L，量化区间长度 l 的修改。改进方式包括以下几个方面：

（1）量化步长 L 不变，缩小量化区间长度 l

为了提高单位水印信息容量，在一次嵌入时，不再嵌入一个比特位，将一个量化区间代表多个比特位信息, 即一次嵌入多个比特。根据二进制转换机制, b 个比特位的二值序列, 可以表示 2^b 个数。因此, 区间划分时, 根据区间数 n, 可得单个坐标所能嵌入的比特位数需满足 $b \leqslant \log_2 n$。

只有当 b 满足上述关系时, 才能保证有足够的区间表示相应的水印信息。因此区间数 n 越大, b 的上限值越大。为了保证数据的失真在范围内, 可以通过设置量化步长 L 不变, 减小区间长度 l, 从而扩大区间数 n, 提升单位数值所能嵌入的比特位。区间划分如图 5.7 所示。

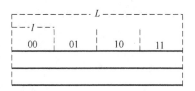

图 5.7　单向调制示意图

从图 5.7 可见, 当一个区间表示 b 个比特位时, 区间代表的水印信息 w 的范围为 $\{0, 1, 2, 3, \cdots, 2^b - 1\}$, 水印嵌入时需将数值调制到相应区域。已有数值对应的水印信息 w, 需计算原数值 C 所在区间 s:

$$s = \left\lfloor \frac{C\%L}{l} \right\rfloor \tag{5.14}$$

式中, $\lfloor\ \rfloor$ 表示向下取整; $\%$ 表示取余运算。

根据 w 和 s 可以计算数值调制距离, 进而得出调制后数值 C' 为:

$$C' = (w - s)l + C \tag{5.15}$$

检测时根据所在区间确定水印信息 w' 为:

$$w' = \left\lfloor \frac{C'\%L}{l} \right\rfloor \tag{5.16}$$

在不影响数据可用性, 即不改变量化步长情况下, 可以实现在一个数值中嵌入多位水印信息。根据区间数 n, 单个数值所能嵌入的比特位最大值, 即单个区间所能表示最大比特位数, 为 $\lfloor \log_2 n \rfloor$。

(2) 区间长度 l 不变, 扩大量化步长 L

以上述思想为基础, 通过扩大区间数的方式, 即可扩大一个区间可以代表的比特位 b 的值, 以此扩大水印信息容量。根据式 (5.13) 可知, 扩大 n 的方式, 除了降低 l 之外, 还可通过扩大 L, 进而提高区间数 n, 从而提高水印信息容量。

若直接扩大 L, 增大了水印嵌入所带来的数据失真, 影响了数据的可用性。区别于上述单向调制的方式, 文献 [2] 提出了双向调制的方案。双向调制与单向调制相比, 若保持量化步长不变, 则可以起到误差优化的效果, 最大失真由 $(n-1)l$ 变为 $\lfloor n/2 \rfloor l$; 若最大失真相同, 则双向调制可以扩大区间数, 由 n 变为 $2n$, 进而提高算法水印容量。双向调制区间划分示意图如图 5.8 所示。

图 5.8　双向调制区间划分示意图

从图 5.8 可见, L 为单向调制下的量化步长, l 为量化区间长度, 实线区域为 L', 是双向调制下数值可调制距离的范围。可以发现可调制区间数得到扩大的同时, 数据的最大误差并没有增加。由此，在计算时，双向调制的量化步长可以扩展为 $2L$。

水印信息嵌入时，根据式（5.14）计算原数值 C 对应区间 s，再与水印信息 w 结合，计算需调制的大小 Δd 为：

$$\Delta d = \begin{cases} (n-s+w) \times l & s-w > \dfrac{n}{2} \\[2mm] (w-s) \times l & -\dfrac{n}{2} \leqslant s-w \leqslant \dfrac{n}{2} \\[2mm] -(s+n-w) \times l & s-w < -\dfrac{n}{2} \end{cases} \tag{5.17}$$

根据调制 Δd 可计算出调制后的 C' 为：

$$C' = C + \Delta d \tag{5.18}$$

从式（5.17）和式（5.18）可以看出，双向调制的原理是利用取余运算的特性：

$$(C \pm L) \% L = C \% L \tag{5.19}$$

因此，在调制时，比较 s 到 w，$w-L$，$w+L$ 之间的距离，按照就近原则的方式，将 C 调制到对应区间，有效扩展了调制区间。水印提取可参照式（5.16）。

（3）水印容量优化模型

文献［18］建立了水印容量优化模型，紧密结合矢量地理数据的空间约束条件，确定了最大量化步长及最低量化区间长度，从而计算出了最大区间数。设坐标点 (x, y) 所允许误差最大为 τ，坐标值的有效精度位为 e，从而求得单个数值所能嵌入的比特位 b 需满足：

$$b \leqslant \left\lfloor \log_2 \left(2 \left\lfloor \frac{\tau}{\sqrt{2}e} \right\rfloor + 1 \right) \right\rfloor \tag{5.20}$$

该优化模型可以在保证数据可用性的前提下，嵌入较多的水印信息，但其量化思想仍是从一维空间出发，并不能充分利用坐标点的可调制区间数，有待进一步改进。

5.3.3 基于二维格网量化的调制机制和容量优化

本节以上述分析为基础，结合矢量瓦片地图的空间特征，提出一种新的量化方式，进一步提升可调制区间数。通过格网点稠密划分，以矢量瓦片地图的允许误差与最低有效精度位为约束条件，对单个坐标点所能嵌入的最大比特位进行计算。结合矢量瓦片地图的空间表现形式，提出基于二维格网划分的量化索引调制机制，进一步提升单个坐标点的比特容量，使水印容量接近上限值。

传统量化索引调制，是将数值单纯看作数字信号进行处理，仍是在一维空间内，将横坐标 x、纵坐标 y 独立讨论量化。从矢量瓦片地图的空间表现形式出发，以坐标点为基本单元，结合矢量瓦片的空间特征和数值约束条件，进行误差分析。如图 5.9 所示，其误差由两个维度共同决定，是一个动态变化的过程。

从图 5.9 可以看出，将横坐标和纵坐标分离讨论，其误差范围为 $(-\tau/\sqrt{2}, \tau/\sqrt{2})$。说明仍有 $\tau-\tau/\sqrt{2}$ 的可用空间未充分利用，即量化区间数可进一步扩大，进而可以进一步提高水印信息容量。

1. 误差讨论

由式（5.16）和式（5.17）可知，对于一个具体的数值 C 来说，Δd 和 w' 是一一对应的，即对于一个坐标点而言，其调制不同的距离代表着不同的水印信息。因此先从单个坐标点的误差范围出发，计算其能嵌入水印信息的上限值。

由于二维空间动态变换的特点，需对矢量瓦片地图的误差空间进行进一步讨论，计算其所能容纳比特位的上限值，步骤如下：

1）矢量瓦片地图的空间误差精度为 τ，计算出二维空间中，坐标点所能偏移的最大距离。坐标点 x，y 方向的偏移距离分别为 Δx，Δy，求得坐标点偏移距离需满足：

$$(\Delta x)^2 + (\Delta y)^2 \leqslant \tau^2 \tag{5.21}$$

2）为了保证水印算法的鲁棒性，抵抗诸如位平面的攻击，需要将最低有效精度位作为偏移距离的最小单位。设矢量瓦片地图数值最低有效精度位为 e，因此坐标点的调制单位长度最低为 e。

3）由于最低有效精度位的限制，必须保证相应运算不能超过该精度位。否则在遭受位平面等攻击之后，会影响水印信息提取，这一限制给水印容量的计算带来了难题。本节将 e 和 τ 扩大为整数，从而将格网划分问题转为求圆内整点数问题，限制了偏移的最小单位。格网划分示意图如图 5.10 所示。

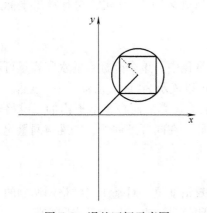

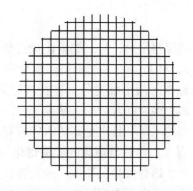

图 5.9　误差区间示意图　　　　　图 5.10　格网划分示意图

根据允许误差 τ 和最低有效精度位 e，计算圆半径 A 为：

$$A = \tau \times \frac{1}{e} \tag{5.22}$$

求圆心为（0，0），半径为 A 的圆内整点数，圆内整数点公式可参照文献［19］。整点是指 x，y 均为整数，可求得可调制的区间上限为：

$$n_{\lim} = \left(2 \left\lfloor \frac{A}{\sqrt{2}} \right\rfloor + 1 \right)^2 + 8 \sum_{k=1}^{\lfloor A \rfloor - \left\lfloor \frac{A}{\sqrt{2}} \right\rfloor} \left(\left\lfloor \sqrt{A^2 - \left(\left\lfloor \frac{A}{\sqrt{2}} \right\rfloor + k \right)^2} \right\rfloor + \frac{1}{2} \right) \tag{5.23}$$

4）根据最大格网数，计算出单个坐标点所能嵌入的比特位的上限值 $b_{\lim}$ 为：

$$b_{\lim} = \lfloor \log_2 n_{\lim} \rfloor \tag{5.24}$$

2. 基于二维格网量化的调制机制

为了使单个坐标点所嵌入的比特位 b 能够接近上限值 $b_{\lim}$，结合矢量瓦片地图二维空间特征，从矢量瓦片地图的空间表现形式出发，本节提出了二维格网调制的方式。与传统量化在一维空间内对各个坐标轴进行划分不同，通过对二维平面进行格网划分，充分利用可嵌入空间，进一步提升水印信息容量。量化区间划分如图 5.11 所示。

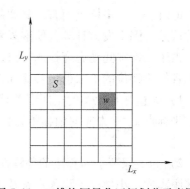

图 5.11　二维格网量化区间划分示意图

设 L_x 和 L_y 分别表示 x 和 y 方向上的量化步长，l_x 和 l_y 表示 x 和 y 方向上的量化区间长度，n_x 和 n_y 表示 x 和 y 方向上的区间数量。从图 5.11 可见，与一维量化中将 x 和 y 分离讨论不同，本节以坐标点为核心，进行量化，每个格网表示一个水印值 w。

在水印嵌入时，坐标点对应的 x 和 y 方向上需调制到区间 w_x 和 w_y，计算公式如式（5.25）所示：

$$\begin{cases} w_x = w \% n_x \\ w_y = floor(w/n_x) \end{cases} \tag{5.25}$$

式中，$floor$ 为向下取整函数。

在水印提取时，先求出坐标点在 x 和 y 方向上所处区间 w'_x 和 w'_y，再计算出坐标点所对应的水印信息 w'：

$$w' = w'_x + w'_y \times n_x \tag{5.26}$$

在水印容量上，与一维量化进行对比，在一维量化中，单个坐标点的水印容量可以表示为 $\lfloor \log_2 n_x \rfloor + \lfloor \log_2 n_y \rfloor$；二维格网量化中，水印容量可以表示为 $\lfloor \log_2(n_x \times n_y) \rfloor$。显然，一维量化对坐标点的两个维度分别进行对数运算和向下取值运算，而在本节提出的二维格网量化中，将两个维度联合讨论，减少了空间的浪费。因此，在同等条件下，二维格网量化可以划分出更多的区间，具有更高的水印容量。

3. 基于二维格网量化的容量优化

本小节结合矢量瓦片地图的允许误差与最低有效精度位，对基于二维格网调制的方式进行容量优化，实现在有限空间内嵌入尽可能多的水印信息，进一步提升水印容量。

与误差讨论类似，将容量优化转为整数问题进行计算。量化索引调制在嵌入和检测时均使用取余函数，设量化前坐标为 $V(x, y)$ 和量化后坐标为 $V'(x', y')$，则余数值为：

$$\begin{cases} r_x = x \% L_x \\ r_y = y \% L_y \end{cases}$$

$$\begin{cases} r'_x = x' \% L_x \\ r'_y = y' \% L_y \end{cases} \tag{5.27}$$

式中，r_x，r_y 为原始坐标取余后的余数值；r'_x，r'_y 嵌入水印后的坐标取余后的余数值。

由前文分析可知，双向调制可以起到误差优化的效果，其误差不超过单向调制误差的 $1/2$，该优化效果同样适用于二维格网量化。因此在讨论时可以将双向调制视为量化步长为 2 倍的单向调制，误差不发生改变。

受取余公式（5.27）的影响，无论是单向还是双向调制，取余后均是分布在一个矩形区域内。根据矢量瓦片地图的允许误差，调制前后的差值需满足：

$$\Delta L = \sqrt{(r_x - r'_x)^2 + (r_y - r'_y)^2} \leqslant 2A \tag{5.28}$$

调制前后的数值必须保证误差不超过上限，因此必须考虑调制区间内的极限情况。由上述取余公式（5.27）可知：

$$\begin{cases} 0 \leq r_x, r_x' \leq L_x - 1 \\ 0 \leq r_y, r_y' \leq L_y - 1 \end{cases} \tag{5.29}$$

式中，L_x 为横坐标量化步长；L_y 为纵坐标量化步长。

由此可得：

$$\Delta L_{max} = \sqrt{(L_x-1)^2 + (L_y-1)^2} = 2A \tag{5.30}$$

二维格网矩形调制区间内，最大格网区间 n_{max} 为：

$$n_{max} = \left\lfloor \frac{L_x-1}{l_x} \right\rfloor \times \left\lfloor \frac{L_y-1}{l_y} \right\rfloor \tag{5.31}$$

又因为 $0 \leq L_x$，$L_y \leq 2A$，l_x，$l_y \geq 1$。取 $l_x = l_y = 1$，则区间 $n_{max} = (L_x-1) \times (L_y-1)$。将式（5.30）和式（5.31）联立，即可看成求一元二次方程的最大值，易得步长最优值为：

$$L_x = L_y = \left\lfloor \frac{2A}{\sqrt{2}} + 1 \right\rfloor \tag{5.32}$$

最大格网数为：

$$n_{max} = \left(\left\lfloor \frac{\sqrt{2}\tau}{e} + 1 \right\rfloor \right)^2 \tag{5.33}$$

根据最大格网数，可以求出单个坐标的比特位数 b 需满足：

$$b \leq \log_2 n_{max} \tag{5.34}$$

又因为 b 必须为整数，因此 b 的最大值为：

$$b_{max} = \lfloor \log_2 n_{max} \rfloor = \left\lfloor \log_2 \left[\left(\left\lfloor \frac{\sqrt{2}\tau}{e} + 1 \right\rfloor \right)^2 \right] \right\rfloor \tag{5.35}$$

通过结合矢量瓦片地图的空间表现形式，考虑矢量瓦片地图的空间约束关系，基于二维格网划分进行量化索引调制，从式（5.33）和式（5.35）可以看出，水印容量得到了进一步的优化。

需要指出的是，本节的量化思路和容量优化方式具有较强的普适性，可以推广到矢量地理数据中，基于矢量地理数据的空间特征和数值约束，实现相应的水印容量优化。

5.3.4 基于二维格网量化的矢量瓦片大水印容量算法

本节结合 5.3.3 节提出的基于二维格网量化的方法，并根据 b_{max} 优化量化步长并减小误差，结合安全散列算法、映射机制、多数原则和相关性计算等技术，实现矢量瓦片地图大水印容量算法的水印信息生成、嵌入和检测。

1. 水印信息生成

水印信息生成步骤如下：

1) 将地图商版权信息、用户的 ID、名称等信息通过安全散列算法生成二进制序列 $W = \{w_j, j=0,1,2,\cdots,m-1\}$，其中 $w_j \in \{0,1\}$，m 为水印信息长度，作为用户唯一标识。通过安全散列算法生成水印信息，防止合法用户被合谋构陷的同时，能够大幅压缩水印信息长度。

2) 二值序列 W 转换为 b 为基底的序列，转换后的水印信息可表达为 $W' = \{w_j, j=0,1,$

$2, \cdots, m'-1\}$，并且有 $w_j \in \{0,1,2,\cdots,2^b-1\}$，其中 m' 表示转化后水印信息的长度。

2. 水印信息嵌入

水印信息嵌入步骤如下：

1）读取矢量地理数据坐标点，记作 $V(v_1, v_2, \cdots, v_p)$，其中 p 为坐标点总数，依此对各个点进行处理。

2）误差优化，根据 b 值优化量化步长。考虑到向下取整运算和对数函数的影响，实际格网区域会有部分剩余，因此格网数无需选择最大值，可以进一步优化量化步长，缩小误差。

$$\begin{cases} n = n_x = n_y = \lceil \sqrt{2^b} \rceil \\ L = L_x = L_y = nl \end{cases} \tag{5.36}$$

式中，$\lceil\ \rceil$ 表示向上取整。

3）根据坐标允许误差及数值特征，提取坐标值的稳定区域，该区域需不受水印嵌入的影响，且具备一定的差异性，保证水印信息得到充分映射。以 x_i 为例，$ix_i = \lfloor x_i \times 10^q \rfloor$，其中 ix_i 为稳定域。

4）根据坐标值稳健区域，采取映射机制，决定该坐标点所要嵌入的水印信息 w_j，索引值 $j = ix_i \% m'$。

5）按照式（5.25），计算 x 和 y 坐标需要调制到的格网区域 (w_x, w_y)。

6）将坐标值划分为精度区域和非精度区域，以 x_i 为例：

$$\begin{cases} x_i' = \lfloor x_i \times 10^{q'} \rfloor \\ g = x_i \times 10^{q'} - x_i' \end{cases} \quad q \neq q' \tag{5.37}$$

式中，x_i' 为精度区域；g 为非精度区域。

7）根据式（5.17）求出 Δd_x、Δd_y，将坐标点调制到对应的格网单元 (w_x, w_y)，得到 x_i'' 和 y_i''。

$$\begin{cases} x_i'' = (x_i' + \Delta d_x + g) \times 10^{-q'} \\ y_i'' = (y_i' + \Delta d_y + g) \times 10^{-q'} \end{cases} \tag{5.38}$$

8）对每个坐标点，进行上述调制过程，直到所有数据完成，得到含有水印信息的矢量瓦片地图。

3. 水印信息检测

水印信息检测步骤如下：

1）读取矢量地理数据坐标点，记作 $V(v_1, v_2, \cdots, v_p)$，其中 p 为坐标点总数。

2）根据坐标点精度及其特征，提取坐标值的稳定区域和水印域，具体可参考水印提取步骤3）。

3）根据坐标点水印域，通过式（5.16）计算出坐标点 (x_i'', y_i'') 横坐标和纵坐标分别对应的区间，进而得到相应的格网单元 (w_x', w_y')。

4）根据式（5.26）计算出水印信息，并将水印信息转为二进制序列 $\{w_j'\}$。

5）参考水印提取步骤4），根据坐标点稳定域计算出索引值，通过嵌入位数 b 和索引值，计算出二进制序列 $\{w_j'\}$ 对应于原始水印序列的正确位置。

6）设初始水印序列 $W'' = \{w_j'' | w_j'' = 0, j = 0,1,2,\cdots,m-1\}$，根据二进制序列 $\{w_j'\}$ 及其位置信息，对水印序列 W'' 进行重新赋值：

$$w_j'' = w_j'' + 2w_j' - 1 \tag{5.39}$$

7）对所有坐标点重复上述过程，得重新赋值后的水印序列 W''。对每个水印位采取多数原则判断其值：

$$w_j''' = \begin{cases} 1, & w_j'' \geqslant 0 \\ 0, & w_j'' < 0 \end{cases} \tag{5.40}$$

得到最终水印序列 $W''' = \{w_j''', j = 0, 1, 2, \cdots, m-1\}$。

8）将所得整体水印信息与保留的用户水印信息进行相关性检测，进而进行用户追踪，指认具体用户。将汉明距离作为相关性参数，采用最值原则，相关性最大即汉明距离最短，则认为是该用户水印信息。公式如式（5.41）所示：

$$dis = \sum_{j=1}^{m} w_j''' \oplus w_j \tag{5.41}$$

式中，$\oplus$ 表示异或运算。

5.3.5　实验结果与分析

本实验采用 Geoserver 平台切片产生的 Geojson 格式的矢量瓦片地图，选用如图 5.12 所示的四个数据进行测试分析，数据的缩放级别、行列号及其坐标点数见表 5.3。

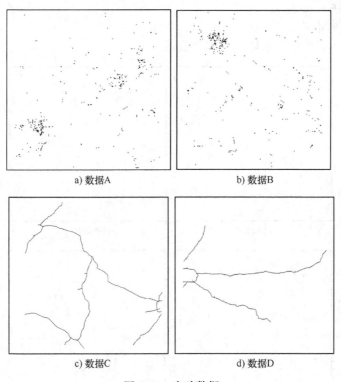

a) 数据A　　　　　　　　　　　　b) 数据B

c) 数据C　　　　　　　　　　　　d) 数据D

图 5.12　实验数据

为保证数据的可用性，本节设置误差上限为 0.1m。为了使算法能抵抗数值截断攻击，本节设置最低有效精度为 0.01m。由于 Geojson 格式的矢量瓦片地图存储的是经纬度坐标，经纬度难以控制误差，因此，在水印嵌入和提取时，将 WGS84 坐标转为 UTM 坐标。

表 5.3 实验数据特征

	A	B	C	D
尺度	10	10	6	6
列号	1666	1666	108	108
行号	642	643	48	48
坐标点数	433	468	1884	1201

据此，结合上文中提出的容量计算式（5.35），可得单个坐标所能嵌入的比特位数：

$$b = \left\lfloor \log_2\left[\left(\left\lfloor \frac{0.1\times\sqrt{2}}{0.01}+1 \right\rfloor\right)^2\right] \right\rfloor = 7 \tag{5.42}$$

根据式（5.36）进行误差优化，量化步长为 0.12m。

为了保证水印信息的安全性，缩短水印信息长度，本节将版权商信息、用户名、用户 ID、机器信息等作为待处理信息，通过 SHA224 处理生成消息摘要。文本信息为：南京师范大学地理科学学院，数字水印，52134568，computer，2018 年 1 月 4 日；散列值为：5f3453657dec274b4e71a6bea6ea28a8。

1. 数据保真性

（1）不可感知性

如图 5.13 所示，为嵌入水印后的四个数据。

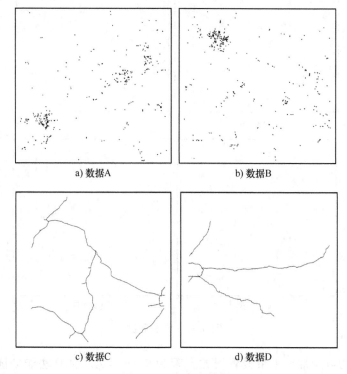

a) 数据A 　　b) 数据B

c) 数据C 　　d) 数据D

图 5.13 含水印数据

从主观视觉上分析，将图 5.12 与图 5.13 进行肉眼比较，无法发现数据之间的差异，说明算法具有良好的不可感知性。

（2）定量评价

由上一节给出的算法误差评价标准，对数据误差进行定量分析，进一步分析本节算法的保真性。以坐标点为单位进行统计，误差分析包括：最大值、平均值、标准差以及 x，y 方向的均方根误差。统计结果见表 5.4。

表 5.4　数据保真性统计结果

数据编号	最大值	平均值	标准差	x. RMSE	y. RMSE
A	0.0848	0.0458	0.0172	0.0343	0.0350
B	0.0848	0.0447	0.0175	0.0342	0.0336
C	0.0848	0.0456	0.0171	0.0344	0.0345
D	0.0848	0.0472	0.0174	0.0363	0.0348

从表 5.4 中可以看出，最大误差不超过 0.085，平均误差为 0.046 左右，标准差为 0.0172 左右，x，y 方向的均方根误差为 0.0345 左右。结果表明本节算法将最大误差控制在了限定范围内；均方根误差小，表明数据的失真小；标准差小表明误差波动小，分布集中。综合上述分析，本节算法具有良好的数据保真性。

2. 水印容量

在具有较好数据保真性的前提下，分析本节算法的水印容量表现。设置不同的允许误差与最低有效精度位，以单个坐标点的水印容量为标准，分析比较传统嵌入方式容量、二维格网量化容量和容量上限值。结果见表 5.5。

表 5.5　水印容量比较

允许误差/精度位	文献［12］算法	本节算法	上限值
10	2	7	8
20	2	8	10
30	2	10	11
40	2	11	12
50	2	12	12
60	2	12	13
70	2	13	13
80	2	13	14
90	2	14	14
100	2	14	14

从表 5.5 可见，传统嵌入方式未充分利用有限空间，在单个坐标能嵌入的比特位上，本

节算法远远大于传统嵌入方式，并在部分情况下能够达到理论上限，表明本节算法具有很大的水印容量。

本节算法除了嵌入方式上的改进，还将散列函数用于水印信息加密压缩，防止合法用户被构陷的同时，将水印信息长度压缩为固定值，在实际嵌入过程中，所需数据量大幅减少。

3. 鲁棒性

为验证本节算法的鲁棒性，本小节将从删除攻击、增加攻击、裁剪攻击、更新攻击、拼接攻击、LSB 位攻击、格式转换等方面分析本节算法的鲁棒性。

本节算法水印信息提取无需原始信息参与，但若需追踪特定用户，需在解码器的参与下，进行分析比较。因此，以下将从有无解码器两个方面，分析比较本节算法的鲁棒性。

（1）无解码器

对上述四副数据进行删除、增加、裁剪和更新攻击，百分比是指删除、增加、被裁剪和更新的数据量占原始数据量的百分比。在无解码器下，选择四副数据水印提取结果 BER 均为 0 的情况，对号表示提取成功。实验结果见表 5.6。

表 5.6　删除、增加、裁剪、更新攻击实验结果

攻击方式	数据 A	数据 B	数据 C	数据 D
删除 18%	√	√	√	√
删除 36%	√	√	√	√
删除 54%	√	√	√	√
删除 72%	√	√	√	√
增加 20%	√	√	√	√
增加 40%	√	√	√	√
增加 60%	√	√	√	√
增加 80%	√	√	√	√
裁剪 12.5%	√	√	√	√
裁剪 25%	√	√	√	√
裁剪 37.5%	√	√	√	√
裁剪 50%	√	√	√	√
更新 10%	√	√	√	√
更新 20%	√	√	√	√
更新 30%	√	√	√	√
更新 40%	√	√	√	√

从表 5.6 中可以看出，在进行了大幅度的删除、增加、裁剪以及更新之后，仍能成功提取出水印信息。

进一步分析算法的鲁棒性，对数据进行拼接攻击、LSB 位攻击、格式转换以及乱序攻

击。拼接方式：如图 5.14 所示，将数据 A 和数据 B 拼接，数据 C 和数据 D 拼接；LSB 位攻击：对 10^{-3} 位平面及其后位平面进行删除或修改；格式转换：Geojson 转为 shapefile；乱序攻击：随机置乱元素间存储顺序。实验结果见表 5.7。

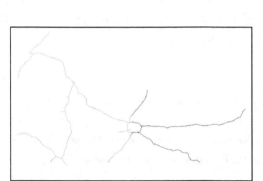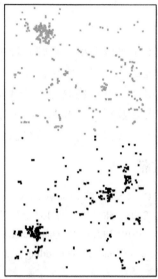

图 5.14 拼接攻击示意图

表 5.7 拼接攻击、LSB 位、格式转换、乱序攻击实验结果

	拼接攻击	LSB 位攻击	格式转换	乱序攻击
本节算法	√	√	√	√

从表 5.7 可以看出，在进行了拼接攻击、位平面攻击、格式转换和乱序攻击之后，本节算法仍能成功提取水印信息，表明算法具有良好的鲁棒性。

（2）有解码器

在解码器参与下，可以设置一定阈值，设置 BER 阈值为 5%。测试四幅数据在增删、裁剪、更新攻击下，均能保证提取的水印信息 BER 在 5% 以下的情况，即相同水印位达到 85% 以上认为是同一个用户。实验结果见表 5.8。

表 5.8 解码器参与下增删、裁剪、更新攻击实验结果（%）

攻击方式	数据 A	数据 B	数据 C	数据 D
删除 80	88.11	87.77	100	86.43
增加 100	88.12	100	100	100
增加 200	88.66	88.55	100	100
增加 300	85.88	88.21	100	100
增加 400	85.08	86.88	100	100

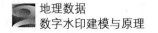

（续）

攻击方式	数据 A	数据 B	数据 C	数据 D
裁剪 70	87.77	100	100	100
更新 60	85.54	85.54	88.55	86.88

从表 5.8 中可以看出，在解码器的参与下，进行了更大幅度的删除、增加、裁剪以及更新之后，仍能成功提取出水印信息，追踪到对应用户。说明解码器的参与不仅防止了合法用户被构陷，对于算法抗稳健性攻击也有提升。同时，算法在数据 A 中抵抗增加、裁剪的能力稍弱，主要是数据 A 数据量小，在数据 B 和 D 中抗删除攻击能力稍弱，主要是两者数据分布较为集中。实验表明，本节算法具有较强的鲁棒性。

参考文献

[1] BLAYER O, TASSA T. Improved versions of Tardos' fingerprinting scheme [J]. Designs, Codes and Cryptography, 2008, 48 (1): 79-103.

[2] CHEN B, WORNELL G W. Quantization index modulation: a class of provably good methods for digital watermarking and information embedding [J]. IEEE Transactions on Information Theory, 2001, 47 (4): 1423-1443.

[3] HU R, XIANG S. Lossless robust image watermarking by using polar harmonic transform [J]. Signal Processing, 2021, 179: 107833.

[4] LAARHOVEN T, DE WEGER B. Optimal symmetric Tardos traitor tracing schemes [J]. Designs, Codes and Cryptography, 2014, 71 (1): 83-103.

[5] PENG F, JIANG W Y, QI Y, et al. Separable robust reversible watermarking in encrypted 2D vector graphics [J]. IEEE Transactions on Circuits and Systems for Video Technology, 2020, 30 (8): 2391-2405.

[6] PENG F, LIN Z X, ZHANG X, et al. Reversible data hiding in encrypted 2D vector graphics based on reversible mapping model for real numbers [J]. IEEE Transactions on Information Forensics and Security, 2019, 14 (9): 2400-2411.

[7] PANDEY M K, PARMAR G, GUPTA R, et al. Lossless robust color image watermarking using lifting scheme and GWO [J]. International Journal of System Assurance Engineering and Management, 2020, 11 (2): 320-331.

[8] QIU Y, GU H, SUN J. Reversible watermarking algorithm of vector maps based on ECC [J]. Multimedia Tools and Applications, 2018, 77 (18): 23651-23672.

[9] SIMONE A. Error probabilities in Tardos codes [D]. Eindhoven: Eindhoven University of Technology, 2014.

[10] ŠKORIĆ B, OOSTERWIJK J J. Binary and q-ary Tardos codes, revisited [J]. Designs, Codes and Cryptography, 2015, 74 (1): 75-111.

[11] TARDOS G. Optimal probabilistic fingerprint codes [J]. Journal of the ACM (JACM), 2008, 55 (2): 1-24.

[12] WANG N, ZHANG H, MEN C. A high capacity reversible data hiding method for 2D vector maps based on virtual coordinates [J]. Computer-Aided Design, 2014, 47: 108-117.

[13] WANG N. Reversible fragile watermarking for locating tampered polylines/polygons in 2D vector maps [J]. International Journal of Digital Crime and Forensics (IJDCF), 2016, 8 (1): 1-25.

[14] WU M, TRAPPE W, WANG Z J, et al. Collusion-resistant fingerprinting for multimedia [J]. IEEE Signal

Processing Magazine，2004，21（2）：15-27.

［15］YAN H, ZHANG L, YANG W. A normalization-based watermarking scheme for 2D vector map data［J］. Earth Science Informatics，2017，10（4）：471-481.

［16］ZHANG L, YAN H, ZHU R, et al. Combinational spatial and frequency domains watermarking for 2D vector maps［J］. Multimedia Tools and Applications，2020，79（41）：31375-31387.

［17］任娜，朱长青. 一种瓦片地图水印算法［J］. 测绘通报，2014（12）：60-62.

［18］佟德宇. 矢量地理数据交换密码水印模型和算法研究［D］. 南京：南京师范大学，2018.

［19］钟汉阳. 圆内整点问题浅解［J］. 佛山科学技术学院学报（社会科学版），1985（2）：79-84.

［20］李海亭. 网络环境中地图瓦片的索引与压缩方法研究［D］. 武汉：武汉大学，2010.

第6章

三维模型数据数字水印模型

三维模型数据在地理场景分析、三维城市建模、医学建模等领域有着重要的价值。随着计算机、激光雷达和无人机倾斜摄影测量等技术的快速发展，三维模型数据的生产与采集逐渐方便快捷，由此生产出大量的三维模型数据。这些数据普遍具有商业性与保密性，需要采取一定的技术手段加强对该数据的版权保护。

随着模型应用的逐渐广泛，逐渐产生了丰富的三维模型数据类型，主要分为网格模型和点云模型两类。目前，数字水印技术在三维模型中应用广泛，通过三维模型的网格或坐标特征使用特定算法将水印信息嵌入三维模型中，当数据发生泄露或存在版权争议时，可以通过提取水印信息的方式来追究责任，鉴定版权。

本章将详细介绍地理场景点云数据、倾斜摄影模型、BIM 模型三类典型的三维模型数据的数字水印算法，为三维模型的安全保护、泄密追责等提供新的理论与技术支持。

6.1 地理场景点云数据数字水印模型

6.1.1 地理场景点云数据数字水印技术

1. 地理场景点云数据特点

点云数据是在三维坐标系中由 x、y、z 三个轴定义的一种分布离散的点，通常情况下密度很大，用于表示物体的表面。此外，根据数据类型和数据格式的不同，除了基本的坐标信息外，有些点云还会携带颜色、点与点之间的距离、向量等其他信息。

点云数据的获取方式多种多样，可以采用 3D 扫描、激光雷达和倾斜摄影测量等方式来获取。3D 扫描技术可以直接获取物体表面的三维坐标，也可以将目标的空间信息传输给处理器，为目标物体的建模提供了简便快捷的方法。点云数据的数据格式非常丰富，常见的有 STL 格式、TXT 格式、LSA 格式、PLY 格式、OBJ 格式、X3D 格式以及 PCD 格式等，这些格式大多都是公开的，格式间的交互和转换都比较方便，这也极大促进了点云数据在各行业的应用和发展。目前跨平台开源 C++ 编程库点云库（Point Cloud Library，PCL）在计算机视觉领域广泛应用，该库中使用的较多的是 PCD 格式数据，此格式是文本格式，结构简单、读写方便、易于理解。

在众多类型的点云数据中，地理场景点云数据是常见的一种数据，区别于其他点云数据主要表现为以下四个特点：

1）数据量大。相较于普通点云数据，通过三维激光扫描或倾斜摄影三维建模技术获取的地理场景点云数据范围广、数据量庞大。这给数据的存储和处理也带来了一定的难度。

2）分布不规则。普通模型的表面光滑、材质单一且往往都是闭合的表面，而在地理场景中，地物表面形状、材质等更为多样且表面是沿地表分布展开的，因此点云分布要比普通模型的点云数据更为复杂。

3）具有地理特征。地理场景点云数据是对真实地物进行采样得到的，直观反映了地物的分布，根据点云数据便可以清晰辨别道路、水域、山地、建筑等地表信息。另外，地理场景点云数据在水平方向分布广，而在垂直方向上的高度却相对不高，经过拼接的大范围地理场景点云数据的这一特点尤为明显，同时在数据处理过程中纵坐标通常比较稳定，这也是地理场景点云数据区别于普通模型点云数据的显著特点。

4）数据处理方式多样。地理场景点云数据由于数据量大、内容丰富、应用多样等原因，往往面临着更复杂的数据处理，例如常见的滤波、点云分割、点云拼接、单体提取、曲面重建等。

由于地理场景点云数据具备的这些特征，导致普通点云数据的水印算法无法有效用于地理场景点云数据中。其中，数据量大的特征导致一些基于顶点排序和全局特征点提取的水印算法计算效率较低；顶点分布离散、范围广的数据特征导致一些基于数据中心点的算法无法有效使用；平面分布广且存在大规模拼接的特征对水印算法的抗拼接能力要求高；点云分割、单体提取等数据处理对水印算法的抗裁剪能力要求较高。

此外，地理场景点云数据本身的特点也可以作为设计水印算法的基础，利用这些特点设计水印算法，可以设计出针对性强、鲁棒性好、实用性高的地理场景点云数据数字水印算法。

2. 点云数据的攻击方式

点云数据生成后在分发和应用过程中会被修改，这些修改有意或者无意地会对水印提取造成影响，这些对水印可能造成影响的数据处理称作是对点云数据数字水印的攻击。对于一份生成后的点云数据的水印攻击类型主要包括以下六种：

1）乱序攻击。乱序攻击是对文件中点的存储顺序进行重新排序。一些水印算法是依靠读取点的顺序进行水印的嵌入，当这种顺序被打乱之后，水印信息便无法检测。如果水印的嵌入过程不依赖于点的读写顺序，那么就可以抵抗乱序攻击。

2）平移攻击。平移攻击是对坐标系中的点云数据进行整体平移，平移的结果是点云数据的坐标同时增加或减少相同的值。此操作会对一些嵌在坐标值上的水印造成一定影响，但目前的水印算法普遍可以抵抗此类攻击。

3）旋转攻击。旋转攻击是将点云数据沿某一点或线做旋转，使其坐标发生变化的过程。旋转攻击对嵌在坐标值上的水印影响较大，为了抵抗这一攻击，学者通常采取距离或者角度作为水印载体设计算法。

4）裁剪攻击。裁剪攻击是指对含有水印的点云数据进行裁剪，保留其中一部分数据。此操作的结果是使水印载体的整体性被破坏，水印载体减少。裁剪的幅度的不同直接影响了水印信息是否能被成功检测。非盲水印算法的设计通常是为了有效抵抗此类攻击。

5）拼接攻击。拼接攻击是指将多份点云数据进行拼接，将含有水印信息的数据与其他数据融为一体。此攻击的结果破坏了水印载体的独立性，给水印的检测造成了干扰。进行拼接的数据量的不同对提取水印信息造成的干扰也不同。拼接攻击往往也伴随着旋转攻击和平移攻击。为了抵抗此类攻击,可以采用分块的方式将水印信息嵌入到数据中。

6)缩放攻击。缩放攻击是将数据以某一点为中心进行收缩或者放大的数据处理方式,在点云数据的操作中直接表现是点云数据的密度发生了变化,点与点之间的距离会发生相等比例的变化。

以上六种攻击方式是点云数据在应用和处理过程中经常遇到的,因此在设计鲁棒性水印算法时需要综合考虑这些攻击类型,提高算法的实用性。

6.1.2 基于点云分割和特征点的地理场景点云数据水印模型

地理场景点云数据的数据量通常很庞大,如果每次水印信息嵌入和提取都进行全局运算,则嵌入和提取效率将受到影响,点云分割可以将地理场景点云数据按照某种规则分割成为若干个点云子集,对每个子集分别嵌入和提取,不仅可以实现抗裁剪和拼接的水印算法,还可以在一定程度上提高水印算法的运算效率。

对地理场景点云数据进行分割后,在水印嵌入和提取之前,首先要解决水印同步问题,本节将采用特征点提取的方式获取水印嵌入和提取的基准点,以此为基础按照一定规律进行嵌入和提取,实现水印位的同步。因此特征点提取方式也是本算法的关键问题。

水印信息的生成方面,根据算法的需要本节算法采用对文本水印信息直接编码并加入标识序列的方式,缩短了水印位长度,这种情况下水印信息的提取必须是精确提取。同时添加了水印标识序列,此处添加的标识序列是为了提取过程中检测水印信息是否存在而添加的。

此外,实现抗缩放的三维点云数字水印算法首先需要寻找三维点云数据的缩放不变量,这些不变量常见的有各点之间距离的比值关系或者角度关系等。本算法根据基准点周围点的距离比值关系设计算法,因此理论上不受缩放攻击的影响。本算法的流程如图6.1所示。

由图6.1可知本算法的流程主要包括点云数据的分割、水印信息的生成、水印的嵌入和提取等步骤。其中水印的嵌入过程还包括特征点的提取和坐标的调整两部分。

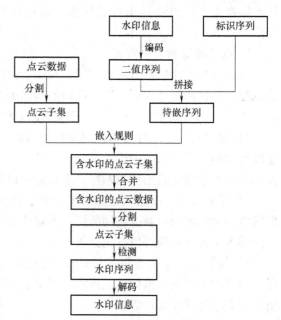

图6.1 基于点云分割和特征点提取的
点云数据水印算法流程图

1. 点云数据的分割

点云数据的分割是根据顶点的空间分布、数据的结构和几何特征等将点云拆分成若干个不同的部分,使每一部分中的点拥有某种类似的特征。点云数据的分割通常是点云数据处理的关键步骤,在点云数据中通常需要对地物做分割处理,然后再进行地物的识别和重建。在点云数据数字水印算法的设计过程中,点云数据的分割可以将各个嵌入单元分割开,每个单元单独嵌入完整的水印信息。在水印提取过程中,仅对一个单元进行检测便可以提取到完整水印信息,即实现了数字水印的抗裁剪和拼接的能力,又提高了水印提取的效率。与地物重建有所不同，本算法目的是对点云数据做分块处理，对分割后数据的分布形态要求较低。图 6.2 是点云数据分割流程图。

图 6.2 展示了点云数据分割的基本流程，本节对点云数据的分割主要分为移除平面、聚类分析和阈值计算三个步骤：

（1）识别并剔除一个最大平面内的点集

点云数据的分布特征表现为在一个平面上突起的众多点云表面，这个平面即为地面，突起的点云往往是地面上的建筑物或者凸起的地形。去除表示地面的点集后，剩余的点集被离散地分割成为若干个点云簇，这些离散的点云簇便是地表建筑物等的表面点。本节采用随机采样一致性算法来识别平面，随机采样一致性

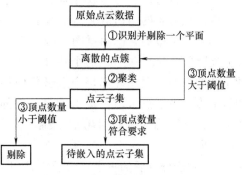

图 6.2　点云数据分割流程图

参数估计算法（RANSAC）是 Fischler M A 于 1987 年提出的，在三维点云平面识别中，首先从数据中随机选出一个样本子集并计算模型参数；然后再计算整个数据与该子集的偏差，并与阈值进行比较，保留偏差小于阈值的点；最后通过计算迭代结束评判因子，决定是否结束迭代。

本节利用开源库 PointCloudLibrary 提供的平面模型，通过迭代和阈值比较的方式识别符合要求的平面数据集。从原始数据集中剔除该平面数据集，保留离散的点云簇。当原始数据为初步生成的数据时，在数据分割前需要进行去噪处理，目的是去除因人为、仪器等产生的离群点。

（2）聚类分割

经过步骤（1）后，剩余的点云表现为互不相连的若干个点云簇，通过聚类分割将其分割成为若干个独立的点云子集。本节采用常用的欧式聚类分割算法，通过判断点与点之间的距离关系来划分聚类。此处需设置每一类中点云的个数的最小值作为嵌入单元的最低要求，聚类过程中对于不满足嵌入要求的点集进行剔除。

（3）判断顶点是否符合嵌入要求

水印的嵌入不仅有最低数据量要求，还有最大数据量的限制。对于地形不平、起伏明显的点云数据在剔除一个最大平面后往往还存在一些地物相连的情况，经过一次聚类分割往往难以将其分割开来，因此需要进行进一步分割，因此当数据量大于嵌入要求时，继续执行步骤（1）和步骤（2），直到所有的点云子集满足要求。

经过以上三个步骤的操作，从原始数据中分割出了若干个用于嵌入水印的数据的点云子集，接下来将对这些点云子集按照嵌入规则进行水印的嵌入。

2. 特征点提取

对于离散的地理场景点云数据来说，如何选择水印嵌入位置才能保证水印信息可以被准确提取是设计水印算法的关键问题。点云数据特征描述与提取是地理场景点云数据处理中关键技术之一，通过特征提取确定一个点为水印嵌入的基准点，以此为原点嵌入水印，在检测的时候再次通过特征提取的方式找到此点便可以提取到水印信息。

地理场景点云数据的特征提取是点云分割、识别、配准等数据处理的前提，根据 6.1.1

节中的论述可以得知，点云中点与点之间的距离不受平移旋转的影响，且距离的比值不受缩放的影响，因此在特征点提取的过程中结合水印设计需求，根据数据中点与点之间的距离的比值关系进行特征点的提取有助于水印信息的嵌入和提取。据此，本节根据每个点周围一定半径内顶点分布的均匀情况，提出了一种用于点云数据的特征点提取的检测算子。

图 6.3 是检测算子示意图，确定第一个相邻点的距离为半径 r 统计 $2r$、$3r$、$\cdots$、mr 的个数并计算其与均匀分布情况下点的个数的方差，以此计算每个点云集中均方差最小的为检测到的特征点。由于点云数据模拟的是地物的表面，点云呈面状分布，因此计算均匀分布时考虑二维平面分布更接近实际情况。检测步骤如下：

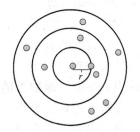

图 6.3　检测算子示意图

1）对于分割后的一个点云子集 $P=\{p_i\}$，$i\in[1,k]$ 中某点 p_i 与其相邻的 l 个点的距离，记 $D=\{d_j\}$，$j\in[1,l]$。

2）令 $r=min\{d_j\}$，分别统计 $2r$、$3r$、$\cdots$、mr 范围内点的个数分别为 n_2、n_3、$\cdots$、n_m。

3）根据式（6.1）计算特征参数 δ：

$$\delta=(\overline{n_2}-n_2)^2+(\overline{n_3}-n_3)^2+\cdots+(\overline{n_m}-n_m)^2 \tag{6.1}$$

4）取对应方差 δ 最小的点 p 作为提取到的特征点，以此为基准点嵌入水印信息。

3. 水印信息的生成

为了满足水印信息为汉字的需求，本节采用 Unicode 字符集对水印信息进行编码。将文本水印信息根据 Unicode 字符集进行编码，生成有意义的二值序列 W_1。

进一步地，为了实现盲检测，在水印提取过程中无需提供原水印信息，采用嵌入标识序列 W_2 作为水印提取成功与否的标识，嵌入的水印序列由 W_1 和 W_2 拼接而成，表示为 $W=\{w_f\}$，$f\in[1,l]$，l 为待嵌序列长度。在检测过程中首先确定标识序列的存在，然后解码水印信息。水印信息生成方式如图 6.4 所示。

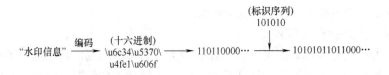

图 6.4　水印信息生成方式

4. 水印的嵌入

记基准点为 p_0，与其相邻的 $l+1$ 个点为 $P=\{p_j\}$，$j\in[1,l+1]$，p_0 与 p_j 的距离为 $D=\{d_j\}$。算法通过调节 d_j 与 d_{j-1} 的比值进行水印嵌入，以 d_1 为基准，依次以修改 d_j 坐标值的方式进而修改 d_j 与 d_{j-1} 的比值 λ_j 的小数点后第 x 位，使其携带水印信息。据此，距离比值的最大改变量为 $\Delta=d_1\times10^{-x}$。调整奇偶的方式分为两种，分别是增大和减小两种。为了在嵌入水印信息后特征点可以被精确提取，选择有利于降低特征点提取过程中的 δ 值的方向进行修改，即嵌入水印后 $\delta'\leq\delta$。嵌入规则如下：

1）计算 d_j 与 d_{j-1} 的比值，记作 λ_j，如下：

$$\lambda_j = d_j/d_{j-1} \quad j \in [2, l] \tag{6.2}$$

2）根据奇偶原则计算嵌入水印后的比值 λ_j'，其中奇数代表二值序列中的 "1"，偶数代表 "0"：

$$\begin{cases} \lambda_j' = \lambda_j & \lfloor \lambda_j \times 10^{-x} \rfloor \%2 = w_{j-1} \\ \lambda_j' = \lambda_j \pm 10^{-x} & \lfloor \lambda_j \times 10^{-x} \rfloor \%2 \neq w_{j-1} \end{cases} \tag{6.3}$$

3）根据含水印信息的比值 λ_j'，计算新的距离 d_j'：

$$d_j' = d_1 \lambda_j' \tag{6.4}$$

4）计算距离改变量，为最终修改坐标嵌入水印做准备：

$$\Delta d_j = \| d_j' - d_j \| \tag{6.5}$$

5）调整坐标值，根据距离改变量调整顶点坐标值。由 1）可知 $\lambda_j < 1$，但在嵌入过程中，对于极少数情况下的 $\lambda_j' > 1$，表明 d_j 和 d_{j-1} 的大小非常接近，为了保持原有的距离顺序，在嵌入过程中采用一种方式，在计算 $\lambda_j' = \lambda_j \pm 10^{-x}$ 时以距离顺序的保持为优先，其次考虑降低特征提取过程中的 δ 值。

6）根据以上的方式对所有点云子集进行水印嵌入，在水印信息成功嵌入到所有满足嵌入条件的点云子集中后，利用新的点云子集更新原点云数据，完成在原始点云数据中嵌入水印信息。

5. 水印的提取

水印信息提取的过程是根据水印嵌入过程的规则从水印嵌入位置中提取所嵌入的信息，由此可知水印信息提取过程首先需要定位到水印嵌入位置。由水印嵌入过程可知，嵌入时对原始数据进行了分割并提取了特征点，以此为基准将数据嵌入在周围相邻的点中。因此，在水印提取过程中需要采用同样的方式对数据进行分割、提取。与嵌入过程不同的是，由于水印信息是精确提取，所以水印的提取只需要检测到一个分割后的点云子集中存在水印信息，则认为水印信息检测成功，随即停止对其他点云子集的检测，无需像嵌入时，对全部点云子集进行嵌入。

提取的过程如下：

1）将待检测数据按照本节提出的分割方式进行分割，获得若干点云子集。

2）按照本节提出的特征点检测方式，对点云子集 P 进行特征点提取，提取到的特征点记作 p_0，与其最近的 l 个点为 $P = \{p_j\}$，$j \in [1, l]$，p_0 与 p_i 的距离为 $D = \{d_j\}$。

3）计算 d_j 与 d_1 的比值，记作 λ_j，如下：

$$\lambda_j = d_j/d_1 \tag{6.6}$$

4）根据嵌入时的奇偶原则依次检测 λ_j 的奇偶性作为提取到的水印信息 $W = \{w_f\}$，$f \in [1, l)$，检测到的奇数代表二值序列中的 "1"，偶数代表 "0"，如下：

$$\begin{cases} w_j = 0 & \lfloor \lambda_{j+1} \times 10^{-x} \rfloor \%2 = 0 \\ w_j = 1 & \lfloor \lambda_{j+1} \times 10^{-x} \rfloor \%2 \neq 0 \end{cases} \tag{6.7}$$

5）提取到水印信息 W 后，将其前 m 位水印信息与长度为 m 的标识序列进行匹配计算，当匹配度为 100% 时表示水印检测成功；若不成功，则继续对下一个点云子集进行检测。

6）将水印信息 W 的后 $l-1-m$ 位按照 Unicode 字符集进行解码，得到文本水印信息。

由以上步骤可以看出，水印检测的过程数据处理过程与嵌入相同，最后一步水印提取过程与嵌入时恰好相反。

6. 实验与分析

为了检验本节所提算法的不可见性和鲁棒性，本节对其进行了实验验证。实验中要嵌入的水印信息设置为"水印信息"四个字，实验所采用的原始地理场景点云数据为如图 6.5 所示的数据，其中包含 87997 个数据点，在点云分割和聚类过程中进行了滤波，对离群点进行了剔除，最终剩余点的个数为 87771 个。

图 6.5　实验选用的数据

实验中嵌入位置是基准点与其最近的点和其他点距离比值的小数点后第 3 位，即式（6.3）中的 $x=3$。实验的数据处理是在 Windows 环境下基于开源库 PCL 编程进行的，点云数据格式为 ∗.pcd 格式。用于嵌入水印信息的点云子集数据量最大为 8000，最小要求为 300。在实际应用过程中，可以根据点云密度和建筑物分布情况等确定嵌入要求。本实验对原始数据进行两次分割后，第一次分割过程中移除的最大平面如图 6.6 所示，剩余用以聚类分析的数据如图 6.6 所示。分割共产生了 11 个有效的点云子集，分别对此 11 个子集嵌入了水印信息，并更新了原数据，完成了水印的嵌入。

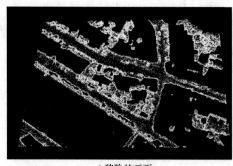 

a)移除的平面　　　　　　　　　b)移除平面后用以聚类分析的数据

图 6.6　分割过程中的点云实验数据

（1）不可见性分析

1）主观视觉分析

嵌入水印前后的点云数据的局部放大效果如图 6.7 所示。经过观察可知，肉眼无法分辨水印嵌入前后数据的差异，所以在主观视觉方面可以认定本算法对数据的影响较小，水印算法的不可见性较好。

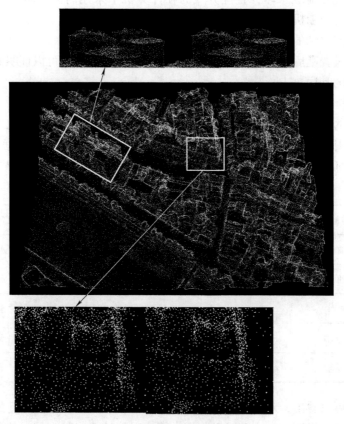

图 6.7　嵌入水印前后的细节对比

2）客观定量分析

客观定量分析主要采用均方误差和 Hausdorff 距离这两种常见的评价参数。

通过计算，水印嵌入前后的均方误差为 $2.26×10^{-4}$，可以看出嵌入前后的数据的均方误差很小，因此可以判断嵌入水印前后的数据变化很小，即水印不容易被察觉，进一步证明了本算法具有较好的不可见性。

对比嵌入水印前后的点云数据 A、B 时，Hausdorff 值不会大于坐标的最大改变量，即 H（A，B）≤max（Δt_i），经过计算，数据嵌入水印后某点的最大改变量为 0.39546，因此可以判断嵌入水印前后两份数据的 Hausdorff 距离小于等于 0.39546，加之点云数据庞大，且嵌入水印过程中修改的点并不多，可以判断嵌入水印前后的数据差异不明显，即水印的不可见性较好。

（2）攻击实验

为了验证本节所述的水印算法的鲁棒性，下面对算法进行攻击实验。攻击类型包括乱序、旋转、平移、裁剪、拼接以及缩放攻击。

1）乱序攻击

本节所提算法是基于随机采样不变性算法和聚类分析技术，通过基准点的提取，将水印嵌在了基准点与周围的若干个点的距离中，并不受数据点存储顺序和读写顺序的影响，因此理论上是可以完全抵抗乱序攻击的。为进一步证实此理论，实验对嵌入水印后的点云数据的存储顺序进行置乱并提取水印，置乱方式为在计算机中采用时间为种子，生成 $[0, n-1]$ 的随机数，按照每个随机数首先出现的顺序进行读取。

顺序置乱后提取到的水印信息："水印信息"。

实验表明经过置乱后的数据，可以完整地提取到水印，因此可以证明此算法可以有效抵抗点云数据常见的乱序攻击。

2）旋转攻击

为检测算法的抗旋转能力，对含水印信息的数据进行旋转，然后提取水印信息。旋转操作是在 MATLAB 中将三维坐标与旋转矩阵相乘实现的。本实验将原始数据分别沿 x、y、z 旋转 180°、150°、60°以及沿两个方向旋转不同角度后进行水印检测，检测结果见表 6.1。

表 6.1　旋转攻击实验

旋转轴	旋转角度/(°)	提取到的水印信息
x 轴	180	"水印信息"
y 轴	150	"水印信息"
z 轴	60	"水印信息"
x 轴、y 轴	30、150	"水印信息"
y 轴、z 轴	30、60	"水印信息"

从表 6.1 中可以看出，对嵌入水印后的数据进行不同方向、不同角度的旋转后，水印信息仍然可以被完整地提取到，由此可以判定本算法对旋转攻击具有较强的鲁棒性。

3）平移攻击

平移攻击可以完整保留原数据的结构，不会影响点与点之间的位置关系，携带水印信息的点与点的距离不会发生变化，因此理论上本算法是可以抵抗平移攻击的。为了证明本算法对平移攻击的鲁棒性，实验对含有水印信息的点云数据坐标进行了不同方向和不同程度的加减处理，并进行水印的提取。实验结果见表 6.2。

表 6.2　平移攻击实验

平移方向	平移距离	提取到的水印信息
x 轴	+123.4567	"水印信息"
y 轴	-9876.543	"水印信息"
z 轴	-1234.5678	"水印信息"
x 轴、y 轴	+12.345、-6.543	"水印信息"
y 轴、z 轴	-654.321、-12.3456	"水印信息"

根据以上实验的验证，本算法可以抵抗不同方向和不同程度的旋转攻击，进一步证明了本算法对旋转攻击具有较强的鲁棒性。

4）裁剪攻击

对于含水印信息的数据，裁剪攻击的直接结果是减少了水印信息的载体，一般对水印的提取影响较大。根据本算法嵌入过程可知，水印信息是离散地嵌入在不同的点云集中的，因此只要保留一个完整的点云集，便可以检测到水印信息。为了验证本算法对裁剪攻击的抵抗能力，本实验对含水印信息的数据进行了不同比例的裁剪并从中提取水印信息。实验结果见表 6.3。

表 6.3　裁剪攻击实验

剩余比例（%）	剩余区域	剩余点数	提取到的水印信息
80	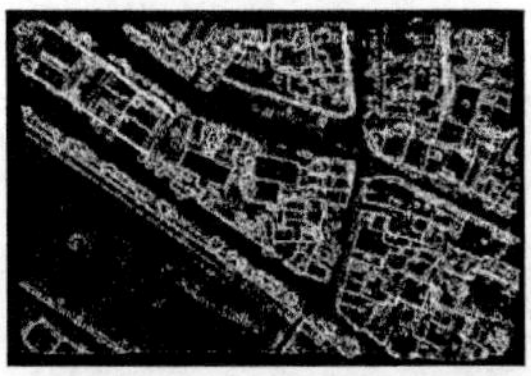	70217	"水印信息"
70	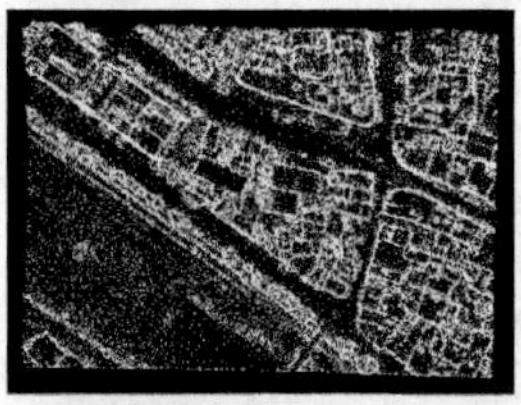	61440	"水印信息"
60	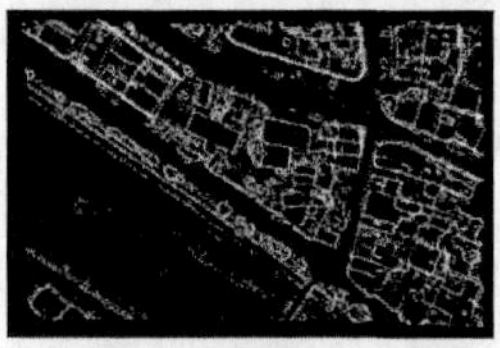	52663	"水印信息"
50	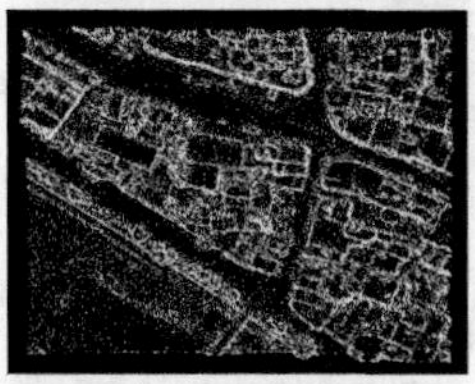	43886	"水印信息"
40	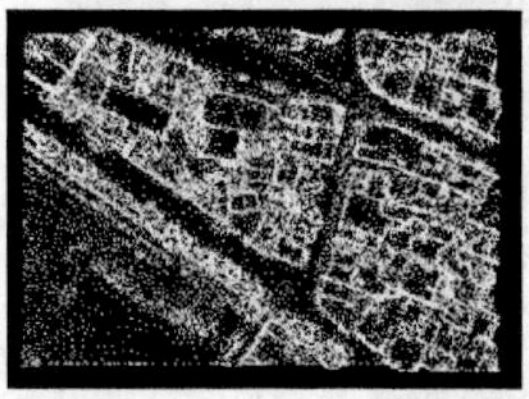	35180	提取失败

由表 6.3 看出，在将含水印信息的点云数据裁剪 50% 后水印信息仍然可以被检测到，当

裁剪比例大于60%后，水印信息检测失败，因此可以判定本算法在一定程度上可以抵抗裁剪攻击。

5）拼接攻击

与裁剪攻击恰好相反，拼接攻击是在含有水印信息的原数据基础上加入一部分数据，使含水印信息的数据与不含水印信息的数据融为一体，给水印的检测增加了干扰数据。由于此算法中水印信息是离散嵌入在不同区域，且经过分割后分别独立提取，所以经过分割后对不同区域的点云子集进行水印检测时，仍然可以从含有水印信息的子集中检测到水印信息。为了证实这一理论，本节对此算法进行了拼接攻击实验，实验结果见表6.4。

表6.4　拼接攻击实验

拼接比例（新增数据量与原数据量比值）	拼接后的数据	拼接后顶点个数	提取到的水印信息
1∶2		128289	"水印信息"
1∶1		165822	"水印信息"
3∶2	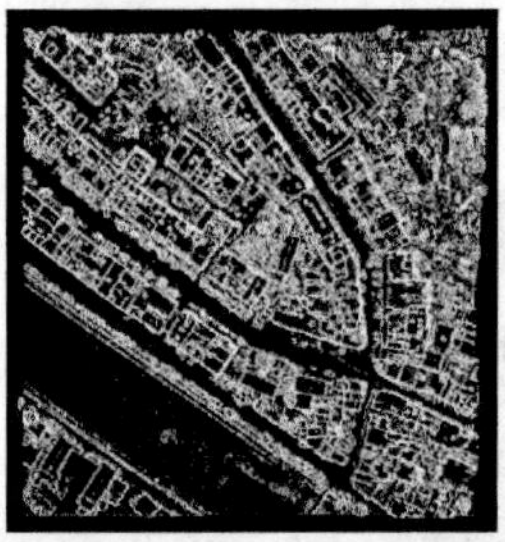	205974	"水印信息"
2∶1	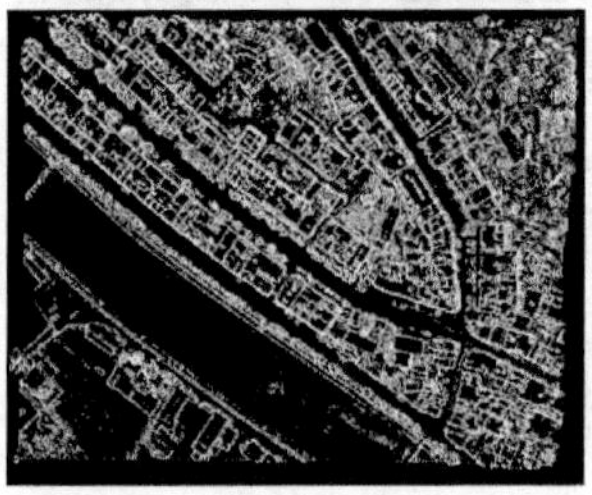	249289	"水印信息"

（续）

拼接比例（新增数据量与原数据量比值）	拼接后的数据	拼接后顶点个数	提取到的水印信息
5∶2	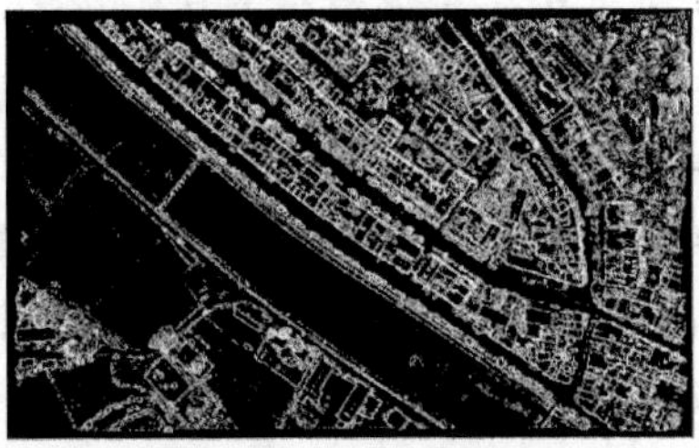	286198	"水印信息"

由表 6.4 可以看出，在对原始数据进行的拼接攻击实验中，当拼接比例为 5∶2 时水印信息仍然可以被完整地检测到，证明本算法对拼接攻击具有较强的鲁棒性。

6）缩放攻击

由本算法的嵌入过程可知，水印的嵌入单元为点与点之间的距离比值，距离的比值是不受数据缩放影响的。为了进一步检验本推测，文章对此进行了实验验证，实验结果见表 6.5。

表 6.5　缩放攻击实验

缩放尺度	提取到的水印信息
0.8	"水印信息"
0.5	"水印信息"
1.5	"水印信息"
2.0	"水印信息"
2.5	提取失败

根据以上实验，将含有水印信息的实验数据进行不同尺度缩放可以发现，在一定程度内进行缩放后水印信息可以被成功检测到，可以证明本算法对点云数据的缩放攻击具有一定的鲁棒性。

7. 小结

本节根据随机采样不变性原理和聚类分析对点云进行了分割，提出了基于点云分割和特征点的地理场景点云数据数字水印算法。通过实验验证了本算法具有好的不可见性，且对点云数据常见的乱序、平移、旋转、裁剪、拼接等攻击具有良好的鲁棒性。

6.2　倾斜摄影模型数据数字水印模型

6.2.1　倾斜摄影模型水印技术

1. 倾斜摄影技术

倾斜摄影测量技术是近年来发展起来的一项高新技术，该技术通过在飞行器上搭载多台传感器，从四个侧面、一个垂直等方向进行地物影像的采集，从而获取到地物丰富的侧面纹理等信息，能够将符合人眼视觉的真实世界呈现在用户面前。而传统的竖直摄影只能获取地物的顶部信息，对于地物的侧面信息则无法获得。

倾斜影像采集主要分为两个过程，分别为影像采集设备的准备和航线的设计与拍摄。无人机作为一种新兴的影像采集设备已经获得了广泛的使用和深入的研究。对于航线设计与实际拍摄而言，需经过严格的航拍方案设计。首先需要对航拍路线进行规划，了解航测范围与测区地貌，对无人机飞行架次进行划分从而实现航拍方案的优化。实际无人机飞行进行倾斜摄影测量的过程需对速度、高度、航向间距、旁向间距、拍摄间隔等进行设计，不同的参数会对航测的精度造成一定程度的影响。在倾斜影像采集前，需对飞行距离、地形地貌、建筑物分布与测量精度进行综合考虑，使用地面站对航线与参数进行预设定。

实际无人机倾斜摄影影像采集的数据包括多角度的影像信息与对应的位置与姿态系统（Position and Orientation System，POS）数据，其中POS数据包含影像的经纬度、海拔、飞行姿态、飞行方向等数据。将具有一定重叠度的无人机采集的影像通过计算机的GPU进行图形处理，根据影像所包含的POS等信息进行自动空中三角测量从而生成密集点云，从而进行不规则三角网TIN的构建和纹理映射得到倾斜摄影模型。

近年来，无人机倾斜摄影测量技术发展迅速，由此产生并推动了倾斜摄影三维建模的快速发展。倾斜摄影三维建模技术具有建模速度快、覆盖范围广和操作简单等特点，在三维建模中得到了广泛的应用，大量的倾斜摄影三维模型数据应运而生。

2. 倾斜摄影模型数据特征

倾斜摄影模型数据通过多视影像联合平差、多视影像关键匹配、数字表面模型生产和真正射影像纠正等过程而生产，区别于其他类型的三维模型数据主要表现为以下几点：

1）数据量大。相较于普通三维网格和三维点云数据，通过倾斜摄影测量与自动建模技术获取的倾斜摄影模型数据范围广、数据量庞大。这给数据的存储和处理也带来了一定的难度。

2）分布不规则。普通模型的表面光滑、材质单一且往往都是闭合的表面，而倾斜摄影模型对地物表面形状、材质等更为多样且表面是沿着地表分布展开的，因此倾斜摄影模型的分布要比普通三维模型更为复杂。

3）具有地理特征。地理场景点云数据是对真实地物进行采样得到的，直观反映了地物的分布，根据模型数据便可以清晰地辨别道路、山地、建筑等地表信息。另外，倾斜摄影模型数据在水平上分布广泛，可以涵盖大量的地块，在垂直方向上依据实际地形而精准显示。

4）数据处理方式丰富。倾斜摄影模型由于其数据量大与四叉树式存储方式的独特特性，往往在处理过程中面临着复杂的数据处理过程，例如常见的随机删点、滤波、单体提取等。

由此可见，倾斜摄影模型水印具有与地理场景点云数据较为类似的特征。因此，在进行倾斜摄影模型水印算法设计的时候也可以参考点云数据水印特征和攻击方式。

6.2.2 基于特征线比例的倾斜摄影模型水印模型

针对倾斜摄影三维模型的版权保护需求，本节提出一种基于特征线比例的倾斜摄影三维模型数字水印算法。将由 Chebyshev 混沌系统生成的序列作为水印信息，针对模型的垂直向上特性进行剖析，选择近似垂直于地面的三角网线间的比例作为水印嵌入特征，通过修改奇偶性的方式嵌入水印信息。水印的检测过程不需要原始模型的参与，实现了盲水印。实验表明，本算法对于几何攻击以及剪切、噪声等攻击具有较强的鲁棒性，该算法可以应用于倾斜摄影三维模型的版权保护。

1. 水印信息生成

混沌系统是一种近似无规则、随机的动力学系统，该系统对初值有极强的敏感性，即初值产生微小的变化就会引发系统不可预测的改变，因此使用混沌系统产生的水印具有良好的安全性和随机性。本节利用 Chebyshev 混沌系统迭代生成长度为 256 的水印序列 S，公式如式 6.8 所示。

$$S_{i+1} = \cos(\mu \arccos S_i), i = 0, 1, 2, \cdots \tag{6.8}$$

其中，实序列 S 的取值范围在 $[-1, 1]$ 间波动，经多次实验将迭代参数设置为 $S_0 = 0.9832$，$\mu = 5$ 并以此参数作为密钥。根据混沌序列特性及实验结果，将原始混沌序列以 0.5 为阈值量化为分布较为均匀的 0、1 序列 S。

2. 嵌入特征选择

嵌入特征选择是倾斜摄影三维模型数字水印的关键问题，能够有效辅助数字水印的嵌入和检测，且通过选择的特征进行水印的定位是水印嵌入和检测中重要的环节。为实现符合鲁棒性要求的空间域数字水印算法，倾斜摄影三维模型的嵌入特征需要满足以下三个条件：

1）是一种全局的几何特征。该特征需要广泛分布在模型的各个部分且相对均匀，对于剪切攻击具有较强的抵抗能力。

2）特征具有较强的稳健性。鲁棒的特征能够确保含水印模型在经过模型平移、缩放、旋转、加噪等各类攻击后水印信息仍能被准确识别。若选择的嵌入特征不具备对特定攻击的鲁棒性，经过攻击后的模型则可能无法精准定位到特征，或即便寻找到嵌入水印的特征也无法正确地检出水印信息。

3）满足水印容量的要求。对于待嵌入水印的倾斜摄影三维模型，需要选择能够充分容纳数字水印的特征以确保能完整多次地嵌入水印。

倾斜摄影模型通常具备垂直向上的特性，基于此特性可选择出稳健且广泛分布的特征线。本节算法提取所有组成倾斜摄影三维模型三角网格的线 $L_m = (L_1, L_2, L_3, \cdots, L_m)$ 并以线计算垂直于地面的方向向量。假设垂直于 XOY 平面的向量 $\boldsymbol{\alpha} = (0, 0, 1)$，组成每条特征线的两端点坐标为 $L_i = \{p_1, p_2\} = \{(X_{i_1}, Y_{i_1}, Z_{i_1}), (X_{i_2}, Y_{i_2}, Z_{i_2})\}$，$1 \leqslant i \leqslant m$，计算提取出的向量与向量间构成的角度 θ。通常倾斜摄影三维模型建模完成后已近似水平，实际应用时通常仅围绕 Z 轴进行旋转调整。为确保特征选择的数量且在旋转攻击后仍能提取特征，设置与垂直方向夹角弧度阈值 $\theta_{max} = \dfrac{\pi}{12}$，特征选择方法如式（6.9）所示。

$$\boldsymbol{p}_1 \boldsymbol{p}_2 = (X_{i_2} - X_{i_1}, Y_{i_2} - Y_{i_1}, Z_{i_2} - Z_{i_1}), 1 \leqslant i \leqslant m$$

$$\theta = \arccos(\boldsymbol{p}_1 \boldsymbol{p}_2 \cdot \boldsymbol{\alpha}) < \frac{\pi}{12} \tag{6.9}$$

将符合阈值范围 $\theta \leqslant \theta_{max} = \dfrac{\pi}{12}$ 的构成向量的三角网线作为水印嵌入的特征，提取所有符合要求的线构成集合 $L_M = (L_1, L_2, L_3, \cdots, L_M)$。

3. 水印嵌入

本算法水印嵌入流程如图 6.8 所示。

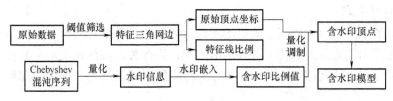

图 6.8　水印嵌入流程图

水印嵌入前需对提取的三角网线进行数据提取及处理。对提取出的线集合两两成组分为 L_K 组，其中 $K = M/2$，两组线表示如下：

$$\begin{cases} L_{K_1} = \{ (X_{K_{11}}, Y_{K_{11}}, Z_{K_{11}}), (X_{K_{12}}, Y_{K_{12}}, Z_{K_{12}}) \} \\ L_{K_2} = \{ (X_{K_{21}}, Y_{K_{21}}, Z_{K_{21}}), (X_{K_{22}}, Y_{K_{22}}, Z_{K_{22}}) \} \end{cases} \tag{6.10}$$

计算组内两组线长的比例关系 $\eta_K = |L_{K_1}| / |L_{K_2}|$，"$|\ |$" 符号代表模长。根据组成矢量线的各端点的精度要求选择嵌入的位数 p，将水印嵌入每组线长度的比例关系 η_K，通过修改比例值的奇偶性嵌入水印，公式如下：

$$\eta'_K = \begin{cases} \eta_K - 10^{-p}, & [\eta_K \times 10^p] \% 2 \neq S_{K_{11}} \\ \eta_K, & [\eta_K \times 10^p] \% 2 = S_{K_{11}} \end{cases} \tag{6.11}$$

式中，η'_K 为水印嵌入后的线比例值；"%" 符号表示取余数；"[ ]" 表示取整。

当完成线比例值的水印嵌入后，需量化调制到顶点坐标中以匹配含水印的比例值。本算法为保证不可感知性，选择将每组首点的 X、Y、Z 坐标进行同样大小的扰动。以 X 坐标为例，公式如下：

$$X'_{K_{11}} = \begin{cases} X_{K_{11}}, & \eta'_K = \eta_K \\ \dfrac{1}{3} \sqrt{\begin{aligned} & (X_{K_{11}} + Y_{K_{11}} + Z_{K_{11}} + X_{K_{12}} + Y_{K_{12}} + Z_{K_{12}})^2 - 3[(X_{K_{11}} + X_{K_{12}})^2 + (Y_{K_{11}} + Y_{K_{12}})^2 + (Z_{K_{11}} + Z_{K_{12}})^2] - \\ & \eta'^2_K [(X_{K_{22}} - X_{K_{21}})^2 + (Y_{K_{22}} - Y_{K_{21}})^2 + (Z_{K_{22}} - Z_{K_{21}})^2] - \dfrac{1}{3}(X_{K_{11}} + Y_{K_{11}} + Z_{K_{11}} + X_{K_{12}} + Y_{K_{12}} + Z_{K_{12}}), \end{aligned}} \\ \qquad\qquad \eta'_K \neq \eta_K \end{cases}$$

$$\tag{6.12}$$

4. 水印检测

水印的检测过程实质上是水印嵌入的逆过程。对于已有的含水印模型，水印提取的过程流程图如图 6.9 所示。

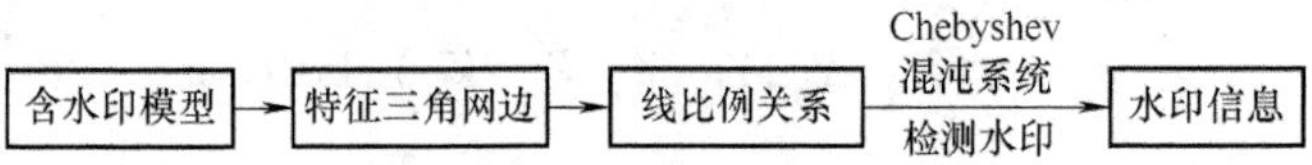

含水印模型 → 特征三角网边 → 线比例关系 → Chebyshev 混沌系统 检测水印 → 水印信息

图 6.9　水印提取的过程流程图

水印检测的过程需要进行与水印嵌入同样的特征选择和数据预处理过程。首先提取组成含水印倾斜摄影三维模型三角网的线 $L_m = (L_1, L_2, L_3, \cdots, L_m)$，计算与垂直于 XY 平面的线的夹角值 θ，通过设定的阈值 $\theta \leqslant \theta_{max} = \dfrac{\pi}{12}$ 找出符合条件的特征线集合 $L_M = (L_1, L_2, L_3, \cdots, L_M)$，对提取出的线集合两两成组分为 L_K 组，每组内线为 $L_{K_1} = \{(X_{K_{11}}, Y_{K_{11}}, Z_{K_{11}}), (X_{K_{12}}, Y_{K_{12}}, Z_{K_{12}})\}$，$L_{K_2} = \{(X_{K_{21}}, Y_{K_{21}}, Z_{K_{21}}), (X_{K_{22}}, Y_{K_{22}}, Z_{K_{22}})\}$，计算同组线长的比例关系 η_K 和确定线检测位数 p，并据此计算得到初始水印嵌入值 C_K，公式如下：

$$C_K = \lceil \eta_K \times 10^p \rceil \% 2 \tag{6.13}$$

在对所有线比例进行检测后，检验得出长度为 K 的水印信息序列，从序列中逐段提取长度为 32×32 的子序列并进行升维处理，经过 Chebyshev 混沌系统生成的序列解密后得到原始水印图片像素值即完成水印的检测。

5. 实验与分析

本节选择"行远楼"倾斜摄影三维模型作为载体数据进行水印嵌入及定量的攻击分析仿真实验。该模型共有 370484 个顶点，符合特征选择条件的特征线为 10614 条，特征线分组后共 5307 组。图 6.10 为所选用的原始水印载体模型，图 6.11 为按照本节算法嵌入水印后的模型。图 6.12 与图 6.13 分别为水印嵌入前后模型的细节对比。

图 6.10　原始倾斜摄影三维模型　　　　图 6.11　含水印倾斜摄影三维模型

图 6.12　原始倾斜摄影三维模型细节　　　图 6.13　含水印倾斜摄影三维模型细节

（1）不可感知性分析

根据主观视觉对比，对比图 6.12 和图 6.13 的水印嵌入前后结果可知，通过肉眼无法直接发现模型嵌入水印前后的视觉上的差异。因此，可以初步认定本节水印算法不可感知性较好。

另外，本节采用客观的评价指标来分析本算法的不可感知性，主要采用峰值信噪比来进行评价。经计算，水印嵌入前后 $PSNR = 97.62$。根据经验，$PSNR$ 阈值一般定为 28，当大于 28 时则认为水印在不可感知性方面表现较好。由此可见，本算法对倾斜摄影三维模型造成

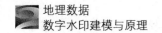

的几何误差较小，不可感知性良好。

（2）鲁棒性分析

在本实验中，分别采用平移、剪切、旋转、缩放、噪声常见的操作对含水印的倾斜摄影模型进行攻击实验。不同攻击后的水印检测结果见表 6.6。

表 6.6　攻击实验结果

攻击类型与强度	NC	检测标识
X 轴平移 20 单位	1.00	成功
Y 轴平移 20 单位	1.00	成功
Z 轴平移 20 单位	1.00	成功
模型中心缩放 10%	1.00	成功
模型中心缩放 20%	1.00	成功
模型中心缩放 30%	1.00	成功
围绕 Z 轴顺时针旋转 30°	1.00	成功
围绕 Z 轴顺时针旋转 60°	1.00	成功
剪切 10%	0.97	成功
剪切 20%	0.95	成功
剪切 30%	0.94	成功
噪声 1%	0.96	成功
噪声 2%	0.93	成功
噪声 3%	0.88	成功

由表 6.6 攻击实验结果可以得出以下结论：当模型在经过平移攻击、缩放攻击和旋转攻击后对水印进行检测，由于数据的特征并未发生改变，因此可以完整检出水印，相关系数 $NC=1$；当模型经过剪切攻击后，部分构造的特征被破坏，但仍能检测到相对完整的水印信息；当模型经过噪声攻击后，模型的精度发生一定损失，检测出的水印精度同样发生一些损失，水印仍可以被检测。结果表明本节算法对于平移、缩放、旋转、剪切、噪声几种攻击鲁棒性较强。

6. 小结

本节提出一种基于特征线比例的倾斜摄影模型水印算法，通过 Chebyshev 混沌系统对原始水印信息进行加密以加强安全性，并通过空间域特征进行水印的嵌入。实验表明，该算法对常见几何攻击以及剪切、缩放攻击有较强的鲁棒性，且水印检测不需要原始模型的参与，实现了盲水印。算法利用模型的直接特征，效率较高，适用于大数据量的倾斜摄影三维模型，具有一定的实用价值。

6.3　BIM 模型数字水印模型

6.3.1　BIM 模型数字水印技术

BIM 模型的核心是三维几何模型，在模型的各个实例图元中均结合了具体的几何信息、属性信息、拓扑信息和语义信息。虽然 BIM 模型与三维点云模型和网格模型在数据存储形式、数据表现形式和部分数据组织结构等具有一定的相似性，但是其独有的空间特征和属性特征使得 BIM 模型的算法设计与三维点云模型和三维网格模型具有很大的差异性。在设计 BIM 模型数字水印算法之前必须结合 BIM 模型特点和 BIM 模型在实际生产生活应用中可能遭受的攻击，BIM 模型的特征归纳如下：

1）模型的实体性。BIM 模型的实体性指的是实体模型，内部各个图元及构件（室内构件门、窗和柱等）是真实存在的并具有相应的空间和属性特征，可以用于数据查询和分析。实体性是 BIM 模型最为显著和主要的特征，也是区别于三维点云模型和三维网格模型等通过表面建模或曲面建模模型的本质所在。BIM 模型的内部图元之间具有各自的空间位置、图元间约束条件和完整的拓扑关系，是构建水印算法的基础。

2）模型精度要求高。BIM 模型中图元的空间位置信息采用基准点坐标信息进行表达，相邻图元之间可能设置严格的拓扑关系和约束条件且在工程设计中经常出图使用。因此，BIM 模型的空间精度高，联系更加紧密，任何微小的改动，都会带来图元及与之相关的图元空间位置的改变。特别是当工程图应用在精密仪器设计领域中时精度可以达到 10^{-4}mm，这就要求在设计算法时，需要着重考虑水印作用域和水印算法对模型精度的影响。

3）数据低冗余。BIM 模型的低冗余性主要体现在三方面：①表达空间位置信息的基准点或者基准线信息较少，通常数量级在 $10^2 \sim 10^4$，而三维点云模型中点可以轻松达到 10^5 以上；②高精度特性，数据存储精度可以达到小数点后 13 位，需要结合具体的显示精度和应用场景在合理的范围内修改数据；③实体性特征，主体的三维模型均是由单个图元及构件进行组织，其他额外的信息可以作为单独的文件保存在平台中，作为主体的三维模型中是没有额外的冗余信息。因此，BIM 模型的低冗余度给水印算法容量提出更高要求。

4）数据分类，文件格式多样。BIM 模型根据不同的数据内容、应用场景和功能可以分为建筑、结构和管道类型的三种数据。在数据存储和传输时，考虑到数据的不同图元分类存储，在不同类别的 BIM 模型中存储的是对应类型的图元及构件。例如管道类型的 BIM 模型会包含风管管件、风道末端和线管等，而不会包含栏杆、墙和窗等。BIM 模型在实际传输和应用中会涉及到多种文件格式，如 Autodesk 公司的 RVT、MAX、FBX 和 Bentley 公司的 DGN 等格式数据，具体的文件格式数据组织结构也略有不同。

5）数据一致且自动更新。BIM 模型中图元之间的约束关系和多个视图同时显示的特性，BIM 会依据改动的参数或者空间位置信息自动修改被改动的图元信息及关联的图元信息，保证模型中数据和视图的一致性。因此，BIM 模型的数据一致性给水印算法的不可感知性提出更高要求。

此外，BIM 模型的图元多样、文件结构复杂等也是 BIM 模型的数据特征。考虑到水印信息嵌入时可能会影响 BIM 模型图元的精度、约束条件和拓扑关系，本节重点研究 BIM 模型的零水印算法和无损水印算法，BIM 模型的文件格式为建筑行业领域较为广泛使用的 RVT 格式，数据组织结构保密。

考虑到 BIM 模型的明显特征，通过对 BIM 模型的数据特征分析，除需要具备点云数据和倾斜摄影数据的水印特征外，高精度特性和低冗余性是区别 BIM 模型数字水印和普通三维模型的一个重要特征，也就是说强不可感知性是 BIM 模型算法设计的本质要求。因此，如何保证数据在使用和共享时的数据质量，尽量减少水印对数据的影响是 BIM 模型数字水印算法的一个难点。因此，在设计相应的数字水印算法时，需充分考虑 BIM 模型的低冗余和高精度特征及不同水印技术的性质来设计具有强不可感知性的 BIM 模型数字水印算法。

6.3.2 基于量化调制的 BIM 模型无损水印模型

常见的无损水印算法在图像和矢量地图中使用较多，由于 BIM 模型的结构复杂性和约束性，此类技术在 BIM 模型中的应用较为罕见。目前，常见的无损水印算法包括两种：①在数据组织结构的冗余或者空余空间中嵌入信息，这种算法一般在数据组织结构公开的数据中使用较为方便，而 BIM 模型的数据存储结构现处于保密阶段，不对外公开；②在数据的空间数据或者属性数据中通过可逆水印技术实现对水印的嵌入，在水印检测的同时将原始数据恢复，这种方法不依赖于数据存储结构。

本节通过分析 BIM 模型图元的特征，构建基于 BIM 模型的部分模型图元、视图图元和基准图元的可逆水印算法，并对构建的算法从不可感知性和鲁棒性等方面进行实验分析及验证。

1. 可逆量化调制技术

可逆量化调制算法是使用相同的量化区间将调制前和调制后的系数都映射到同一个量化区间，在水印检测的过程中，将求得的余数 d 映射到量化区间内即可恢复原始数据。算法具有可恢复性，具体的可逆量化调制算法的示意图如图 6.14 所示，其中 d 表示依据量化系数和量化步长求得余数，通过示意图 6.14 可以看出将 d 在整个区间余数分别映射到两个小区间，即可在恢复原始系数时通过映射方法恢复。

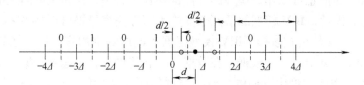

图 6.14　可逆量化调制示意图

具体实现步骤如下：设待量化系数为 c，量化步长为 Δ，每个特征值可嵌入的水印位数为 b，量化区间表示为 $l=2^b\Delta$，量化后系数为 c'，依据量化系数和量化步长求得的量化区间索引值和余数分别 n，d。

1）水印嵌入：

步骤 1：依据式（6.14）和式（6.15）求出 n，d。

$$n=floor(c/l) \tag{6.14}$$

$$d=c-ln \tag{6.15}$$

步骤 2：依据水印信息和量化调制方法将水印信息嵌入。

$$c'=ln+w\Delta+d/2^b \tag{6.16}$$

2）水印信息提取和原始数据恢复：

步骤 1：依据式（6.17）和式（6.18）求出 n_2，d_2。

$$n_2=floor(c/\Delta) \tag{6.17}$$

$$d_2=c-n\Delta \tag{6.18}$$

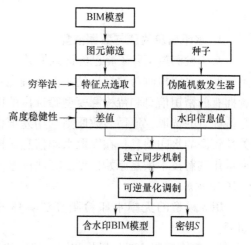

步骤 2：提取水印信息并恢复原始数据。

$$w = n_2 - 2^b floor(n_2/2^b) \tag{6.19}$$

$$c' = 2^b floor(n_2/2^b)\Delta + 2^b d_2 \tag{6.20}$$

在水印检测的过程中，使用式（6.20）恢复原始数据。通过可逆量化调制算法可以在保证数据水印容量的同时减小数据精度误差，在水印提取恢复原始模型之后不影响模型的质量。

通过分析可逆水印技术中常用的三种方法：差值扩张、直方图均衡化和可逆量化技术的原理和可逆量化调制技术原理，比较三种方法中可利用的数据量和水印容量不同，得出相较于差值扩张技术，直方图技术和水印量化调制技术的水印容量更大。其中，由于量化调制机制的水印容量可以通过特征点的选取使水印容量比率可以达到 0.99，且可逆量化调制技术在原始模型提取之后，给模型造成的误差较小。

2. 水印信息嵌入

BIM 模型无损水印算法的生成主要参考 6.2.2 节中无意义水印信息生成过程。算法的嵌入主要包括两个步骤：选取 BIM 模型图元以及通过数学方法嵌入水印信息。由 6.3.1 节和 6.3.2 节提出的差值和改进的可逆量化调制机制是本节嵌入算法的核心机制。BIM 模型的无损水印嵌入算法基本流程如图 6.15 所示。

图 6.15　BIM 模型无损水印信息嵌入流程

BIM 模型的无损水印嵌入算法具体实现的步骤如下：

1）读取 BIM 模型，在各个轴上均进行平移操作，得到所有可以在平面内进行变化的图元 P，记为：$P(P_1,P_2,P_3,\cdots,P_m)$，其中 m 是图元的总个数。

2）任意选择一个特征点为 P_c 记为 $P_c(X_c,Y_c,Z_c)$，依据式（6.21）和式（6.22）得到差值序列 $d_x(d_1,d_2,d_3,\cdots,d_{nx})$ 和 $d_y(d_1,d_2,d_3,\cdots,d_{ny})$，其中 nx 和 ny 表示可用可逆的恢复原始数据的差值的总数，d_{ix} 表示第 i 个图元与特征点之间在 X 方向上的差值，d_{iy} 表示第 i 个图元与特征点之间在 Y 方向上的差值，则：

$$d_{ix} = X_i - X_c \tag{6.21}$$

$$d_{iy} = Y_i - Y_c \tag{6.22}$$

3）依据可逆量化调制中数据精度 δ 的式（6.23）进行实验，通过不断替换新的特征值和求出对应的差值序列，选取差值序列最好的两个特征点，特征点的选取为 P'_{cx} 和 P'_{cy}，记为 $P'_{cx}(X'_{cx},Y'_{cx},Z'_{cx})$ 和 $P'_{cy}(X'_{cy},Y'_{cy},Z'_{cy})$。实验中采用的参数值设为：量化步长的值 Δ，数据存储精度 $q = 10^{-13}$，量化区间对应的量化步长为 r，单个差值可嵌入的水印位数为 b。

$$5 \times 2^b \times 10^{-q-1} \leq r \leq 2^b \times (\Delta - 5 \times 10^{-q-1}) \tag{6.23}$$

4）通过式（6.15）中求得的余数 d 和式（6.24）判断嵌入的水印信息位，建立水印信息与特征点之间的同步机制为：

$$location = random\left(\frac{d}{2^b}\times10^6\right).next(0,L) \tag{6.24}$$

式中，b 表示水印嵌入的强度；$random().next()$ 表示以特定种子产生 $[0,L]$ 范围内的随机序列，通过此方法建立量化调制的 r 和水印序列之间同步关系。

5）利用特征点 $P'_{cx}(X'_{cx},Y'_{cx},Z'_{cx})$ 和 $P'_{cy}(X'_{cy},Y'_{cy},Z'_{cy})$，采用可逆量化调制式（6.17）嵌入水印信息并构建同步机制，得到水印嵌入后的差值序列 $d'_x(d'_1,d'_2,d'_3,\cdots,d'_{nx})$ 和 $d'_y(d'_1,d'_2,d'_3,\cdots,d'_{ny})$。

$$D'=ln+w[location]\Delta+d/2^b \tag{6.25}$$

式中，D' 为量化后的差值；Δ 为量化步长，为 b 单个差值可嵌入的水印位数，量化区间 $l=2^b\Delta$，量化后系数为 c'；n，d 分别为依据量化系数和量化步长求得的量化区间索引值和余数。

6）利用差值和特征点的值采用式（6.26）恢复原始基准点的值为：

$$\begin{cases} X_i=d_i+X'_{cy} \\ Y_i=d_i+Y'_{cy} \end{cases} \tag{6.26}$$

3. 水印信息检测与数据恢复

水印检测过程除了将已经嵌入原始模型中的水印信息提取，更重要的是利用密钥恢复原始模型。水印检测与数据恢复主要过程是：利用使用者拥有的密钥信息和待检测模型筛选出的图元信息进行特征点的选取，遵循多数原则利用差值信息提取相关性较高的水印信息，在提取水印信息的同时利用可逆量化调制技术恢复原始模型。算法的基本流程如图6.16所示。

BIM 模型的无损水印检测算法具体的实现步骤如下：

1）和水印嵌入时的操作相同，读取待检测的 BIM 模型，在 BIM 模型的各个轴上均进行平移操作，得到所有可以在平面内变化图元 $P'(P'_1,P'_2,P'_3,\cdots,P'_m)$，获取到相应的特征点和差值序列 $d'_x(d'_1,d'_2,d'_3,\cdots,d'_{nx})$ 和 $d'_y(d'_1,d'_2,d'_3,\cdots,d'_{ny})$，其中 nx 和 ny 分别为不同轴的差值个数。

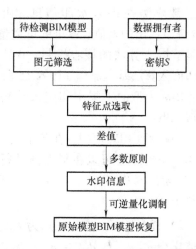

图 6.16　BIM 模型水印信息检测流程

2）采用可逆量化调制技术进行水印信息提取，提取过程中遵循同步机制中的多数原则并依据式（6.19）进行原始模型恢复获得水印序列 $W'=\{w'(t)\mid w'(t)\in\{0,1\},t=0,\cdots,L'-1\}$，由于水印序列同时在 X 和 Y 轴上嵌入，因此选择相关性较高的水印信息。

3）利用量化调制技术中的式（6.20）恢复原始模型中的数据，对比原始模型和未修改的原始模型的数据，通过实验验证算法的有效性。

4. 实验与分析

为了验证 BIM 模型无损水印算法的效用，分别从算法的不可感知性和鲁棒性两个方面进行实验。实验中，MEP 模型约束性强，不允许坐标修改，因此分别选取 4 个 BIM 原始结构模型和场地模型进行实验，原始模型中同样包含若干平面、立面和剖面信息。表6.7展示了原始模型和其中一个平面、立面或剖面信息。

表 6.7 实验数据展示

	原 始 数 据	其中一个平面或者立面视图
Test1 （IDC_结构）	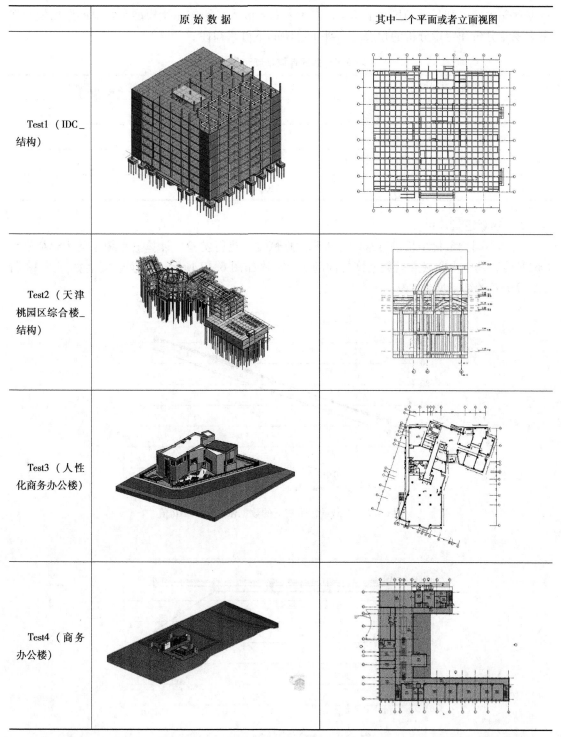	
Test2 （天津桃园区综合楼_结构）		
Test3 （人性化商务办公楼）		
Test4 （商务办公楼）		

（1）不可感知性

按照 6.3.3 节设计的基于差值和量化机制的 BIM 模型无损水印算法对 4 个原始模型进行

水印嵌入、水印提取和原始模型的恢复，得到原始模型和恢复后的模型。实验中原始模型在数据存储中精度和显示精度见表 6.8，参考表 6.8 嵌入水印的原始模型和恢复的原始模型从主观视觉分析和定量分析的角度综合评价算法的不可感知性。

表 6.8　数据存储精度和显示精度

原始 BIM 模型	数据存储精度/ft	数据显示精度/mm
IDC_结构	10^{-12}	1
天津桃园区综合楼_结构	10^{-12}	1
人性化商务办公楼	10^{-12}	10
商务办公楼	10^{-12}	1

1）客观定量评价

选择不同的量化步长进行水印嵌入和数据恢复，进行实验，计算五个模型的 *PSNR* 值和 *RMSE* 值，其中水印嵌入后数据恢复前的 *PSNR* 值如图 6.17 所示，数据恢复后如图 6.18 所示，*RMSE* 的结果见表 6.9。

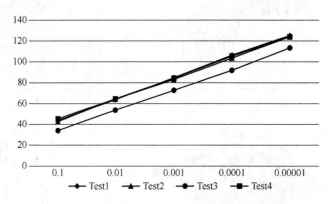

图 6.17　不同量化步长下的数据恢复前 *PSNR* 值

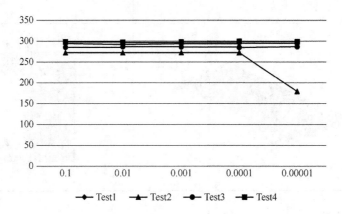

图 6.18　不同量化步长下的数据恢复后的 *PSNR* 值

表 6.9 不同量化步长下的数据恢复前后 *RMSE* 值

编号	量化步长	数据恢复前	数据恢复前最大值	数据恢复后	数据恢复后最大值
Test1	0.1	8.6147×10^{-2}	1.3967×10^{-1}	2.1669×10^{-14}	7.1179×10^{-14}
	0.01	9.4321×10^{-3}	1.3834×10^{-2}	2.7505×10^{-14}	9.2643×10^{-14}
	0.001	8.2263×10^{-4}	1.3337×10^{-3}	2.4199×10^{-14}	1.0049×10^{-13}
	0.0001	6.6537×10^{-5}	1.2115×10^{-4}	2.2468×10^{-14}	8.6441×10^{-14}
	0.00001	7.3977×10^{-6}	1.3864×10^{-5}	2.1886×10^{-14}	8.6441×10^{-14}
Test2	0.1	9.0344×10^{-2}	1.3973×10^{-1}	3.7926×10^{-13}	4.5472×10^{-12}
	0.01	7.3097×10^{-3}	1.3508×10^{-2}	3.7863×10^{-13}	4.5472×10^{-12}
	0.001	8.2557×10^{-4}	1.3704×10^{-3}	3.7921×10^{-13}	4.5472×10^{-12}
	0.0001	8.2695×10^{-5}	1.3320×10^{-4}	3.7891×10^{-13}	4.5472×10^{-12}
	0.00001	6.8524×10^{-6}	1.3493×10^{-5}	6.5595×10^{-9}	3.4683×10^{-7}
Test3	0.1	8.0485×10^{-2}	1.2592×10^{-1}	1.3591×10^{-14}	5.8593×10^{-14}
	0.01	8.33583×10^{-3}	1.2963×10^{-2}	1.1838×10^{-14}	5.6843×10^{-14}
	0.001	7.3036×10^{-4}	1.3621×10^{-3}	1.5326×10^{-14}	5.6954×10^{-14}
	0.0001	8.8382×10^{-5}	1.3597×10^{-4}	1.4026×10^{-14}	5.6954×10^{-14}
	0.00001	6.6216×10^{-6}	1.3942×10^{-5}	1.1829×10^{-14}	3.3516×10^{-14}
Test4	0.1	8.2731×10^{-2}	1.3629×10^{-1}	2.1568×10^{-14}	1.0173×10^{-13}
	0.01	6.6514×10^{-3}	1.2775×10^{-2}	2.2586×10^{-14}	8.7889×10^{-14}
	0.001	8.2720×10^{-4}	1.3868×10^{-3}	1.7877×10^{-14}	8.9877×10^{-14}
	0.0001	8.1523×10^{-5}	1.3436×10^{-3}	1.8548×10^{-14}	7.1409×10^{-14}
	0.00001	8.6036×10^{-6}	1.2716×10^{-5}	1.7235×10^{-14}	1.0049×10^{-13}

图 6.17 数据恢复前的实验结果显示，当量化步长 Δ 从 0.1~0.00001 的过程中，Test1~Test4 的 *PSNR* 值总体呈现上升趋势；图 6.18 数据恢复后的实验结果显示，量化步长从0.1~0.00001 的过程中，Test1~Test4 的 *PSNR* 值基本保持稳定，其中从 0.0001~0.00001 的过程中，Test2 的 *PSNR* 值突变下降，不可感知性下降且模型 Test2 量化步长从 0.001~0.0001 在嵌入水印信息后会删除一个实例尺寸标注图元；由表 6.9 展示在水印嵌入后和数据恢复后 *RMSE* 和最大值的变化情况，Test1~Test4 模型在水印嵌入后呈现下降趋势，数据恢复后保持在 10^{-14}~10^{-13} 级别，相对较平稳。综合多个模型的 *PSNR*、*RMSE* 的最大值及图元的实验结果，选择量化步长为 0.001，下面单个差值点可嵌入的水印位数实验和鲁棒性实验均取量化步长 $\Delta = 0.001$。

ρ 代表单个差值可嵌入的水印位数 ρ 位的水印信息，单个差值选择不同嵌入水印位数进行水印嵌入和模型恢复实验，计算四个模型的 *PSNR* 值和 *RMSE* 值，其中水印嵌入后数据恢复前的 *PSNR* 值如图 6.19 所示，数据恢复后 *PSNR*、*RMSE* 和数据恢复前后最大值的实验结果如图 6.20 和表 6.10 所示。

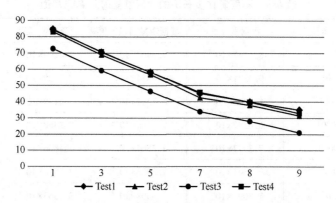

图 6.19　单个差值不同水印位数下的数据恢复前 *PSNR* 值

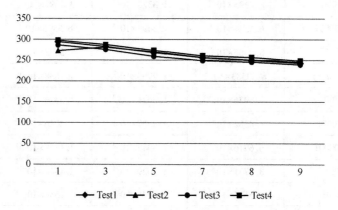

图 6.20　单个差值不同水印位数下的数据恢复后 *PSNR* 值

表 6.10　单个差值不同水印位数下的数据恢复前后 *RMSE* 值

编号	单个差值的水印位数	数据恢复前	数据恢复前最大值	数据恢复后	数据恢复后最大值
Test1	1	8.2263×10^{-4}	1.3337×10^{-3}	2.4199×10^{-14}	1.0049×10^{-13}
	3	4.1889×10^{-3}	8.8402×10^{-3}	9.2623×10^{-14}	3.1393×10^{-13}
	5	1.8170×10^{-2}	3.2118×10^{-2}	4.7643×10^{-13}	1.3126×10^{-13}
	7	8.0781×10^{-2}	1.5208×10^{-1}	1.9292×10^{-12}	5.4237×10^{-13}
	8	1.3172×10^{-1}	3.3568×10^{-1}	4.1007×10^{-12}	1.4143×10^{-11}
	9	2.6017×10^{-1}	5.6547×10^{-1}	8.6985×10^{-12}	2.8340×10^{-11}
Test2	1	8.25575×10^{-4}	1.3704×10^{-3}	3.7921×10^{-13}	4.5472×10^{-12}
	3	4.1916×10^{-3}	8.4853×10^{-3}	1.3391×10^{-13}	6.8227×10^{-13}
	5	1.6264×10^{-2}	3.2519×10^{-2}	4.9086×10^{-13}	2.6434×10^{-12}
	7	8.6185×10^{-2}	1.6232×10^{-1}	2.2884×10^{-12}	1.0686×10^{-11}
	8	1.4414×10^{-1}	2.8939×10^{-1}	4.3377×10^{-12}	2.1048×10^{-11}
	9	3.5843×10^{-1}	5.9402×10^{-1}	7.9371×10^{-12}	3.4987×10^{-11}

（续）

编号	单个差值的水印位数	数据恢复前	数据恢复前最大值	数据恢复后	数据恢复后最大值
Test3	1	7.3036×10^{-4}	1.3621×10^{-3}	1.5326×10^{-14}	5.6954×10^{-14}
	3	3.8743×10^{-3}	7.4072×10^{-3}	5.1076×10^{-14}	1.7233×10^{-13}
	5	1.7729×10^{-2}	3.3327×10^{-2}	2.5542×10^{-13}	8.0709×10^{-13}
	7	8.1406×10^{-2}	1.4658×10^{-1}	8.6913×10^{-13}	2.6793×10^{-12}
	8	1.3961×10^{-1}	2.9343×10^{-1}	1.2254×10^{-12}	4.7123×10^{-12}
	9	3.1895×10^{-1}	5.4911×10^{-1}	3.1743×10^{-12}	1.0739×10^{-11}
Test4	1	8.2720×10^{-4}	1.3868×10^{-3}	1.7877×10^{-14}	8.9877×10^{-14}
	3	3.6875×10^{-3}	8.9545×10^{-3}	7.5873×10^{-14}	3.1553×10^{-13}
	5	1.7942×10^{-2}	3.5199×10^{-2}	3.2077×10^{-13}	1.3646×10^{-12}
	7	7.8410×10^{-2}	1.4174×10^{-1}	1.3710×10^{-12}	5.4121×10^{-12}
	8	1.4734×10^{-1}	2.7595×10^{-1}	2.3295×10^{-12}	1.0472×10^{-11}
	9	3.3904×10^{-1}	6.0172×10^{-1}	6.0936×10^{-12}	2.1175×10^{-11}

图 6.19、图 6.20 和表 6.10 显示，当单个差值点的水印位数 ρ 从 1~9 的过程中，Test1~Test4 的 $PSNR$ 值数据恢复前后总体趋势不断下降，$RMSE$ 总体呈现上升趋势，总体在 $10^{-14}\sim10^{-11}$ 范围内，数据恢复前后最大值在上升。当单个差值点的水印位数 ρ 从 7 到 8 的过程中，由于模型约束条件的影响，Test3 模型组发生解组现象。因此，选择单个差值的水印位数为 7，量化步长 $\Delta=0.001$ 为相关的参数值进行主观视觉角度的不可感知性实验和鲁棒性实验。

2）主观定性评价

在选取合适的参数后对水印嵌入后和数据恢复后的 BIM 模型进行主观定性评价，结果见表 6.11。

表 6.11 数据恢复前后模型的局部区域视觉对比

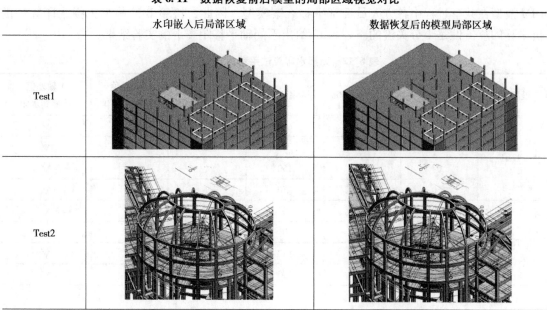

	水印嵌入后局部区域	数据恢复后的模型局部区域
Test1		
Test2		

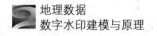

（续）

	水印嵌入后局部区域	数据恢复后的模型局部区域
Test3	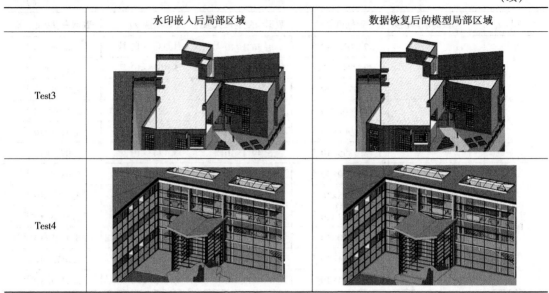	
Test4		

从主观的视觉效果上看，数据恢复后 BIM 模型的整体和细节图都不会发生较大改变。综合上述定量和客观评价，水印的不可感知性强。

（2）鲁棒性实验

由于 BIM 模型在使用的过程中通常不会发生整体的缩放攻击，可以通过导航进行放大或缩小进行观察，但不会影响模型，因此本节不考虑整体缩放攻击。为了验证算法的鲁棒性，从常规的几何攻击上包含平移、随机删点和裁剪等攻击对模型造成的影响，对 4 个模型进行实验并分析，实验结果如下所示，表中"√"表示可以在相应方向上检测到水印信息，相反"×"表示在相应方向上检测不到水印信息。

1）平移攻击。平移攻击过程存在基准点信息变化，模型在平移过程中位置发生变化。BIM 模型在共享过程中各方人员经常平移观察模型。因此，检验 BIM 模型无损水印算法的抗平移的攻击性是十分关键的。表 6.12 给出不同轴平移距离下的实验结果。

表 6.12　无损水印算法平移攻击实验结果

模型编号	平移距离 X/m	平移距离 Y/m	平移距离 Z/m	最大 NC	X 轴差值检测到水印	Y 轴差值检测到水印
Test1	150	0	0	1	√	√
	0	150	0	1	√	√
	0	0	150	1	√	√
	150	150	150	1	√	√
Test2	150	0	0	1	√	√
	0	150	0	1	√	√
	0	0	150	1	√	√
	150	150	150	1	√	√

（续）

模型编号	平移距离 X/m	平移距离 Y/m	平移距离 Z/m	最大 NC	X 轴差值 检测到水印	Y 轴差值 检测到水印
Test3	150	0	0	1	√	√
	0	150	0	1	√	√
	0	0	150	1	√	√
	150	150	150	1	√	√
Test4	150	0	0	1	√	√
	0	150	0	1	√	√
	0	0	150	1	√	√
	150	150	150	1	√	√

由表 6.12 实验结果可知，从各个轴上分别平移 150m 各个模型的最大 $NC=1$ 且检测出的水印个数 ≥1，在平移距离较大时本节的无损水印算法均可以正确检测版权信息。实验表明，本节提出的算法可以有效抵抗平移攻击，具有较强的实用价值。

2）随机删点攻击。随机删除图元会影响模型与水印信息的同步关系，是比较常见的攻击，由于图元之间的约束关系，随机删点的过程中存在基准点信息及相关图元的缺失，剩下的图元精度高仍然具有重要的价值，因此，检验 BIM 模型抗随机删点的攻击性是十分有必要的。在随机删点的过程中，除了删除点的信息不能恢复，理论上可以恢复剩余点的信息。表 6.13 给出不同程度的随机删点的实验结果。

表 6.13　无损水印算法随机删点实验

随机删基准点（%）		最大 NC 值	X 轴方向上检测到水印	Y 轴方向上检测到水印
Test1	10	0.911	√	√
	20	0.911	√	√
	30	0.894	√	√
	40	0.911	√	√
	50	0.894	√	√
	60	0.883	√	√
	70	0.911	√	√
	80	0.911	√	√
Test2	10	1	√	√
	20	0.989	√	√
	30	0.989	√	√
	40	0.983	√	√
	50	0.983	√	√
	60	0.95	√	√
	70	0.944	√	√
	80	0.933	√	√

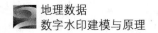

（续）

随机删基准点（%）		最大 *NC* 值	*X* 轴方向上检测到水印	*Y* 轴方向上检测到水印
Test3	10	0.989	√	√
	20	0.989	√	√
	30	0.978	√	√
	40	0.989	√	√
	50	0.972	√	√
	60	0.95	√	√
	70	0.889	√	√
	80	0.783	×	×
Test4	10	1	√	√
	20	1	√	√
	30	0.994	√	√
	40	0.956	√	√
	50	0.983	√	√
	60	0.983	√	√
	70	0.917	√	√
	80	0.806	×	√

由表 6.13 可知，本节提出的算法可有效抵抗随机删点攻击。除 Test3 模型在随机删除基准点达到 80% 时，检测的最大相关值 $0.7 \leqslant NC < 0.8$ 外，其他模型在应对随机删点 80% 时 $NC \geqslant 0.8$ 且检测出的水印个数 $\geqslant 1$。实验表明，在 BIM 模型经过较大程度的随机删点时，模型仍然可以正常检测出水印信息，该算法对随机删点具有强的鲁棒性。

3）裁剪攻击。本节对可逆量化调制机制算法进行改进，建立相应的同步机制，对 4 个 BIM 模型裁剪攻击进行鲁棒性测试，实验结果见表 6.14。

表 6.14　BIM 模型无损水印算法裁剪攻击实验

裁剪模型	裁剪 1	裁剪 2	裁剪 3	裁剪 4
Test1				
最大 *NC*	0.889	0.889	0.867	0.833
X 轴方向上检测到水印	×	×	×	×
Y 轴方向上检测到水印	√	√	√	√
检测结果	成功	成功	成功	成功

（续）

裁剪模型	裁剪1	裁剪2	裁剪3	裁剪4
Test2	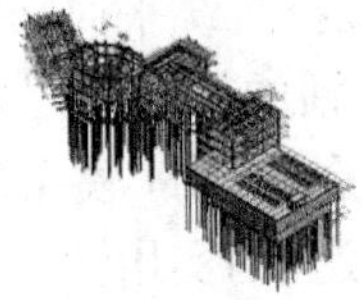	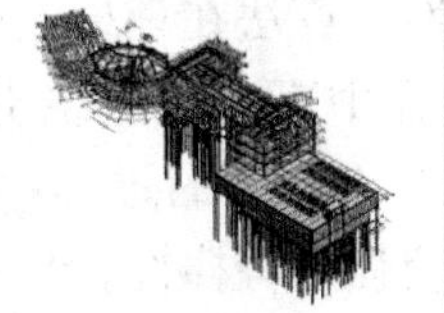	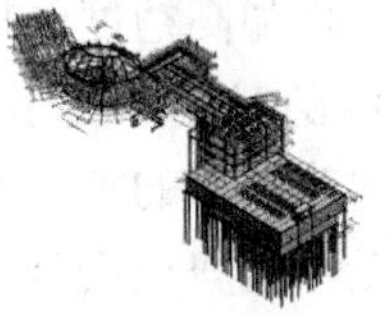	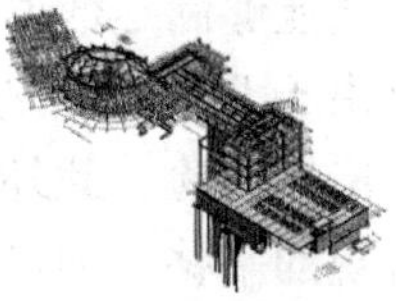
最大 NC	1	0.867	0.844	0.839
X 轴方向上检测到水印	√	√	√	√
Y 轴方向上检测到水印	√	×	×	×
检测结果	成功	成功	成功	成功
Test3				
最大 NC	1	1	0.989	1
X 轴方向上检测到水印	√	√	√	√
Y 轴方向上检测到水印	√	√	√	√
检测结果	成功	成功	成功	成功
Test4	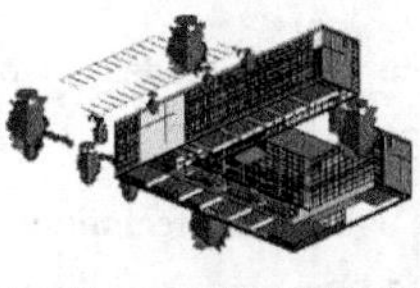	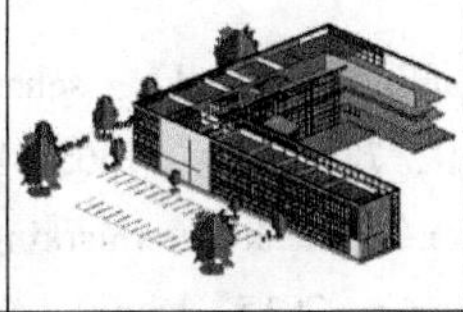	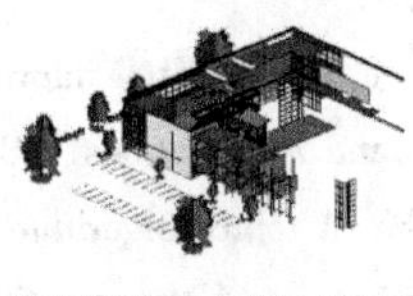	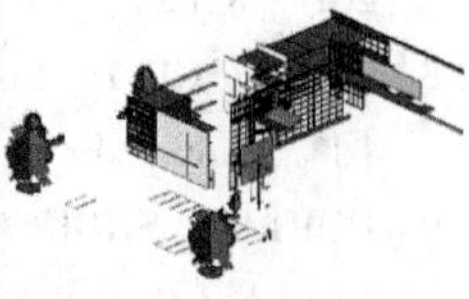
最大 NC	1	1	1	1
X 轴方向上检测到水印	√	√	√	√
Y 轴方向上检测到水印	√	×	×	×
检测结果	成功	成功	成功	成功

由表 6.14 可知，本节算法对模型裁剪的攻击具有较强的鲁棒性，当模型 Test1～Test4 在裁剪程度比较大时，相关值 $NC \geqslant 0.8$，检测的水印个数 $\geqslant 1$，即在裁剪程度较大时仍然可以正常检测水印信息。实验表明本节提出的 BIM 模型无损水印算法对裁剪攻击具有强鲁棒性。

5. 小结

本节针对 BIM 模型的高精度特征，提出一种能抵抗平移、旋转的无损水印算法。为了提高水印容量和不可感知性，基于密钥得到特征点；在检测时，利用数据使用者手中的密钥进行特征点选择，结合量化调制技术和差值进行水印提取和原始数据的恢复。实验表明，该算法能够满足数据低冗余和高精度的特性，算法在理论上可以抵抗绕平面轴的旋转攻击，但是由于 BIM 模型的高度稳健性，应用过程中不会发生绕平面轴的旋转，因此不单独对此种攻击做实验。此外，本节提出的算法在水印嵌入的过程中不影响 BIM 模型的约束条件，对常规的平移、随机删点和裁剪攻击具有较强的鲁棒性，具有较强的实用性。

参考文献

［1］ LIU J, YANG Y, MA D, et al. A novel watermarking algorithm for three-dimensional point-cloud models based on vertex curvature ［J］. International Journal of Distributed Sensor Networks, 2019, 15 (1), DOI: 10. 1177/1550147719826042.

［2］ SHANG J, SUN L, WANG W. Blind watermark algorithm based on SIFT for 3D point cloud model ［J］. Optical Technology, 2016, 42 (6): 506-510.

［3］ FERREIRA F A B S, LIMA J B. A robust 3D point cloud watermarking method based on the graph Fourier transform ［J］. Multimedia Tools and Applications, 2020, 79 (3-4): 1921-1950.

［4］ HAMIDI M, CHETOUANI A, EL HAZITI M, et al. Blind robust 3D mesh watermarking based on mesh saliency and wavelet transform for copyright protection ［J］. Information, 2019, 10 (2), 67, 21pages.

［5］ 王刚, 任娜, 朱长青, 等. 倾斜摄影三维模型数字水印算法 ［J］. 地球信息科学学报, 2018, 20 (6): 738-743.

［6］ PRASANNA L, NARENDRA M, VALARMATHI M L, et al. A vector-based watermarking scheme for 3D models using block rearrangements ［J］. International Journal of Grid and Utility computing, 2020, 11 (6): 737-746.

［7］ LEE S H, KWON S G, KWON K R. Geometric multiple watermarking scheme for mobile 3D content based on anonymous buyer-seller watermarking protocol ［J］. KSII Transactions on Internet and Information Systems, 2014, 8 (2): 504-523.

［8］ QIU Y, GU H, SUN J, et al. Rich-information watermarking scheme for 3D models of oblique photography ［J］. Multimedia tools and Applications, 2019, 78 (22): 31365-31386.

［9］ GUPTA S, SHUKLA M. A robust algorithm for 3D Mesh watermarking using NBR technique ［J］. International Journal of Computer Science and Network Security, 2015, 15 (9): 95-98.

［10］ MEDIMEGH N, BELAID S, ATRI M, et al. 3D mesh watermarking using salient points ［J］. Multimedia Tools & Applications, 2018, 77 (24): 32287-32309.

［11］ LEE Y, SEO Y, KIM D. Digital blind watermarking based on depth variation prediction map and DWT for DIBR free-viewpoint image ［J］. Signal Processing-Image Communication, 2019 (70): 104-113.

［12］ 黄文诚. 基于倾斜摄影的城市实景三维模型单体化及其组织管理研究 ［D］. 西安：长安大学, 2017.

［13］ 邱春霞, 董乾坤, 刘明. 倾斜影像的三维模型构建与模型优化 ［J］. 测绘通报, 2017 (5): 31-35.

［14］ 杨国东, 王民水. 倾斜摄影测量技术应用及展望 ［J］. 测绘与空间地理信息, 2016, 39 (1): 13-15, 18.

［15］ 朱长青, 杨成松, 任娜. 论数字水印技术在地理空间数据安全中的应用 ［J］. 测绘通报, 2010 (10): 1-3.

［16］ 王宾. 混沌理论在图像加密中的研究与应用 ［D］. 大连：大连理工大学, 2013.

［17］ PENG F, LEI Y Z, LI C T, et al. A reversible watermarking scheme for 2D engineering graphics based on improved quantisation index modulation ［C］. IET International Conference on Crime Detection & Prevention,

2009: 1-4.

[18] JUNG Y, JOO M. Building information modelling (BIM) framework for practical implementation [J]. Automation in Construction, 2011, 20 (2): 126-133.

[19] HUANG X, PENG F, DENG T. A Capacity variable watermarking algorithm for 2D engineering graphic based on complex number system [C]. IEEE Computer Society International Conference on Intelligent Information Hiding & Multimedia Signal Processing, 2008: 339-342.

[20] CORSINI, M, BARNI M, BARTOLINI F, et al. Towards 3D watermarking technology [C]. IEEE Eurocon Computer as a Tool, 2003, 2: 393-396.

[21] WANG X T, SHAO C Y, XU X G, et al. Reversible data-hiding scheme for 2-D vector maps based on difference expansion [J]. IEEE Transactions on Information Forensics and Security, 2007, 2 (3): 311-320.

第 7 章

遥感影像数据防重复嵌入水印模型

随着数字水印技术应用的不断拓展，使用用户逐渐增多，版权认证出现了新的问题。传统的水印算法通常不考虑数据中是否嵌入过一次水印，直接对载体数据进行嵌入操作，导致水印信息的重复嵌入时有发生。当一幅已含有正确版权信息的数据在使用同一水印方法的不同用户间流转时，不同的用户都可以使用同一水印方法嵌入版权信息，这将覆盖数据中含有的正确版权信息，从而给版权唯一性认证带来了困难，进而损害数据版权拥有者的合法权益。而现有的防重复嵌水印方法的策略均是在水印嵌入前对完整水印进行检测，这不仅导致检测过程繁琐，检测的准确性也较差。

为解决上述问题，本章首先分析了防重复嵌入水印的应用场景，并给出基于水印标识的防重复嵌入水印的技术流程，进而提出了两种遥感影像防重复嵌入水印模型，并进行了实验验证。

7.1 防重复嵌入水印

防重复嵌入数字水印是指能且只能在原始载体数据中嵌入一次水印信息。即一旦含水印数据中嵌入了水印信息，则不再允许再嵌入任何水印信息，让载体数据只保留一个正确的水印信息，为数据的版权唯一性保护提供技术支持。

7.1.1 防重复嵌入水印应用场景分析

在具体的版权认证中，当发生版权纠纷时，通过互检测水印信息可以判定版权归属。具体认定规则为：如纠纷一方可在另一方拥有的数据中利用水印技术检测出自己的水印信息，则认定版权归属于该方，否则认定失败。

随着数字水印技术应用的不断拓展，数据量大幅提升，使用用户逐渐增多，版权认证出现了新的问题。传统数字水印模型在大数据以及多用户环境下应用时，水印信息的重复嵌入时有发生，给版权唯一性认证带来困难。不同用户采用同样的水印嵌入算法或软件，会覆盖已嵌入的正确水印信息，导致版权错误，如果不对自身算法防止水印信息重复嵌入，最终将影响水印信息的权威性和版权认证的唯一性。

防重复嵌入数字水印技术是从原有水印技术会发生重复嵌入水印信息角度出发，有针对性地防止水印信息的重复嵌入，应用场景主要包括以下两个：

（1）大数据应用场景

在大数据时代来临后，水印技术需要处理更多、更大批量的数据，随着数据量的增大，加上时间的推移，用户对自己拥有的某一数据难以确认是否嵌入过水印信息。如果对含水印数据再进行水印嵌入，一方面，会破坏原有水印信息；另一方面，水印的多次嵌入将会影响工作效率，造成不必要的时间耗费。而如果通过先提取水印信息来判断是否已嵌入了水印，一方面，需要人工参与，对提取的水印信息进行一一确认，效率较低；另一方面，不同用户嵌入的水印信息直接提取不了，在算法层面，无法获知提取的水印序列就是正确的水印信息。

将防重复嵌入数字水印技术应用于大数据的安全保护中，可以有效确保任意数据仅执行过一次水印嵌入，使水印系统的水印嵌入效率最大化。

（2）多用户应用场景

数据安全已引起全社会的广泛关注，尤其是地理数据的安全，由于其涉及国家和国防安全，从国家、政府等层面都进行了大力投入。数字水印技术应用于地理数据的安全保护中，将面对更多用户、更复杂场景，如农业、林业、交通和规划等众多部门。

含水印数据在多用户间流通时，数据接收方通过合法途经获取数据后，可以有意或无意地重复嵌入自己的水印信息，覆盖已含有的正确水印信息，从而使数据的版权指向错误，最终影响数据的版权认定。将防重复嵌入数字水印技术应用于多用户的数据共享中，可以使得含水印数据在流通的全过程，只包含一个正确的水印信息，给版权唯一性认定带来帮助。

对于国家级、省级、市县级等多级用户应用场景，由于多级（多重）水印大多采用分块思想实现多级水印的嵌入，因此，防重复嵌入数字水印技术可用于同一级水印的防重复嵌入中。如可用于防止国家一级单位的水印重复嵌入，而对于国家级和省级之间的不同用户，由于版权认定较为明确，无需进行防重复嵌入。

对于版权临时转让、水印嵌入错误需重新嵌入的应用场景，可以引入授权机制，将防重复嵌入水印技术和授权机制相结合，对已含水印数据执行水印嵌入时，判断数据是否已获版权原有方授权，如果获得授权，则允许嵌入新的水印信息，覆盖原有版权信息；如果未获得授权，则不允许再嵌入水印信息。

7.1.2 水印标识技术

防重复嵌入数字水印技术在嵌入水印信息前通过一定机制判断数据中是否已含有水印信息，若有则不再允许重复嵌入水印信息，若无则继续嵌入水印，从而防止水印信息的重复嵌入。现有的防重复嵌入方法直接从数据中提取整个水印信息，导致过程繁琐，且准确性差。为此，本节提出采用水印标识概念来判断数据中是否已嵌入水印。

水印标识是指一个固定的二值化序列，在水印嵌入阶段，先进行水印标识的检测，如果检测到该数据中不含有水印标识，则将水印标识与水印信息同时嵌入到数据中。否则，则不再进行水印信息嵌入。水印标识的构建将不需要直接从数据中检测多样的水印信息，从而可以有效提高检测效率和准确性。

水印标识实现水印防重复嵌入应满足如下要求：

1）水印标识具有预检测功能。在算法层面，水印信息嵌入前预检测水印标识以及在水印信息嵌入后对水印标识进行嵌入。在应用层面，水印标识预检测和水印标识嵌入均属于水印嵌入阶段。

2）水印标识预检测效率要足够高，其预检测和嵌入时间对于水印嵌入来说可以忽略

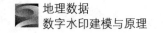

不计。

3）水印标识的嵌入不影响原有水印算法的性能。如：水印标识的嵌入不能降低原有水印信息鲁棒性，水印标识和水印信息互不影响。在含水印影像经过一定图像处理攻击后，依然能防止水印信息重复嵌入。

基于上述要求，水印标识的构造应避免复杂运算，并同时兼顾鲁棒性，本节提出两种水印标识构造方式：

（1）单值水印标识

单值函数是指对于任意一个自变量 x，其对应的函数值 $g[x]$ 的取值范围只有一个实数。对于水印标识而言，所有比特的取值只对应一个数值，即为单值水印标识。作为待嵌入的无意义水印，取值一般为 0/1 二值化序列，通过水印嵌入规则可以方便地将 0 或 1 嵌入到载体影像中。因此，单值水印标识具体构造应为：

$$g[x]=\{0\}, \text{或} g[x]=\{1\} \tag{7.1}$$

式中，x 为水印标识比特；$g[x]$ 为水印标识序列。

在水印标识预检测中，由于事先知道嵌入的水印标识数值为 0 还是 1，因此检测时只需计算检测到的 0 和 1 所占的比例差。当嵌入的数值所占比例与未嵌入的数值比例差超过某一阈值 ρ，则认定水印标识检测成功，影像已嵌入了水印信息；否则认定水印标识检测失败，影像未嵌入过水印，即：

当嵌入的水印标识为 0 时：

$$\begin{cases} 水印标识检测成功, P(0)-P(1) \geqslant \rho \\ 水印标识检测失败, P(0)-P(1) < \rho \end{cases} \tag{7.2}$$

当嵌入的水印标识为 1 时：

$$\begin{cases} 水印标识检测成功, P(1)-P(0) \geqslant \rho \\ 水印标识检测失败, P(1)-P(0) < \rho \end{cases} \tag{7.3}$$

$P(0)$ 和 $P(1)$ 分别表示检测到的 0 和 1 所占的比例。

单值水印标识构造非常简单，水印标识比特全为 0 或全为 1，运算量小，仅需计算各数值比例即可判断水印标识检测是否成功，但是鲁棒性和安全性欠佳，水印标识容易被破坏或伪造。

（2）伪随机水印标识

伪随机序列在数字水印技术中发挥了重要作用，利用伪随机数发生器可以构造一个具有唯一性的伪随机水印标识。线性同余伪随机发生器（Linear Congruential Generator，LCG）是目前应用最为广泛的伪随机数发生器之一。LCG 的基本公式为：

$$X_{n+1}=aX_n+c(mod m) \tag{7.4}$$

式中，a、c、m 和 X_n 为 4 个参数，分别称为乘数、增量、模数和初始值。

根据初始值 X_0 生成一个长度为 N、数值非 0 的伪随机序列，由于嵌入到载体影像的水印标识取值为 0 或 1，因此将伪随机序列大于 0 的数值取值为 1，将伪随机序列小于 0 的数值取值为 0，由此构造伪随机水印标识：

$$F=\{f[i], 0 \leqslant i < N\} \tag{7.5}$$

式中，$f[i]$ 表示水印标识比特，$f[i] \in \{0,1\}$；N 表示水印标识长度，为使水印标识简单，易于计算，水印标识长度不宜太长。

由此构造的伪随机水印标识 F 为 0/1 均匀分布的二值化序列，满足以下关系式：

$$P(f[i]=0) \approx 0.5 \text{ 且 } P(f[i]=1) \approx 0.5 \tag{7.6}$$

水印标识预检测时，在嵌入位置根据嵌入规则的逆规则检测 0/1 二值序列 F'，并计算检测到的二值序列 F' 和水印标识序列 F 之间相同比特位数的比例 k，若 $k \geq \rho$，则认定水印标识检测成功，影像已嵌入了水印信息；否则认定水印标识检测失败，影像未嵌入过水印，即：

$$\begin{cases} \text{水印标识检测成功}, k \geq \rho \\ \text{水印标识检测失败}, k < \rho \end{cases} \tag{7.7}$$

伪随机水印标识构造方式较单值水印标识更为复杂，不过安全性更高，在不知道随机数种子的前提下，无法获知水印标识序列，因此可以将随机数种子作为密钥保存起来。此外，伪随机水印标识鲁棒性也更强，由于伪随机序列的唯一性，误检率和漏检率将会更低。

7.1.3 防重复嵌入水印的基本流程

传统数字水印模型包括三个基本过程：水印信息生成、水印信息嵌入和水印信息提取。防重复嵌入数字水印技术在水印信息嵌入前加入水印标识预检测和授权机制。一个完整的防重复嵌入数字水印系统应包括：水印生成（包括水印信息和水印标识的生成）、水印标识预检测、授权判断、水印嵌入和水印信息提取，如图 7.1 所示。

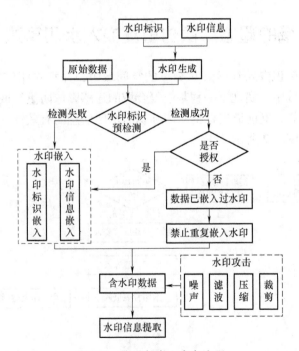

图 7.1　防重复嵌入水印流程

从图 7.1 中可以看出，防重复嵌入水印流程相比传统水印嵌入流程有一些不同之处，主要表现在以下几个方面：

（1）水印标识预检测

在水印嵌入前应该检测待处理数据中是否含有水印标识，水印标识是防重复嵌入数字水印的核心。如果能成功检测出水印标识，则说明数据已经含有水印信息，从而防止水印信息重复嵌入；否则说明数据不含水印信息，允许执行水印嵌入。水印标识预检测是防重复嵌入数字水印模型区别于传统数字水印模型的关键，也是防重复嵌入水印模型应该考虑的重要因素。

（2）水印嵌入

通过水印嵌入过程将生成的 0/1 二值水印序列嵌入到载体数据中，成为载体数据的一部分。水印序列包括水印信息和水印标识，水印信息是版权归属、用户追踪的依据；水印标识用以防重复嵌入水印信息。嵌入的水印应该在不可感知性和鲁棒性之间取得良好平衡，水印既不会对载体数据产生较大影响，又能在载体数据遭受一定攻击之后依然能被正确识别出来。水印嵌入过程涉及选择合适的嵌入位置和嵌入规则，常用的嵌入位置有空域和变换域，常用的嵌入规则有加法规则、乘法规则以及量化规则等。

（3）水印信息提取

水印信息提取主要是水印信息嵌入的逆过程。在水印信息嵌入的位置，利用嵌入规则的逆规则将 0/1 二值序列形式的水印信息从含水印数据中提取出来，并进行正确解密，得到意义明确的原始水印信息。水印信息提取是在数据发生版权纠纷、非法泄露等情况时，通过提取载体数据中的版权、用户等水印信息，以此认定载体数据版权归属、判定数据流失途径，有效保护数据安全。

7.2 基于复合域的遥感影像防重复嵌入水印算法

本节算法将水印标识嵌入到影像 R 分量的空间域中，并将水印信息嵌入到 B 分量的离散余弦变换（DCT）域中，实现了一种基于复合域的遥感影像防重复嵌水印算法。该方法基于分域的水印嵌入思想，既能同时保证水印标识与水印信息的有效性，又能降低算法的复杂度。算法基本过程如图 7.2 所示。

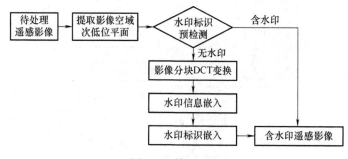

图 7.2 算法过程

7.2.1 水印信息生成算法

本节算法选用有意义的文字信息作为水印信息。文字信息并不能直接嵌入到载体影像中，需要先对水印信息进行预处理，而 Unicode 是一种可以将文字形式的有意义水印信息转为无意义水印信息很好的编码方案。

如果直接将 Unicode 编码当作水印信息嵌入载体影像，水印信息既不安全，也容易被破坏，所以需要再进行扩频处理。将 16 位的 Unicode 编码映射到利用密钥生成的随机二维数组中，Unicode 编码的每个字符都与伪随机序列一一对应，从而将 Unicode 编码经过扩频转为待嵌入的无意义水印信息。

具体生成步骤如下：

1）读取有意义水印信息。原始水印信息为中文汉字，将其转换为 16 位 Unicode 数值，一个中文汉字可转换成 4 位十六进制数值。例如："版权保护"对应的 Unicode 编码为："7248 6743 4fdd 62a4"。

2）生成待嵌入的无意义水印信息。在生成待嵌入水印信息前，需利用伪随机序列发生器，将密钥 key_1 作为输入生成一个二维数组 $wm[i][j]$，其数值为随机均匀分布的"0"或者"1"，二维数组的每一行代表 Unicode 编码的 16 位数值 0~f。将 Unicode 编码的各个字符映射到 $wm[i][j]$，生成待嵌入的二值水印信息 W。

7.2.2　水印嵌入算法

本节所提出的空域-变换域相结合的遥感影像防重复数字水印嵌入算法包括水印信息和水印标识的嵌入，其基本流程如图 7.3 所示。

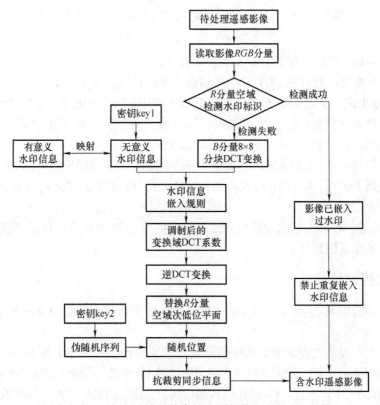

图 7.3　空域-变换域相结合的防重复数字水印嵌入算法

具体的嵌入步骤如下：

1）读取遥感影像。提取遥感影像 *RGB* 分量，分别为：

$$\begin{cases} R=\{r(i,j),0\leqslant i<M,0\leqslant j<N\} \\ G=\{g(i,j),0\leqslant i<M,0\leqslant j<N\} \\ B=\{b(i,j),0\leqslant i<M,0\leqslant j<N\} \end{cases} \tag{7.8}$$

式中，$r(i,j)$、$g(i,j)$ 和 $b(i,j)$ 分别表示影像第 (i,j) 位置像素值 R、G、B 分量；MN 为影像大小。

2）判断是否已嵌入水印信息。将影像 R 分量分解为 8 个位平面，在次低位平面中检测水印标识"1"所占比例 p_1，如果 p_1 大于某一阈值 ρ，则认为已嵌入过水印信息，禁止重复嵌入水印信息，退出算法；如果 $p_1 \leqslant \rho$，则认为没有嵌入过水印信息，执行步骤 3）。在这里阈值 $\rho = 0.8$。

3）分块 DCT 变换。将影像 B 分量进行 8×8 分块 DCT 变换，并对各个 DCT 系数块中的 DCT 系数按照 Zigzag 排序得到 $x_k(i)$，k 表示第 k 个分块，i 表示第 k 分块 DCT 系数 Zigzag 排序的第 i 个数值，i 的取值范围为 $[0, 63]$。

4）水印信息嵌入。在 B 分量每一 DCT 分块中嵌入一位水印信息 $W[k]$，嵌入方法如下：每块选取 $x_k(30)$ 及前后相邻的 4 个系数 $x_k(28)$、$x_k(29)$、$x_k(31)$、$x_k(32)$，计算 4 个相邻系数的均值，均值为：

$$\bar{x}_k = [x_k(28)+x_k(29)+x_k(31)+x_k(32)]\div 4 \tag{7.9}$$

具体嵌入采用加法规则：

$$\begin{cases} x_k(30)=\bar{x}_k+\alpha, W[k]=1 \\ x_k(30)=\bar{x}_k-\alpha, W[k]=0 \end{cases} \tag{7.10}$$

式中，$W[k]$ 为第 k 位水印信息；α 表示嵌入强度。

5）逆 DCT 变换。通过逆 DCT 变换得到嵌入水印信息的 B 分量。

6）水印标识嵌入。在影像 R 分量的次低位平面中嵌入水印标识"1"，用以标识该幅遥感影像已嵌入过水印信息，防止重复嵌入，具体嵌入方法是：将十进制的 R 分量灰度值转换为 8 位二进制，用"1"替换二进制的次低位平面。

7）同步信息嵌入。为提高水印信息抗裁剪的鲁棒性，利用密钥 key_2 生成一个 0~3 范围内的伪随机序列 $PD[i]$，$0\leqslant PD[i]\leqslant 3$，$0\leqslant i<M*N$，修改影像 R 分量第 i 个像素值对应的 $PD[i]$ 位平面的值为"1"。

8）合成影像。将嵌入过水印信息和水印标识的 R 分量和 B 分量以及步骤 1）中的 G 分量合为一幅含水印遥感影像。

7.2.3 水印提取算法

本节所提出的空域-变换域相结合的遥感影像防重复数字水印提取算法基本流程如图 7.4 所示。

本节算法水印提取过程基本为水印信息嵌入的逆过程，具体方法如下：

1）循环遍历与嵌入时一样的伪随机序列 PD，检测影像第一行像素值 R 分量第 $PD[i]$ 位平面的值（"0"或者"1"），当"1"的比例 p_2 超过阈值，则退出循环，并记录循环开始位置 C_1。

2）从 C_1+M（M 为待测影像宽度）处开始循环遍历伪随机序列 PD，检测影像第二行像素值 R 分量第 $PD[i]$ 位平面的值（"0"或者"1"），当"1"的比例 p_3 超过阈值，退出循环，并记录此次循环开始的位置 C_2。

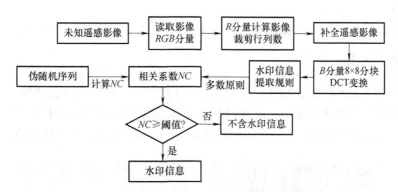

图 7.4 空域-变换域相结合的防重复数字水印提取算法

3）根据 C_1、C_2 以及待测影像宽度 M，可求出以下几个数值：

待测影像在含水印影像的基础上裁剪的总列数为：

$$CC = C_2 - (C_1 + M) \tag{7.11}$$

待测影像在含水印影像的基础上左方裁剪的列数为：

$$CL = C_1 \% (C_2 - C_1) \tag{7.12}$$

待测影像在含水印影像的基础上上方裁剪的行数为：

$$CA = round[C_1 \div (C_2 - C_1)] \tag{7.13}$$

式中，% 表示求余操作；*round* 表示舍入操作。

根据以上所求数值 CC、CL 和 CA，补齐整幅影像，完成以下水印信息提取：

4）提取遥感影像像素值 B 分量 $B = \{b(i,j), 0 \leqslant i < M, 0 \leqslant j < N\}$，进行 8×8 分块 DCT 变换。

5）水印信息的提取过程是水印信息嵌入的逆过程，具体方法如下：在 B 分量每一 DCT 分块中提取一位水印信息 $W[i]$，每块选取 $x_k(30)$ 及前后相邻 4 个系数 $x_k(28)$、$x_k(29)$、$x_k(31)$、$x_k(32)$，计算 4 个相邻系数的均值，均值为：

$$\bar{x}_k = [x_k(28) + x_k(29) + x_k(31) + x_k(32)] \div 4 \tag{7.14}$$

为提高所提取水印信息的准确率，此处使用多数原则。初始化一个两列的二维数组 $Array[MN, 2]$，初始值设为 0，水印提取规则如下：

$$i = k \% MAX\_LENGTH \tag{7.15}$$

$$\begin{cases} Array[i,1] = Array[i,1] + 1, & x_k(30) \geqslant \bar{x}_k \\ Array[i,0] = Array[i,0] + 1, & x_k(30) < \bar{x}_k \end{cases} \tag{7.16}$$

根据多数原则，水印信息为：

$$\begin{cases} W[i] = 1, & Array[i,1] \geqslant Array[i,0] \\ W[i] = 0, & Array[i,1] < Array[i,0] \end{cases} \tag{7.17}$$

式中，MAX_LENGTH 表示最大水印信息长度；i 表示水印信息位。

6）将无意义水印信息 $W[i]$ 转成二维数组 $W[m][n]$，其中列数与 7.2.2 第 2）中的二维数组 $wm[i][j]$ 列数相同，即 $n=j$。

7）依次求出 $W[m][n]$ 每一行与 $wm[i][j]$ 每一行的相关系数 $corr_1$，当 $corr_1$ 大于阈值（如果有多个相关系数 $corr_1$ 大于阈值，则取最大值），则对应的 Unicode 编码 $U[m]$ 为所求

相关系数对应的 *wm* 行号。

8）将十六进制的 Unicode 编码 $U[m]$ 转换成有意义水印信息，完成水印信息提取。

7.2.4 实验与分析

为验证本节算法防重复嵌入的有效性，下面从水印不可感知性和鲁棒性进行攻击测试。实验选用一幅真彩色遥感影像和一幅标准假彩色遥感影像作为原始载体影像。原始影像如图 7.5 所示，波段数均为 3，大小为 2048×2048，水印信息为汉字"版权保护"。

a) 真彩色影像　　　　　　　　　　　b) 标准假彩色影像

图 7.5　原始遥感影像

（1）不可感知性

按本节算法将水印信息"版权保护"嵌入到图 7.5 所示的两幅遥感影像中，嵌入水印后的影像如图 7.6 所示。

a) 含水印真彩色影像　　　　　　　　b) 含水印标准假彩色影像

图 7.6　含水印遥感影像

主观分析上，通过对比图 7.5 中的两幅原始影像与图 7.6 中的两幅含水印遥感影像，无论是真彩色遥感影像还是假彩色遥感影像，主观视觉上都看不出嵌入水印前后影像的差别，由此可见，水印的嵌入并未影响遥感影像的可视性，具有良好的不可感知性。

客观分析上，通常通过计算含水印遥感影像和原遥感影像之间的 *PSNR*（峰值信噪比）来客观评价水印的嵌入对遥感影像数据质量的影响程度。由于本节算法主要修改了影像 *R*

通道以及 B 通道灰度值，所以分别计算嵌入水印前后影像 R 通道、B 通道以及平均 $PSNR$ 值，计算结果见表 7.1。

表 7.1　$PSNR$ 值

影像编号	R 通道 $PSNR$	B 通道 $PSNR$	平均 $PSNR$
a)	50.4969	40.1641	44.3619
b)	50.7794	39.0239	43.8432

从表 7.1 可看出，无论是单通道 $PSNR$ 值还是平均 $PSNR$ 值，均高于 35，从客观上进一步说明了本节算法具有良好的不可感知性。

（2）鲁棒性

为测试本节算法的鲁棒性，对含水印影像进行了模糊、噪声、滤波等常规影像攻击之后，分别测试防重复嵌入性能以及水印信息提取效果，在不同的攻击方式下，影像 a) 和影像 b) 都进行了测试，实验结果见表 7.2。

表 7.2　鲁棒性实验结果

影像编号	攻击方式	攻击程度	防重复嵌入结果	水印提取	提取结果
a)	无攻击	0	防止重复嵌入	"版权保护"	成功
	高斯模糊	0.1	防止重复嵌入	"版权保护"	成功
	高斯噪声	0.1	防止重复嵌入	"版权保护"	成功
		0.3	允许重复嵌入	"版权保护"	成功
	均值滤波	3×3	允许重复嵌入	"版权保护"	成功
b)	无攻击	0	防止重复嵌入	"版权保护"	成功
	高斯模糊	0.1	防止重复嵌入	"版权保护"	成功
	高斯噪声	0.1	防止重复嵌入	"版权保护"	成功
		0.2	允许重复嵌入	"版权保护"	成功
	均值滤波	3×3	允许重复嵌入	"版权保护"	成功

从表 7.2 的实验结果可看出，本节算法嵌入的水印信息可以有效抵抗影像模糊、噪声、均值滤波等常规影像处理攻击。当模糊强度为 0.1、高斯噪声数量为 0.3 时依然能正确提取出水印信息。此外，本节算法嵌入的水印标识在没有任何攻击情况下可以有效防止水印信息的重复嵌入，当已含水印遥感影像经过小幅度模糊和加噪攻击之后，依然可以防止水印信息重复嵌入。

随着遥感影像数据量的增加，为节省数据存储空间，压缩、裁剪成为了遥感影像常用的处理方式，对含水印影像进行 JPEG 压缩、裁剪以及 JPEG 压缩与裁剪复合攻击之后，进行重复嵌入水印信息和提取水印信息，实验结果见表 7.3。

从表 7.3 实验结果可以看出，本节算法水印信息可以抵抗压缩、裁剪单个攻击，对于 JPEG 压缩和裁剪的复合攻击，由于嵌入的同步信息位于空域中，JPEG 压缩后会影响水印信息同步，提取的水印序列与原始水印序列存在较大差异，造成 Unicode 解码失败，水印信息提取错误。此外，水印标识可以抵抗任意位置裁剪攻击，但无法抵抗较大幅度的

JPEG 压缩攻击。

表 7.3　鲁棒性实验结果

影像编号	攻击方式	攻击程度	防重复嵌入结果	水印提取	提取结果
a)	JPEG 压缩	90%	防止重复嵌入	"版权保护"	成功
		60%	允许重复嵌入	"版权保护"	成功
	裁剪	1/4 左上角	防止重复嵌入	"版权保护"	成功
		1/2 下部	防止重复嵌入	"版权保护"	成功
		3/4 右下角	防止重复嵌入	"版权保护"	成功
	JPEG 压缩+裁剪	80%压缩 1/4 裁剪	防止重复嵌入	"版权保护"	成功
		50%压缩 1/4 裁剪	允许重复嵌入	"艌枪刍护"	失败
b)	JPEG 压缩	80%	防止重复嵌入	"版权保护"	成功
		60%	允许重复嵌入	"版权保护"	成功
	裁剪	1/4 右上角	防止重复嵌入	"版权保护"	成功
		1/2 上部	防止重复嵌入	"版权保护"	成功
		3/4 右下角	防止重复嵌入	"版权保护"	成功
	JPEG 压缩+裁剪	75%压缩 1/4 裁剪	防止重复嵌入	"版权保抈"	失败
		50%压缩 1/4 裁剪	允许重复嵌入	"胡蕾佩榟"	失败

（3）效率实验

防重复嵌入是对原有数字水印技术的完善，不能影响水印系统原有效率，为测试本节算法是否满足高效性指标，对影像在不加入防重复嵌入功能以及加入防重复嵌入功能之后，进行水印信息嵌入，两组大小不同的影像前后运行时间变化见表 7.4。

表 7.4　效率对比分析

组　　数	影像总大小	不防重复嵌入时间/s	防重复嵌入后时间/s	时间变化（%）
1	655M	36.0	40.7	13.1
2	1.21G	75.4	82.9	9.9

从实验结果可以看出，加入防重复嵌入功能之后，两组大小不同的影像的整体水印嵌入运行时间变化量均在 10s 以内，变化率保持在 10% 左右，对水印系统效率的影响可以忽略不计，防重复嵌入具有较高的效率。

（4）精度分析

利用精度特性指标计算公式，分别计算含水印影像与原始影像 R 通道与 B 通道的信息熵、灰度平均值、灰度中值和标准差，计算结果见表 7.5 和表 7.6。

表 7.5　原始影像与含水印影像 R 通道的统计信息

影像编号	信息熵	灰度平均值	灰度中值	标准差
a)	7.1093	67.8141	66	32.1839
含水印 a)	7.4910	69.0429	70	35.5903
b)	7.5196	121.2490	122	44.2160
含水印 b)	8.1027	124.6574	124	45.3169

表 7.6　原始影像与含水印影像 B 通道的统计信息

影 像 编 号	信息熵	灰度平均值	灰 度 中 值	标准差
a)	6.2106	98.1329	100	50.1852
含水印 a)	6.4174	99.9153	102	52.3919
b)	8.7912	86.7045	85	55.4290
含水印 b)	8.3063	89.1773	90	57.1364

从表 7.5 和表 7.6 实验结果可以看出，嵌入水印信息和水印标识前后，影像 a) 与影像 b) 在 R 通道和 B 通道的统计数值变化较小，水印嵌入前后两幅影像的统计信息没有发生显著改变，数据的统计特征得到了较好的保持。实验结果表明，本节算法嵌入的水印信息和水印标识较好地保持了遥感影像的精度特性，不会影响数据的后续使用。

7.3　基于 DCT 域的遥感影像防重复嵌入水印算法

7.2 节算法中，水印标识和水印信息采用分通道方式嵌入到遥感影像不同颜色分量中，这仅适用于多波段遥感影像，而无法应用于单波段遥感影像。为解决此问题，本节提出一种将水印标识与水印信息进行融合，并嵌入到 DCT 域系数中的算法。算法基本过程如图 7.7 所示。其中，水印标识采用根据密钥生成的伪随机序列，并将水印标识与水印信息进行融合，一同嵌入载体影像变换域中。

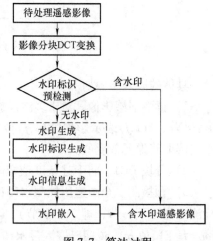

图 7.7　算法过程

7.3.1　水印生成算法

本节算法的水印生成包括水印标识的生成和水印信息的生成，具体步骤如下：

1）水印标识生成。水印标识是用来标记遥感影像是否已嵌入过水印信息，以防止水印信息的重复嵌入，应具有一定的安全性和较高的鲁棒性，本节算法利用安全密钥 key_3 生成一个长度为 60 位、正负数均匀分布的伪随机序列 $Ra[i] = rand(key_3), 0 \leqslant i < 59$，则水印标识 F 为：

$$\begin{cases} F[i] = 1, Ra[i] > 0 \\ F[i] = 0, Ra[i] < 0 \end{cases} \tag{7.18}$$

2）水印信息生成。读取有意义水印信息，并将其转换为 16 位 Unicode 编码，利用密钥 key_4 生成一个只包含 "0" 和 "1" 的二维数组 $wm[i][j]$，将 Unicode 编码的各个字符映射到 $wm[i][j]$，生成待嵌入的二值水印信息 W。

3）水印生成。将 1）中的水印标识 F 和 2）中的水印信息 W 融合在一起生成待嵌入的水印 WF：

$$\begin{cases} WF[i] = F[i], 0 \leqslant i < 60 \\ WF[i] = W[i-60], i \geqslant 60 \end{cases} \tag{7.19}$$

7.3.2　水印嵌入算法

本节所提出的基于变换域的遥感影像防重复数字水印嵌入算法基本流程如图 7.8 所示。

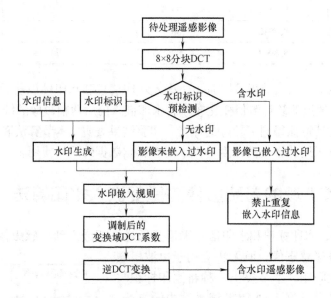

图 7.8　基于变换域的防重复数字水印嵌入算法

具体的嵌入步骤如下：

1）读取遥感影像。对于多波段影像，提取遥感影像 B 分量灰度值 $B=\{b(i,j),0\leqslant i<M,\ 0\leqslant j<N\}$，$b(i,j)$ 表示影像第 (i,j) 位置像素值 B 分量，MN 为影像大小；对于单波段影像，直接读取其像元灰度值。

2）分块 DCT。将上述灰度值矩阵进行 8×8 分块 DCT。

3）预检测。全图遍历检测水印标识是否存在，每检测到 60 位"0"、"1"序列（具体检测规则见下一节，即 7.3.3 节），与 7.3.1 节生成的水印标识 F 求相关系数 $corr_2$，如果 $corr_2$ 大于阈值 ρ_2，说明已嵌入过水印信息，禁止重复嵌入，退出算法，并将含水印影像作为输出；如果相关系数 $corr_2 \leqslant \rho_2$，则允许嵌入水印信息，执行步骤 4）。

4）水印嵌入。在上述求得的 DCT 系数值中嵌入水印标识和水印信息 WF，嵌入方法与算法一类似，采用大小比较法，每一 DCT 分块中嵌入一位水印位 $WF[k]$，嵌入方法如下：每块选取 $x_k(30)$ 及前后相邻的 4 个系数 $x_k(28)$、$x_k(29)$、$x_k(31)$、$x_k(32)$，计算 4 个相邻系数的均值，均值为：

$$\overline{x}_k = [x_k(28)+x_k(29)+x_k(31)+x_k(32)] \div 4 \qquad (7.20)$$

嵌入采用乘法规则：

$$x_k(30) = \overline{x}_k * (1+\alpha * WF[k]) \qquad (7.21)$$

式中，$WF[k]$ 为第 k 位水印位；α 表示嵌入强度。

5）多次重复嵌入水印信息直至水印覆盖整幅影像，以扩展嵌入频次，提高水印信息在几何攻击等方面的鲁棒性。

6）进行逆 DCT 变换得到嵌入水印标识和水印信息的含水印遥感影像。

7.3.3 水印提取算法

本节所提出的基于变换域的遥感影像防重复数字水印提取算法基本流程如图 7.9 所示。

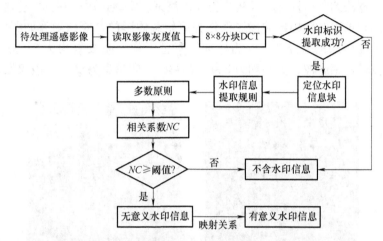

图 7.9　基于变换域的防重复数字水印提取算法

具体的提取步骤如下：

1）读取遥感影像。对于多波段影像，提取遥感影像像素值 B 分量灰度值 $B=\{b(i,j)$，$0\leqslant i<M,0\leqslant j<N\}$，对于单波段影像，直接读取其像元灰度值，对灰度值矩阵进行 8×8 分块 DCT。

2）水印标识检测。在 7.3.2 节水印嵌入时既嵌入了水印信息，还嵌入了水印标识。水印标识除了能标记影像已嵌入过水印信息，从而防止重复嵌入外，还能当作水印信息开始的标记位，这可以在影像经过裁剪等几何攻击之后还能定位到水印信息块，保持水印信息的同步性，提高水印信息抗几何攻击鲁棒性。循环遍历影像 DCT 分块，检测 60 位水印位序列，并计算其与 7.3.1 节生成的水印标识 F 之间的相关系数 $corr_3$，如果 $corr_3$ 大于阈值 ρ_3，则跳出循环，并记录循环开始位置 l，继续执行步骤 3）；如果相关系数 $corr_3\geqslant\rho_3$，则继续循环，直至找到让 $corr_3>\rho_3$ 的位置；当全图遍历结束后，还未使 $corr_3>\rho_3$，则说明该影像没有嵌入过水印信息，退出算法。

3）水印信息提取。从第 $l+60$ 分块开始提取水印信息，提取规则是水印信息嵌入的逆规则，具体方法如下：每块选取 $x_k(30)$ 及前后相邻的 4 个系数 $x_k(28)$、$x_k(29)$、$x_k(31)$、$x_k(32)$，计算 4 个相邻系数的均值，均值为：

$$\bar{x}_k=[x_k(28)+x_k(29)+x_k(31)+x_k(32)]\div4 \tag{7.22}$$

水印提取规则如下：

$$\begin{cases} W[i]=1,x_k(30)\geqslant\bar{x}_k \\ W[i]=0,x_k(30)<\bar{x}_k \end{cases} \tag{7.23}$$

4）将无意义水印信息 $W[i]$ 转成二维数组 $W[m][n]$，并依次求出 $W[m][n]$ 每一行

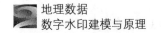

与 $wm[i][j]$ 每一行的相关系数 $corr_4$，当 $corr_4$ 大于阈值（如果有多个相关系数 $corr_4$ 大于阈值，则取最大值），则对应的 Unicode 编码 $U[m]$ 为所求相关系数对应的 wm 行号。

5）将十六进制的 Unicode 编码 $U[m]$ 映射成有意义水印信息，完成水印信息提取。

7.3.4 实验与分析

为验证本节算法的鲁棒性，下面将进行攻击测试。实验选用一幅真彩色遥感影像和一幅标准假彩色遥感影像以及两幅单波段影像作为原始载体影像。原始影像如图 7.10 所示，影像 7.10a 为真彩色影像，影像 7.10b 为标准假彩色影像，波段数均为 3；影像 7.10c 和影像 7.10d 为单波段遥感影像，大小均为 2048×2048，水印信息为汉字"版权保护"。

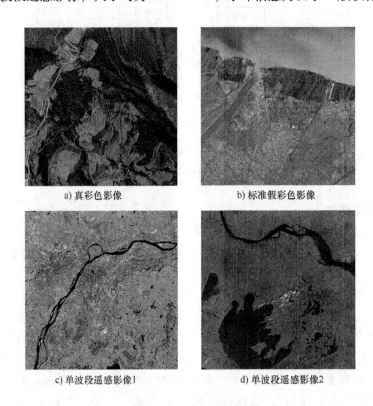

a) 真彩色影像   b) 标准假彩色影像

c) 单波段遥感影像1   d) 单波段遥感影像2

图 7.10　原始遥感影像

（1）不可感知性

按本节算法将水印信息"版权保护"嵌入到图 7.10 所示的四幅遥感影像中，嵌入水印后的影像如图 7.11 所示。

主观分析上，通过对比图 7.10 中的四幅原始影像与图 7.11 中的四幅含水印遥感影像，无论是多波段遥感影像还是单波段遥感影像，主观视觉上都看不出嵌入水印前后影像的差别，由此可见，水印的嵌入并未影响遥感影像的可视性，具有良好的不可感知性。

客观分析上，由于本节算法针对多波段影像主要修改了影像 B 通道灰度值，所以对于多波段影像分别计算嵌入水印前后影像 B 通道 $PSNR$，而对于单波段影像直接计算像元灰度 $PSNR$，计算结果见表 7.7。

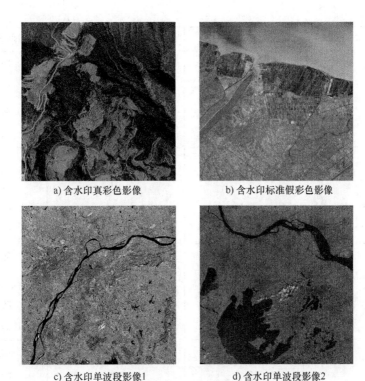

a) 含水印真彩色影像　　　　b) 含水印标准假彩色影像

c) 含水印单波段影像1　　　　d) 含水印单波段影像2

图 7.11　含水印遥感影像

表 7.7　*PSNR* 值

影 像 编 号	*B* 通道 *PSNR*	影 像 编 号	*B* 通道 *PSNR*
a)	40.1397	c)	39.2293
b)	39.0293	d)	40.6378

　　从表 7.7 可看出，*PSNR* 均高于经验阈值 35，从客观上进一步说明了本节算法具有良好的不可感知性。

　　（2）防重复嵌入实验

　　防重复嵌入是本节水印算法设计的核心与出发点。为测试本节算法在防重复嵌入方面的鲁棒性，对图 7.11 中的四幅含水印影像进行了加噪、滤波、压缩、裁剪等攻击，对遭受以上攻击后的影像再次嵌入水印信息，测试是否能防止水印重复嵌入，实验结果见表 7.8。

表 7.8　防重复嵌入实验结果

攻击方式	攻击强度	图 7.11 影像编号	防重复嵌入结果
无攻击	0	a)	防止重复嵌入
		b)	防止重复嵌入
		c)	防止重复嵌入
		d)	防止重复嵌入

（续）

攻击方式	攻击强度	图 7.11 影像编号	防重复嵌入结果
均值滤波	3×3	a)	防止重复嵌入
		b)	防止重复嵌入
		c)	防止重复嵌入
		d)	防止重复嵌入
椒盐噪声	0.5	a)	防止重复嵌入
		b)	防止重复嵌入
		c)	防止重复嵌入
		d)	防止重复嵌入
USM 锐化	0.7	a)	防止重复嵌入
		b)	防止重复嵌入
		c)	防止重复嵌入
		d)	防止重复嵌入
高斯模糊	0.4	a)	防止重复嵌入
		b)	防止重复嵌入
		c)	防止重复嵌入
		d)	防止重复嵌入
JPEG 压缩	50%	a)	防止重复嵌入
		b)	防止重复嵌入
		c)	防止重复嵌入
		d)	防止重复嵌入
裁剪	1/4 左上角	a)	防止重复嵌入
		b)	防止重复嵌入
		c)	防止重复嵌入
		d)	防止重复嵌入
	1/2 上部	a)	防止重复嵌入
		b)	防止重复嵌入
		c)	防止重复嵌入
		d)	防止重复嵌入
	3/4 右下角	a)	防止重复嵌入
		b)	防止重复嵌入
		c)	防止重复嵌入
		d)	防止重复嵌入

（续）

攻击方式	攻击强度	图 7.11 影像编号	防重复嵌入结果
JPEG 压缩+裁剪	70%压缩 1/4 裁剪	a)	防止重复嵌入
		b)	防止重复嵌入
		c)	防止重复嵌入
		d)	防止重复嵌入
	50%压缩 3/4 裁剪	a)	防止重复嵌入
		b)	防止重复嵌入
		c)	防止重复嵌入
		d)	防止重复嵌入

由表 7.8 防重复嵌入实验的结果可看出，在不对含水印遥感影像进行任何攻击时，本节算法嵌入的水印标识可以防止水印信息重复嵌入。当四幅含水印遥感影像遭受了均值滤波、USM锐化、高斯模糊和 JPEG 压缩等常规影像攻击后，水印标识能被正确检测并识别，可以防止水印信息重复嵌入。对于 JPEG 压缩能抵抗的强度为 50%，而上节算法嵌入的水印标识无法抵抗JPEG 压缩攻击。此外，在经过最大强度 3/4 的裁剪以及压缩与裁剪的复合攻击之后，都能很好地防止水印信息的重复嵌入。以上实验结果说明将水印标识嵌入到 DCT 变换域中，有效提高了水印标识的鲁棒性，符合预期效果，满足了鲁棒性评价指标，达到了算法设计的目的。

（3）水印信息鲁棒性

防重复嵌入水印系统不仅需要有效控制水印信息的重复嵌入，还应能从含水印影像中正确提取出水印信息，如此才能认定影像的版权归属。为测试本节算法水印信息的鲁棒性，对图 7.11 中的四幅含水印影像进行加噪、滤波、压缩、裁剪等攻击后进行水印提取操作，实验结果见表 7.9。

表 7.9　水印信息提取结果

攻击方式	攻击强度	图 7.11 影像编号	NC	水印信息
无攻击	0	a)	1.0	"版权保护"
		b)	1.0	"版权保护"
		c)	1.0	"版权保护"
		d)	1.0	"版权保护"
均值滤波	3×3	a)	0.9744	"版权保护"
		b)	0.9603	"版权保护"
		c)	0.9671	"版权保护"
		d)	0.9719	"版权保护"
椒盐噪声	0.5	a)	0.9041	"版权保护"
		b)	0.9190	"版权保护"
		c)	0.8925	"版权保护"
		d)	0.8793	"版权保护"

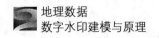
（续）

攻击方式	攻击强度	图 7.11 影像编号	*NC*	水印信息
USM 锐化	0.7	a)	0.8816	"版权保护"
		b)	0.9037	"版权保护"
		c)	0.9132	"版权保护"
		d)	0.8957	"版权保护"
高斯模糊	0.4	a)	0.9187	"版权保护"
		b)	0.9146	"版权保护"
		c)	0.9051	"版权保护"
		d)	0.8933	"版权保护"
JPEG 压缩	50%	a)	0.8842	"版权保护"
		b)	0.9049	"版权保护"
		c)	0.8961	"版权保护"
		d)	0.8972	"版权保护"
裁剪	1/4 左上角	a)	0.9847	"版权保护"
		b)	0.9892	"版权保护"
		c)	0.9915	"版权保护"
		d)	0.9894	"版权保护"
	1/2 上部	a)	0.9821	"版权保护"
		b)	0.9925	"版权保护"
		c)	0.9863	"版权保护"
		d)	0.9801	"版权保护"
	3/4 右下角	a)	0.9790	"版权保护"
		b)	0.9804	"版权保护"
		c)	0.9786	"版权保护"
		d)	0.9796	"版权保护"
JPEG 压缩+裁剪	70%压缩 1/4 裁剪	a)	0.9035	"版权保护"
		b)	0.9224	"版权保护"
		c)	0.8982	"版权保护"
		d)	0.8869	"版权保护"
	50%压缩 3/4 裁剪	a)	0.8635	"版权保护"
		b)	0.8792	"版权保护"
		c)	0.8712	"版权保护"
		d)	0.8573	"版权保护"

据表 7.9 的实验结果可知，本节算法嵌入的水印信息在含水印影像受到 3×3 均值滤波、强度为 0.5 的椒盐加噪、强度为 0.7 的 USM 锐化以及 50% 的 JPEG 压缩之后，提取的无意义二值水印序列与原始 0/1 二值水印序列相关系数都超过或接近 0.9，都能正确转换为有意义水印信息。四幅含水印影像经过任意位置裁剪之后，相关系数都在 0.95 以上，经过压缩与裁剪复合攻击之后，相关系数也都接近 0.9，这是由于在水印信息嵌入时采用了扩频处理，因此裁剪之后对一个完整的二值水印序列并没有太大影响，提取的水印序列都能正确转换为有意义的版权信息，说明本节算法具有较强鲁棒性。

（4）效率实验

本节算法将水印标识嵌入到 DCT 变换域中，在水印标识的嵌入和预检测时，需要先对遥感影像进行数学变换，理论上相较于在空域中嵌入水印标识，对水印嵌入效率的影响会增大。为测试本节算法还是否满足高效性指标，对三组影像在不加入防重复嵌入功能以及加入防重复嵌入功能之后，进行水印信息嵌入，对比前后运行时间变化见表 7.10。

表 7.10 效率对比分析

组数	影像总大小	不防重复嵌入时间/s	防重复嵌入后时间/s	时间变化（%）
1	655M	40.2	46.8	16.4
2	1.21G	80.5	96.0	19.3
3	2.36G	145.6	173.9	19.4

从实验结果可以看出，加入防重复嵌入功能之后，三组实验的水印嵌入整体运行时间变化量相较 7.2 节有所增大，但变化量均在 20% 以内，没有明显降低水印系统的效率，防重复嵌入效率较高。

（5）精度分析

计算四幅遥感影像嵌入水印前后的统计信息，对于影像 a）、b）、c）和 d），计算 B 通道的信息熵、灰度平均值、灰度中值和标准差，计算结果见表 7.11。

表 7.11 原始影像与含水印影像的统计信息

影像编号	信息熵	灰度平均值	灰度中值	标准差
a）	6.2106	98.1329	100	50.1852
含水印 a）	6.5219	101.0619	101	48.1396
b）	8.7912	86.7045	85	55.4290
含水印 b）	8.5618	88.9471	87	54.7292
c）	4.7819	113.0254	114	49.7830
含水印 c）	4.8402	110.6948	112	48.0028
d）	7.1943	78.3917	80	37.3591
含水印 d）	7.7854	86.3471	85	40.8938

从表 7.11 实验结果可以看出，嵌入水印信息和水印标识前后，四幅影像的统计数值变化较小，水印嵌入前后两幅影像的统计信息没有发生较大改变，数据的统计特征得到了较好

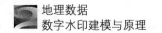

的保持。实验结果表明，本节算法满足精度特性指标。

参考文献

［1］马文骏，张黎明，李玉，等. 基于 NSCT 与改进 SIFT 特征点的 GF-2 影像水印算法［J］. 地理与地理信息科学，2021，37（2）：31-37.

［2］付剑晶，王珂，徐建军. 一种面向多波段数字遥感影像的版权保护方案［J］. 电子学报，2016，44（3）：732-739.

［3］杨义先，钮心忻. 数字水印理论与技术［M］. 北京：高等教育出版社，2006.

［4］任娜，朱长青，王志伟. 抗几何攻击的高分辨率遥感影像半盲水印算法［J］. 武汉大学学报（信息科学版），2011，36（3）：329-332.

［5］任娜，朱长青，王志伟. 基于映射机制的遥感影像盲水印算法［J］. 测绘学报，2011，40（5）：623-627.

［6］孙圣和，陆哲明，牛夏牧. 数字水印技术与应用［M］. 北京：科学出版社，2004.

［7］朱长青. 地理空间数据数字水印理论与方法［M］. 北京：科学出版社，2014.

［8］朱长青，杨成松，任娜. 论数字水印技术在地理空间数据安全中的应用［J］. 测绘通报，2010（10）：1-3.

［9］朱长青，任娜. 一种基于伪随机序列和 DCT 的遥感影像水印算法［J］. 武汉大学学报（信息科学版），2011，36（12）：1427-1429.

［10］朱长青. 地理数据数字水印和加密控制技术研究进展［J］. 测绘学报，2017，46（10）：1609-1619.

［11］CHEDDAD A，CONDELL J，CURRAN K，et al. Digital image steganography：survey and analysis of current methods［J］. Signal Processing，2010，90（3）：727-752.

［12］HAO C，ZHANG J，YAO F. Combination of multi-sensor remote sensing data for drought monitoring over Southwest China［J］. International Journal of Applied Earth Observations &Geoinformation，2015，35：270-283.

［13］KHOSRAVI M R，ROSTAMI H，SAMADI S. Enhancing the binary watermark-based data hiding scheme using an interpolation-based approach for optical remote sensing images［J］. International Journal of Agricultural and Environmental Information Systems，2018，9（2）：53-71.

［14］LI D，CHE X，LUO W，et al. Digital watermarking scheme for color remote sensing image based on quaternion wavelet transform and tensor decomposition［J］. Mathematical Methods in the Applied Sciences，2019，42（14）：4664-4678.

［15］YAN M，WU H，WANG L，et al. Remote sensing big data computing：challenges and opportunities［J］. Future Generation Computer Systems，2015，51：47-60.

［16］TONG D，REN N，ZHU C. Secure and robust watermarking algorithm for remote sensing images based on compressive sensing［J］. Multimedia Tools and Applications，2019，78（12）：16053-16076.

［17］ZHANG X，YAN H，ZHANG L，et al. High-resolution remote sensing image integrity authentication method considering both global and local features［J］. International Journal of Geo-Information，2020，9（4）：1-20.

［18］YUAN G，HAO Q. Digital watermarking secure scheme for remote sensing image protection［J］. China Communications，2020，17（4）：88-98.

［19］ZOPE-CHAUDHARI S，VENKATACHALAM P，BUDDHIRAJU K M. Secure dissemination and protection of multispectral images using crypto-watermarking［J］. IEEE Journal of Selected Topics in Applied Earth Observations & Remote Sensing，2016，8（11）：5388-5394.

第8章

遥感影像抗屏摄鲁棒水印模型

随着"5G"时代的到来,数字化办公和智能手机的使用已经十分普及,地理信息数据网络化、数据共享的需求也越来越大,新的安全问题也接踵而来。使用手机拍摄电脑屏幕上显示的遥感影像造成影像内容的泄密已经越来越普遍,本文将这种通过摄像设备拍摄屏幕获取信息的方式称为屏摄。传统的加密技术与访问控制技术显然无法阻止此类偷拍泄密的行为。尤其,如今智能手机还在追求搭载更高分辨率、更高质量的摄像头,这也使得偷拍的遥感影像越来越清晰,造成的损失也越来越大。为了震慑偷拍遥感影像造成泄密的行为,有单位使用可见水印技术,该技术将数据使用者、时间等信息显示在屏幕上。但是可见水印很容易被攻击者去除,且影响用户在使用遥感影像数据时的体验,难以满足应用需求。为了有效地对偷拍泄密的行为进行追责,本章提出具有良好不可感知性的抗屏摄鲁棒水印技术。

本章基于对屏摄原理、抗屏摄水印技术特征、以及遥感影像信号在屏摄过程中的变化特征进行分析,进而提出基于局部特征的遥感影像抗屏摄鲁棒水印模型与算法、遥感影像抗屏摄鲁棒盲水印模型与算法,并通过实验对所提出的算法进行分析。

8.1 屏摄原理与抗屏摄水印技术特征

屏摄过程是通过拍摄设备拍摄显示器上显示的内容,并将拍摄的信号存储为新的数字图像的过程。屏摄过程不仅包含了数模转换和模数转换,还包括了显示端设备对数据的处理、拍摄环境的影响、以及拍摄设备硬件的影响和软件对信号的处理造成的变化。因此,屏摄过程相比常规图像处理攻击会造成更严重的图像质量下降,这也对遥感影像抗屏摄鲁棒水印提出了新的技术要求,从而需要顾及遥感影像特征并针对屏摄攻击来设计新的水印算法。本节将对屏摄过程的原理进行介绍,并对遥感影像抗屏摄鲁棒水印技术的特征进行分析。

8.1.1 屏摄过程分析

屏摄攻击是由多种攻击组合的复合攻击,屏摄过程中的多个分过程都会对遥感影像的数字信号产生不同类型的畸变,整个过程及造成的相应的信号失真情况如图 8.1 所示。

屏摄过程通常可以分为三个子过程:屏幕显示过程、拍摄过程和相机成像过程。

1) 屏幕显示过程。该过程是将原始的数字信号呈现为模拟信号的过程。不同显示器的质量和显示器不同的设置,都会导致图像有不同程度的亮度、对比度和颜色的调整,以及伽马校正也会造成信号非线性的变化。除此之外,用户对遥感影像的正常使用,也会造成影像的旋转、缩放、裁剪等常规图像处理攻击,从而改变屏幕上显示的遥感影像的形态。

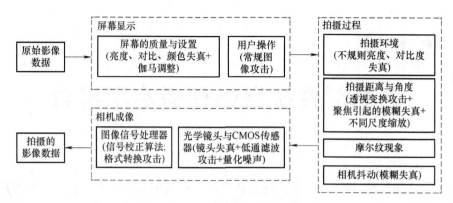

图 8.1　屏摄过程和相应的信号失真

2）拍摄过程。不同的拍摄场景下，由于周围的光线强弱、屏幕的反光都会造成亮度和对比度的失真。同时，拍摄时相机与屏幕之间的距离和角度会对捕获的图片造成透视变形，如果拍摄的倾斜角度过大，还会造成屏幕上显示内容不同部分的聚焦情况不同。此外，手机拍摄液晶屏幕由于差拍原理不可避免地会产生摩尔纹现象。

3）相机成像过程。手机的相机成像过程是将光信号转化为数字图像信号并进行处理的过程。处理过程中主要的硬件设备依次是光学镜头、互补金属氧化物半导体（Complementary Metal-Oxide-Semiconductor，CMOS）传感器和数字信号处理器（Digital Signal Processor，DSP）。其中 CMOS 传感器在接收和处理信号中，最主要的部件是光电传感器和数模传感器。根据处理过程，将相机成像过程中造成的图像失真分为两个方面：

一是光信号转数字信号的处理过程中造成的失真。此过程造成的图像失真与相机的硬件设备质量密切相关，光线经过光学镜头会造成一定的镜头失真，CMOS 处理器将光信号转电信号再转成数字信号的过程中，会对信号进行重采样和量化，从而造成一定程度的低通滤波攻击和量化误差。

二是数字图像信号的处理与存储过程中造成的信号变化。通常手机相机都会对生成的数字信号进行校正，这一过程对图像质量的影响与图像处理算法有很大关联。图像信号处理器（Image Signal Processor，ISP）会依据算法对信号进行线性校正、几何校正、色彩校正、伽马补偿、噪点去除、白平衡校正和曝光校正等一系列的处理，并最终将信号转换为对应的存储格式。

在不考虑用户对图像操作的情况下，假设遥感影像以原始分辨率在屏幕上显示，并且拍摄聚焦良好，此时屏摄过程中对影像质量影响较大的失真主要可以分为五类：

1）线性失真。一方面是由显示器的质量和设置引起的亮度、对比度和颜色失真，可以近似为一种线性变化；另一方面是 ISP 对图像进行的线性校正。

2）伽马调整。为了适应人类的视觉，显示器对数字图像进行伽马校正，这是一种非线性失真。手机的 ISP 根据所述算法对数字图像进行伽马补偿。伽马补偿可能会因为先前的其他攻击而造成信号变化的幅度变大。

3）几何失真。①由于拍摄的距离和角度，会对图像造成不同程度的透视变形，从而对图像造成不均匀的缩放攻击；②由于镜头失真造成的另一种透视变形，例如枕形畸变和桶形畸变等。通过拍摄者的控制，可以一定程度上降低此类攻击带来的影响。

4）噪声攻击。噪声攻击是屏摄过程中导致影像质量大幅下降的重要因素。噪声攻击又可以分为三类：①摩尔纹噪声。从物理上讲，摩尔纹是差拍原理的一种表现，也就是不同物体之间发生了波形干涉现象。从数学上讲，两个频率接近的等幅正弦波叠加，合成信号的幅度将按照两个频率之差变化，两个正弦波的波峰叠加后，波形会产生变化。屏摄过程中，相机内部的感光元件会释放出高频电磁波。而被拍摄物体如液晶显示器，本身也会释放出一定的电磁干扰。那么当两股电磁波相交后，波形叠加，相互干扰，且改变了原本的波形形成了新的波形，就产生了摩尔纹。一般是频率较为接近，或者是倍频关系时最为严重。摩尔纹噪声示意图如图 8.2 所示。②离散噪声攻击。其中，最主要的是 CMOS 处理器将捕捉到的模拟信号进行重采样和量化时产生的量化误差噪声。其他离散噪声还包括 ISP 进行校正时产生的一些信号变化。③不规则的像素变化，如拍摄时的光线干扰和屏幕反光等问题，引起的图像亮度的不规则连续变化。

图 8.2　摩尔纹噪声示意图

5）低通滤波攻击。相机在将光信号转换为数字信号的过程中，虽然相机具有较高的分辨率，拍摄距离较近时捕获的图像部分的像素也大于原图的像素数量，但信号捕捉时并不能一一对应地捕捉每一个像素的光信号，因此接收信号时会造成相邻像素之间的模糊，可近似为一种低通滤波攻击。

因此，屏摄攻击会造成严重的图像质量下降。在设计水印算法时，我们不仅要针对几何失真造成的失同步攻击设计相应的水印同步算法，更要针对强噪声攻击和低通滤波攻击设计提高水印鲁棒性的算法。

8.1.2　遥感影像抗屏摄鲁棒水印技术特征分析

遥感影像抗屏摄鲁棒水印技术的典型应用场景如图 8.3 所示，通过在影像数据中隐藏水印信息，在数据泄密后，从泄密的数据中检测并提取例如数据使用者 ID、浏览数据时的时间等水印信息，可以有效地实现泄密追责。

针对屏摄过程中信号变化的特性，相比传统数字水印技术，遥感影像抗屏摄鲁棒水印技术需要考虑：

1）更高的鲁棒性。因为屏摄攻击的特殊性，相比常规图像处理攻击，屏摄攻击造成图像质量的下降更严重，因此遥感影像抗屏摄鲁棒水印对算法的鲁棒性要求更高。此外，为了不影响遥感影像正常使用，算法还应该对用户使用影像数据过程中产生的常规图像处理攻击

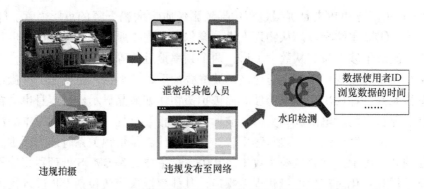

图 8.3 遥感影像抗屏摄鲁棒水印的典型应用场景

具有鲁棒性。

2）不可感知性与数据可用性。与常规图像不同，算法不仅考虑水印嵌入后的不可感知性，还需考虑水印嵌入后是否影响遥感影像的后续使用。即要控制嵌入水印后的影像与原始影像之间的差异尽可能小。

与传统的数字水印技术类似的，遥感影像抗屏摄鲁棒水印技术还具有以下几方面的技术要求：

1）水印容量。为了有效地实现泄密追责，应嵌入尽可能多的水印信息。但是鲁棒水印算法有三个相互制约的特性：鲁棒性、不可感知性和水印容量。遥感影像抗屏摄鲁棒水印技术对鲁棒性具有较高的要求，且同时需要保证遥感影像的质量，所以可能需要牺牲一部分水印容量。所以算法设计时，需要留有足够的水印容量，并平衡三种特性之间的矛盾。

2）虚警率。虚警指的是从没有水印图像中检测判定为有水印信息，此时甚至有可能提取出一个错误的水印信息。为了确保水印算法的有效性，往往需要通过设定合适的阈值或多重判定以降低算法的虚警率。

3）算法复杂度。算法的复杂度包括两个方面：水印嵌入算法的复杂度和水印检测与提取算法的复杂度。水印嵌入算法的复杂度决定了水印能否实时地嵌入，以实现水印信息的时效性，从而能更好地保护数据；水印检测与提取算法的复杂度决定了算法的实用性，虽然算法复杂并不影响泄密追责的需求，但如果能实现实时水印信息提取，该算法则可以进一步用于实时信息读取、实时身份认证等多个应用场景。

8.2 屏摄过程中遥感影像信号变化定量分析

在设计鲁棒水印算法时，通常我们选择影像数据中具有鲁棒性的部分作为水印信息的载体。所以，在面对一个新的攻击时，首先需要分析影像数据在这个攻击过程中的不变量和不变特征。因此，本节通过一系列定量分析的实验，对屏摄后的图像与原始图像之间的变化进行分析。

8.2.1 定量分析实验设置

本节选择分辨率为 1024×1024 的 8 幅遥感影像进行实验，如图 8.4 所示，影像数据获取自谷歌地图和天地图。显示设备使用 23 英寸和 1920×1080 分辨率的 Lenovo T2324C 显示器，拍摄设备使用 40MP 像素的 Huawei P30PRO。所使用的设备如图 8.5 所示。

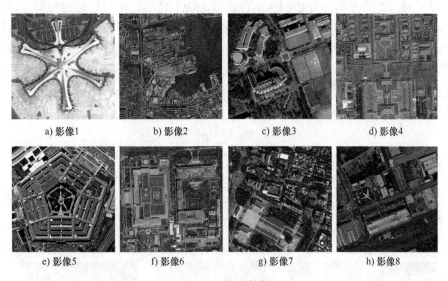

a) 影像1   b) 影像2   c) 影像3   d) 影像4

e) 影像5   f) 影像6   g) 影像7   h) 影像8

图 8.4　实验数据

图 8.5　实验设备示意图

受到拍摄角度和距离的影响，拍摄获得的照片中遥感影像的部分相对原始影像已经发生了透视变形。为了从拍摄获得的照片中提取出所需要的遥感影像的部分，以用于与原数据进行比较分析。我们首先需要将照片进行透视校正。透视校正公式可以写为：

$$\begin{bmatrix} x' \\ y' \\ 1 \end{bmatrix} = H_1 \begin{bmatrix} x \\ y \\ 1 \end{bmatrix}, 其中 H_1 = \begin{bmatrix} m_{11} & m_{12} & m_{13} \\ m_{21} & m_{22} & m_{23} \\ m_{31} & m_{32} & m_{33} \end{bmatrix} \tag{8.1}$$

式中，$[x',y',1]^{\mathrm{T}}$ 和 $[x,y,1]^{\mathrm{T}}$ 分别表示校正后图像和原始图像的齐次坐标；H_1 表示 3×3 的透视校正矩阵。

根据公式可知，该矩阵有八自由度，因此需要至少四组点才能计算出 $\boldsymbol{H}_1$。

获得照片中影像的四个角点（见图 8.6b 中 $P_1(x_1, y_1)$，$P_2(x_2, y_2)$，$P_3(x_3, y_3)$，$P_4(x_4, y_4)$）的方法，可以通过给影像添加外边框来定位影像的四个角点，也可以通过对照片进行霍夫线（Hough line）检测来计算角点坐标。而在实际应用中添加边框的方法不具有普适性，而通过直接 Hough line 检测受图像本身的干扰很大，且同样需要人工参与。因此，选择通过人眼定位影像的四个角点，在电脑端手动点击并记录坐标的方法。通过将选择的（$P_1(x_1, y_1)$，$P_2(x_2, y_2)$，$P_3(x_3, y_3)$，$P_4(x_4, y_4)$）和预校正的（$P_1'(x_1', y_1')$，$P_2'(x_2', y_2')$，$P_3'(x_3', y_3')$，$P_4'(x_4', y_4')$）两组点的坐标带入如下公式：

$$\begin{cases} x' = \dfrac{m_{11}x + m_{12}y + m_{13}}{m_{31}x + m_{32}y + 1} \\ y' = \dfrac{m_{21}x + m_{22}y + m_{23}}{m_{31}x + m_{32}y + 1} \end{cases} \tag{8.2}$$

可以获得 8 个方程，从而可以求解出唯一的透视变换矩阵 $\boldsymbol{H}_1$。

a) 原始遥感影像   b) 拍摄的照片   c) 校正并提取的影像部分

图 8.6 拍摄和提取过程示意图

实验设置为对 8 张影像在垂直屏幕方向从 30~60cm，以 5cm 为间隔分别拍摄照片，并校正和提取拍摄的影像部分。30cm 和 60m 处提取的图像如图 8.7 和图 8.8 所示，图中图像的顺序与图 8.4 中对应。基于校正并提取的图像，通过与原始数据对比进行后续的定量分析。

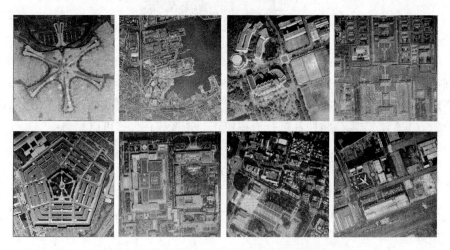

图 8.7 校正并提取的图像（拍摄距离 30cm）

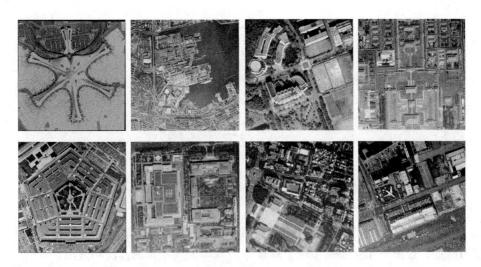

图 8.8　校正并提取的图像（拍摄距离 60cm）

8.2.2　遥感影像水印嵌入域变化特征分析

水印算法按嵌入域划分，通常可以分为两类：空间域和频率域。本节选择使用最广泛的空间域以及亮度谱，频率域中的 DWT 域、DCT 域和 DFT 域，对嵌入域在屏摄过程中系数、系数间关系、统计特征等的变化进行分析。为后续设计算法时，水印信息载体的选择提供依据。

1. 空间域变化特征

常用的空间域水印算法一般基于灰度图像或某一波段的像素值，或者亮度谱的值作为水印信息载体。因为灰度通常是由 R、G、B 三个波段的值分别乘以一个系数后相加得来，所以灰度的变化与各波段像素值的变化相似。据此，本节分析图像灰度值和亮度值在屏摄过程中的变化。

需要注意的是，由于低通滤波攻击造成的图像边缘模糊，且手动选择角点不会特别精确，所以拍摄的影像部分无法校正到与原始图像完全对应的状态。也就是校正的图像与原始影像之间的像素值之间不是一一对应的，所以也就无法直接分析像素值的变化。这也说明了基于选择的像素作为水印载体的方法不适用于屏摄过程。

对实验结果进行分析发现，拍摄距离越近，屏摄后的图像中可见的摩尔纹噪声就越严重。且当拍摄距离很近时，拍摄视角的轻微抖动都会造成差异很大的不同形态的摩尔纹。本次实验中，从主观上评价，拍摄距离越近，摩尔纹噪声越严重，在拍摄距离大于 45cm 时，摩尔纹噪声有明显的减弱。

通过分别计算屏摄后校正并提取的图像与原始图像之间，相应的灰度图像和亮度图像的峰值信噪比（Peak Signal to Noise Ratio，PSNR）和结构相似度指数（Structural Similarity Index Measure，SSIM）两个指标，对失真情况进行评价。计算结果如图 8.9 所示，可以发现：

1）在屏摄过程中灰度图像的失真情况比亮度谱要严重。

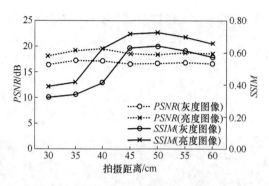

图 8.9　不同拍摄距离下图像失真情况评价

2）空间域和亮度域的 *PSNR* 值在 14~19dB 之间，认为像素值整体变化幅度较大，图像失真较为严重，也进一步证明基于单个像素作为水印嵌入单元的方法不适用。

3）从 *SSIM* 值的变化情况来看，拍摄距离小于 45cm 时，拍摄距离越远图像结构相似性越高，认为这是由于摩尔纹产生的噪声随着拍摄距离的增加其影响在不断减小；拍摄距离大于 45cm 时，拍摄距离越远图像的结构相似性不断降低，认为是因为随着拍摄距离的增加，图像受低通滤波的影响增大所致。

综上，在设计遥感影像抗屏摄鲁棒水印算法时：①优先考虑使用亮度谱而不是灰度或某个波段；②基于特定位置像素作为水印载体或基于像素进行映射的方法难以适用，需进一步考虑其他方案。

2. DCT 域变化特征

基于 DCT 域的水印算法通常将图像进行分块，一般划分为 8×8 或 16×16 的小块作为基础单元，然后通过调制各个分块中选定的 DCT 系数进行水印嵌入。一个 8×8 分块的 DCT 系数分布如图 8.10 所示。嵌入算法可以分为两类：一类选择分块 DCT 的 DC 系数作为水印信息载体；另一类选择分块 DCT 的 AC 系数中的中频或中高频系数作为水印信息载体。

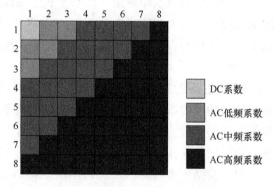

图 8.10　8×8 分块的 DCT 系数

基于 DC 系数的方法通常通过量化分块 DCT 的 DC 系数值嵌入水印，其原理是利用 DC 系数对常规图像处理攻击的鲁棒性。但是，实验中发现，由于屏摄过程造成图像质量严重下降，同一个分块的 DC 系数变化都很明显，所以通过微量调制 DC 系数嵌入水印的方法不适用于屏摄过程。而且 DC 系数是 DCT 域内对影像视觉质量影响最为显著的系数，所以如果水印的嵌入导致 DC 系数改变过大，对图像视觉效果的影响也很大。综上，在设计抗屏摄鲁棒水印算法时，DC 系数并不能直接作为水印信息载体。

据此，我们对实验图像进行分块 DCT 变换，观察不同距离拍摄的照片和原始影像在同一个位置的分块的 DCT 的 AC 系数的变化。我们选择（3,5）、（5,3）、（3,6）、（6,3）、

（4,5）、（5,4）六个系数进行观察。因为校正的图像跟原始图像之间还存在轻微的几何失真，所以理论上选择较小的分块时，同一系数的变化可能无规律可循。所以，我们分别对比8×8、16×16、32×32 和 64×64 分块 DCT 系数的变化情况。

"影像 1"的一个分块（分块在影像内的起始坐标为（128,128））在不同拍摄距离下所选择的 DCT 系数变化情况如图 8.11 所示。这个示例较为典型，当分块大小为 8×8 或 16×16时，系数在不同拍摄距离下的变化规律无迹可寻。当分块为 32×32 时，虽然每一个系数在不同拍摄距离下的变化幅度很大，但是系数间关系开始趋于稳定。例如图 8.11c 中系数（5,3）在任何拍摄距离下，其数值都大于系数（3,5）。类似的还有（5,4）和（3,5）。当分块大小为 64×64 时，这个规律更加明显。尤其原始系数间差异较大的，在拍摄的照片中系数间大小关系更容易稳定。例如图 8.11d 中系数（5,3）或（4,5）在任何拍摄距离下都大于系数（3,6）或（5,4）。

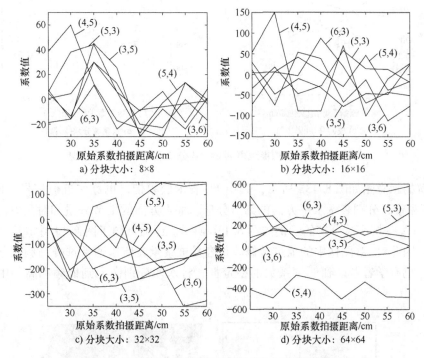

图 8.11 "影像 1"不同拍摄距离下 DCT 系数变化情况

为了进一步证明这个规律，我们对多个数据 64×64 的分块 DCT 的 AC 系数进行观察。案例如图 8.12 所示，由图可见，任意一个分块，当原始系数值相差较大时，在任何拍摄距离下，系数间的大小关系能够很好地保留。

综上，认为当 DCT 系数值差异较大时，特定频率内某些系数间的大小关系对屏摄过程具有一定的鲁棒性。也就是可以通过调制某些 DCT 系数的系数间关系进行水印嵌入。此外，考虑到校正后的图像相比原始影像数据还会存在轻微的几何变形，建议使用较大的分块作为水印嵌入的基础单元，或者设计相应的水印同步算法以提高精度。

3. DWT 域变化特征

基于 DWT 域系数直接作为水印信息载体的算法，通常先将图像进行多层小波分解。一

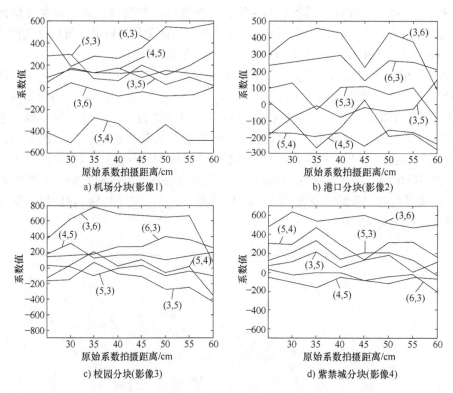

图 8.12　不同拍摄距离下 64×64 分块 DCT 系数变化情况

层小波分解的示意图如图 8.13a 所示，其中 LL 表示低频带，也称作近似信号。HL、LH 和 HH 表示高频带，分别表示水平方向的细节分量、垂直方向的细节分量和对角方向的细节分量。"影像 1"一层小波分解的示例如图 8.13b 所示。因为低频子图像 LL 中包含了图像的大部分能量，因此对 LL 图像中的值进行修改很容易被察觉，所以通常选择高频系数作为水印信息载体。也有学者考虑到低频系数的稳定性，将水印分别嵌入到低频和高频中的部分系数中。

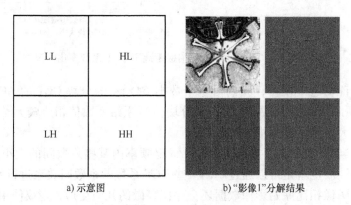

图 8.13　一层小波分解

DWT 域水印算法的一个优势是：DWT 变换生成的各级子图像与载体图像在空间域和频

率域均存在对应关系。然而，从照片中校正并提取的图像和原始图像不能完美地一一对应，校正后的图像相比原始数据还是有轻微的几何失真。所以，与空间域类似，DWT 域也不能直接定量比较 DWT 系数值在屏摄过程中的变化。

据此，我们基于 $SSIM$ 指标评价不同拍摄距离下提取出来的图像与原始影像一层小波分解的各个频谱的变化情况。DWT 变换使用传统的 Harr 小波基函数。统计结果如图 8.14 所示，由图可知，低频相对相似性较高，但平均 $SSIM$ 值低于 0.5；高频波段的结构相似性已经非常低。

有学者选择高频子带中绝对值较大的系数作为水印信息载体。据此，本节也对一层小波分解的 HL 子带中绝对值较大的系数的变化进行分析。校正的图像在边缘范围因操作误差造成黑边或校正后图像边缘包含了非原始图像的信息。为了避免此类情况对实验结果的影响，我们只记除去边缘部分的 HL 频段中的最大值。以"影

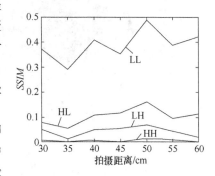

图 8.14　不同拍摄距离下一层
小波变换各频谱 $SSIM$ 均值

像 1"为例，原始数据和 40cm 处拍摄并校正的图像 HL 频段最大值的系数统计见表 8.1。在此示例中，所有最大值的坐标均相差甚远。所以，选择高频子带绝对值大的系数值作为水印信息载体的方法对屏摄攻击不具有鲁棒性。

综上，DWT 域的系数不能直接作为水印信息载体。

表 8.1　"影像 1"原始数据和拍摄并校正的数据 HL 频段最大值的系数统计

原始影像	值	112	110	106.5	106	105	102.5	101	99
	坐标	(63, 1)	(76, 3)	(267, 230)	(14, 201)	(33, 201)	(125, 432)	(342, 443)	(139, 434)
40cm 处拍摄并校正的图像	值	117.5	116.5	113.5	112.5	112	112	112	108.5
	坐标	(192, 194)	(287, 308)	(192, 195)	(287, 307)	(229, 137)	(390, 275)	(138, 186)	(138, 186)

4. DFT 域变化特征

基于 DFT 域系数作为水印信息载体的方法，因为高频系数稳定性较差，低频系数的调制对图像视觉效果影响较大，所以一般选择中频系数作为水印信息载体。因为 DFT 域系数具有平移不变性，能够对轻微的几何攻击具有鲁棒性，所以只要提取照片时选择的四个角点误差很小，经过透视校正并提取出的图像的 DFT 域系数可以与原图基本对应。这也意味着可以直接比较屏摄前后 DFT 域系数值的变化。

据此，本节通过实验分析 DFT 域系数在屏摄过程中的变化规律，实验设计参考了文献。图 8.15 展示了"影像 1"的 DFT 振幅谱的自然对数值在屏摄前后的变化。

图 8.15a 是原始影像 DFT 振幅系数的自然对数值。图 8.15b 是从垂直拍摄距离 30cm 处屏摄的照片中提取并校正图像的 DFT 振幅系数的自然对数值，由图可见，高频系数多个部分存在大幅度的变化，这是照片受以摩尔纹为主的噪声影响严重造成的，图中中低频系数的变化幅度相对较小。图 8.15c 是垂直拍摄距离 60cm 处图像 DFT 振幅系数的自然对数值。因为拍摄距离越远，图像遭受的低通滤波攻击也越严重，大量高频振幅系数有变小的趋势。同样图 8.15c 中，中低频系数变化幅度也相对较小。

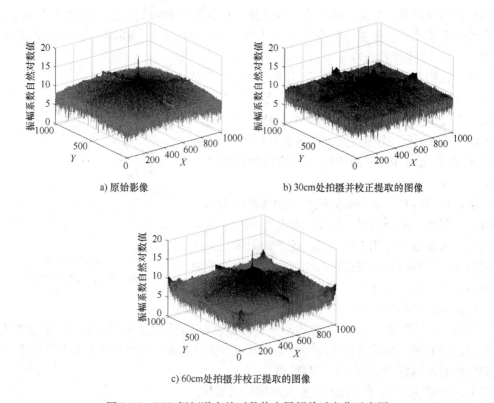

a) 原始影像   b) 30cm处拍摄并校正提取的图像

c) 60cm处拍摄并校正提取的图像

图 8.15   DFT 振幅谱自然对数值在屏摄前后变化示意图

为了进一步观察 DFT 域振幅谱中频系数在屏摄过程中的变化，我们选择该实验中，一处中频系数变化的细节作为示例，如图 8.16 所示，图中 X 和 Y 轴的表示该系数在图像中的位置坐标。DFT 中频振幅系数在屏摄过程中的总体变化规律可以总结为：①大部分高振幅值的系数变化幅度较小，例如坐标 (X, Y) 为 $(386,394)$、$(390,385)$、$(390,388)$、$(393,385)$、$(393,394)$ 等（见图 8.16a）的点，大部分变化幅度小于 0.8；②低振幅值的系数变化幅度较大，振幅值远低于邻域的点，在拍摄的照片中系数变化幅度也会越快来逼近周围的值。例如坐标为 $(387,384)$、$(387,388)$、$(392,388)$、$(393,393)$、$(394,388)$ 等点（见图 8.16a），拍摄后的图像中振幅值均有较大的增幅。当然也存在个别异常点，例如图 8.16c 中的 $(386,388)$，猜想该高振幅值异常降低的原因可能是由噪声攻击引起的，也有可能是因为轻微的几何失真造成系数位移至非整数位置，所以邻近的系数之间可能会相互影响。该实验结果表明，DFT 中频高振幅值的系数对屏摄过程具有一定的鲁棒性，而低振幅值的点则不具有。

为了进一步证明 DFT 中频高振幅系数作为水印载体在屏摄过程中的鲁棒性，采用替换的方法，人为修改多处中频位置的振幅值，并进行拍摄实验。实验结果的两个示例如图 8.17 所示，图中 X、Y 轴表示的是该系数在图像中的坐标，第一行图的中心点为人为修改后的振幅值，该振幅值的自然对数值均被修改为大于周围的值 1 以上。由图 8.17 可知：拍摄距离越远，图像越模糊，邻域之间的差异有缩小的趋势，但高振幅值始终能保持为该范围内的最大值。

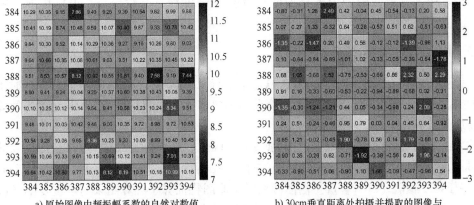

a) 原始图像中频振幅系数的自然对数值

b) 30cm垂直距离处拍摄并提取的图像与
原始图像振幅系数自然对数值的差

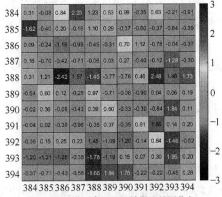

c) 60cm垂直距离处拍摄并提取的图像与
原始图像振幅系数自然对数值的差

图 8.16　DFT 中频系数在屏摄过程中的变化细节

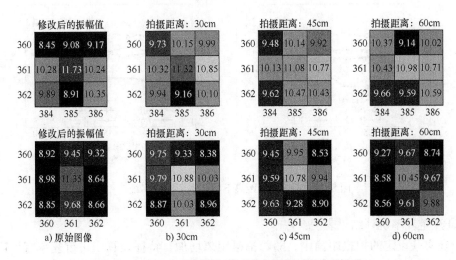

图 8.17　DFT 中频高振幅值系数在屏摄过程中的变化
（第一列为原始图像的振幅系数，第二至四列分别为 30cm、45cm 和 60cm
垂直距离处拍摄并校正提取后图像的振幅系数）

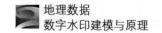

综上，DFT 域中低频的高振幅值的系数对屏摄过程具有鲁棒性，可以作为水印信息载体。

8.2.3 局部特征稳定性分析

二代水印算法，通常基于局部特区描述子进行水印同步，从而实现在水印提取时不需要原始数据。为验证这些特征描述子在屏摄前后的鲁棒性，本节对常用的栅格图像特征算子在屏摄前后的计算结果进行实验分析。

首先，对拍摄的图像和原始影像数据进行 Harris、Harris-Laplace、SIFT、加速稳健特征（Speeded-up Robust Features，SURF）、高斯拉普拉斯算子（Laplacian of Gaussian，LoG）和 Gilles 特征算子检测，并计算屏摄后图像相对于原图特征算子计算结果的可重复率（屏摄后图像中可重复检测到的数量/原始影像中的特征点或特征斑点的数量）。因为透视校正后的图像仍存在轻微的几何失真，所以可重复检测的特征点或特征斑点的坐标不会完全一样。且还需考虑因为校正误差造成图像边缘可能存在错误信息，如图 8.7 和图 8.8 中校正的图像仍然存在一些"黑边"。据此，本节设定可重复的统计规则如下：

1）特征点坐标或特征斑点中心坐标距离变化小于基于尺度计算的阈值 $2+\log_e(S_0)$（式中 S_0 为特征尺度，若无尺度特征则取 $S_0=1$）。

2）如果有特征尺度，特征尺度小于 5 的不计入统计，其余特征点特征尺度变化小于 10%。

3）SIFT 和 SURF 特征点的特征方向改变小于 5°。

4）距离图像边缘 20 个像素以内的特征点不计入统计。

满足上述条件，则认为该特征点或特征斑点为重复。不同拍摄距离下，屏摄图像的灰度图像和亮度图像中特征算子可重复率计算结果如图 8.18 所示。

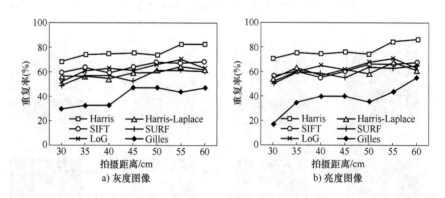

图 8.18　不同拍摄距离下特征点可重复率统计图

特征点重复率统计结果表明：

1）在实验设定的拍摄距离中，随着拍摄距离增加，特征点算子可重复率有增高趋势。结合 8.2.2 节中的结论：拍摄距离越近摩尔纹等噪声影响越严重，这表明特征点的稳定性受屏摄过程中的噪声攻击影响很大。

2）亮度图像特征点可重复率略高于灰度图像，除 Gilles 算子的可重复率在亮度图像中

182

相比灰度图像中较差。

3）Harris 特征算子的可重复率相对其他算子较好，随拍摄距离从 69% 增加至 85%。Harris-Laplace、SIFT、SURF 和 LoG 算子的可重复率在 50%～60%。Gilles 斑点检测算子的重复率最低，因为 Gilles 是计算图像局部区域的熵值并寻找局部极值，而屏摄后整幅图像受到不规则噪声攻击以及不规则的亮度、对比度和缩放程度的变化，从而导致图像像素值非均匀变化影响了计算结果。

实验中还发现，所有特征算子，屏摄前后不仅存在特征点的丢失和部分特征尺度的变化，因图像受噪声的影响还会产生大量额外的特征点。此外，SIFT 和 SURF 特征点，检测坐标相同的特征点，其特征方向也有可能发生变化。

二代水印算法中，在获得特征点后，通常基于特征点构造局部特征区域作为水印嵌入域。因此，我们选择三个广泛使用的特征算子 Harris-Laplace、SIFT 和 SURF 用于构造尺度不变性的局部特征区域（Local Scale-invariant Feature Region，LFR），并基于图 8.4 中所示的 8 幅影像数据实验其在屏摄后的可重复检测率。鉴于特征算子在亮度图像中比灰度中重复率略高，选择亮度图像进行试验。

实验中，LFR 的构造规则根据抗屏摄的需求进行了相应的设计：

1）优先选择尺度特征较大的 LFR，所选择的特征点特征尺度均大于 15。

2）LFR 直接互不重叠。

3）基于 Harris-Laplace、SIFT 和 SURF 构造的 LFR 半径分别为其特征尺度的 4 倍、3.5 倍和 4 倍。

"影像 1"基于三个算子分别构造的 LFR 如图 8.19（a-1）～（a-3）所示，其中箭头表示特征方向。水印检测为水印嵌入的逆过程，在水印提取时，通过计算待检测图像中所有可能嵌入了水印的 LFR，并逐一检测。图 8.19 的第二行和第三行分别为"影像 1"在 30cm 和 60cm 处拍摄的图像中计算的待检测的候选 LFR。实验统计的重复检测率定义为可重复检测的 LFR 的个数除以构造的 LFR 的个数，其中当 LFR 中心坐标偏移低于 $2+\log_e(S_0)$，且特征尺度变化低于 10% 时，则认为该 LFR 可重复检测。暂时不考虑特征方向的变化，不同拍摄距离下三个算子构造的 LFR 平均可检测率统计结果如图 8.20 所示。

由图 8.20 可见，同样在实验设置的拍摄距离内，随着拍摄距离越大，可检测的重复率越高。其中，基于 Harris-Laplace 算子构造的 LFR 可重复检测率比较稳定，在 64%～82% 之间。基于 SIFT 算子构造的 LFR 检测率随拍摄距离变化明显，在摩尔纹现象较为严重的 30cm 和 50cm 的近距离拍摄时，检测率低于 60%；当拍摄距离较远时，检测率最高能达到 92%。基于 SURF 算子构造的 LFR 检测率相对较低，在 47%～70% 之间。

上述实验结果都表明，随着拍摄距离的增加特征点的重复率和 LFR 的检测率都有增高的趋势。据此，我们推测对屏摄后的图像进行去噪处理后再检测可以提高检测率。为了验证假设，我们设计实验如下：对原始影像进行高斯滤波后再基于特征算子构造 LFR；检测时，对屏摄后的图像进行同样的高斯滤波处理，再进行候选 LFR 的检测并计算可重复检测率。此处，为了保持一致，我们对原始影像也进行同样的高斯滤波处理。选择高斯滤波的原因是：一方面高斯滤波能去除噪声，另一方面高斯滤波也能模拟低通滤波攻击，可以在构造 LFR 时筛选掉对此类攻击不稳定的特征点。

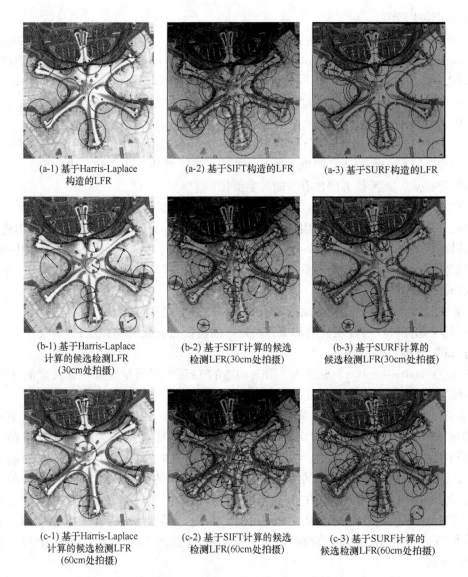

(a-1) 基于Harris-Laplace
构造的LFR

(a-2) 基于SIFT构造的LFR

(a-3) 基于SURF构造的LFR

(b-1) 基于Harris-Laplace
计算的候选检测LFR
(30cm处拍摄)

(b-2) 基于SIFT计算的候选
检测LFR(30cm处拍摄)

(b-3) 基于SURF计算的
候选检测LFR(30cm处拍摄)

(c-1) 基于Harris-Laplace
计算的候选检测LFR
(60cm处拍摄)

(c-2) 基于SIFT计算的候选
检测LFR(60cm处拍摄)

(c-3) 基于SURF计算的
候选检测LFR(60cm处拍摄)

图 8.19 "影像 1" 构造的 LFR 和拍摄图像中的候选 LFR

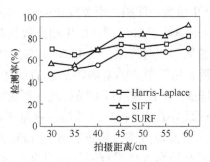

图 8.20 构造 LFR 的检测率

在重复率实验之前，首先需要确定高斯滤波器 *sigma* 和窗口的选择。这里使用"影像 1"在 30cm 垂直距离拍摄的图像与原始影像，计算在使用不同的高斯滤波器之后两者的 *SSIM*。实验结果如图 8.21 所示，由图可知，窗口大小越大、*sigma* 越大，原图和拍摄的图像滤波后的相似度就越高。当窗口设定为 9×9 时相比窗口设定为 7×7 时，高斯处理后结构相似度的增加已经很低。且 *sigma* 的设定在大于 1.3 时对两者相似性的影响的增加程度开始不断降低，*sigma* 设定大于 2.5 之后，曲线已趋于平直。据此，为避免高斯滤波后导致数据变化过大，同时确保高斯滤波后屏摄图像与原

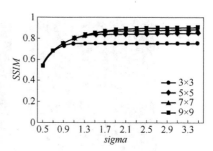

图 8.21　拍摄图像和原始影像经高斯滤波去噪后的 *SSIM*

始影像的相似度能更接近，本节选择窗口为 7×7，*sigma* = 2 进行实验。

高斯滤波处理后，计算 LFR 可重复检测率的方法同上。高斯滤波后，"影像 1"基于 Harris-Laplace、SIFT 和 SURF 分别构造的 LFR 如图 8.22（a-1）~（a-3）所示。图 8.22 的第二列和第三列分别为"影像 1"在 30cm 和 60cm 处拍摄的图像经高斯滤波后构造的待检测的候选 LFR。不同拍摄距离下三个算子构造的 LFR 在高斯滤波后平均可检测率统计结果如图 8.23 所示。

实验表明，构造 LFR 的检测率经过高斯滤波处理后都有了一定的提升。其中，基于 Harris-Laplace 构造 LFR 的方法，检测率依然比较稳定，且在所有拍摄距离下，平均检测率都在 79% 以上，最高达到 91%。基于 SIFT 的方法也仍然受拍摄距离影响较大，当拍摄距离小于 45cm 时其检测率低于基于 Harris-Laplace 的方法，而当拍摄距离不小于 45cm 时，SIFT 方法的检测率最高，尤其当拍摄距离为 55cm 和 60cm 时，平均检测率大于 96%。基于 SURF 构造 LFR 的方法检测率依然相对最低，检测率在 58%~74% 之间。

虽然基于 SURF 构造 LFR 的检测率最低，但实验中发现可重复的 LFR 中，SURF 特征方向比 SIFT 的特征方向更稳定，变化的幅度较小。据此，对 SIFT 和 SURF 方向描述子对屏摄攻击的鲁棒性进行了定量分析。这里仅对可重复的 LFR 进行统计。

基于 SIFT 和 SURF 构造 LFR 的方法中，重复的 LFR 特征方向变化统计结果如图 8.24 所示，结果表明两种算法的特征方向算子都随着拍摄距离的增加越来越稳定。SURF 特征方向变化低于 5° 的比例在 75%~87%，且所有拍摄距离下比 SIFT 平均高 8% 左右。特征方向变化在 10° 以内的 LFR 中，SURF 特征方向描述子比 SIFT 平均高 5% 左右，其中 SURF 的比例在 90% 左右。据此认为，以积分图像和 Haar 小波响应的 SURF 特征方向算子比以高斯图像和直方图统计的 SIFT 特征方向算子，对屏摄过程中造成的模糊和亮度变化具有更好的鲁棒性。

综上所述，可以得出以下结论：

1）图像特征算子的稳定性受屏摄过程中以噪声为主的攻击影响最大。

2）经过高斯滤波处理后，基于 Harris-Laplace 和 SIFT 尺度特征算子构造 LFR 在屏摄后可以达到较高的重复检测率。其中，基于 Harris-Laplace 构造的 LFR 在不同拍摄距离下可重复检测率比较稳定；基于 SIFT 构造的 LFR 在拍摄距离较远，即摩尔纹等噪声相对较弱时可重复检测率很高。

3）SURF 特征方向描述子相比 SIFT 特征方向描述子对屏摄过程具有更好的鲁棒性。

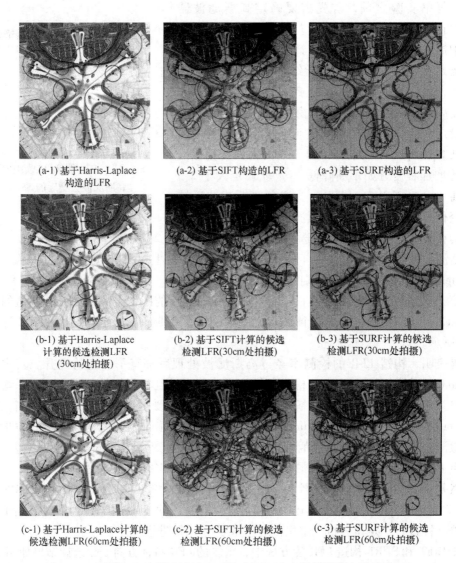

(a-1) 基于Harris-Laplace
构造的LFR

(a-2) 基于SIFT构造的LFR

(a-3) 基于SURF构造的LFR

(b-1) 基于Harris-Laplace
计算的候选检测LFR
(30cm处拍摄)

(b-2) 基于SIFT计算的候选
检测LFR(30cm处拍摄)

(b-3) 基于SURF计算的候选
检测LFR(30cm处拍摄)

(c-1) 基于Harris-Laplace计算的
候选检测LFR(60cm处拍摄)

(c-2) 基于SIFT计算的候选
检测LFR(60cm处拍摄)

(c-3) 基于SURF计算的候选
检测LFR(60cm处拍摄)

图 8.22 "影像 1"高斯滤波处理后构造的 LFR 和拍摄图像中的候选 LFR

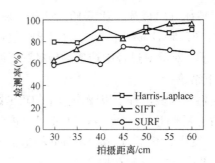

图 8.23 高斯滤波处理后构造 LFR 的检测率

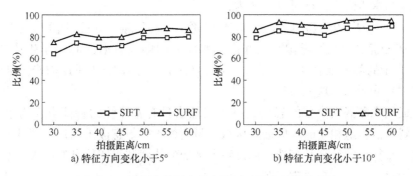

a) 特征方向变化小于5°　　　　　　b) 特征方向变化小于10°

图 8.24　特征点特征方向在屏摄过程中的变化统计

8.3　基于局部特征的遥感影像抗屏摄鲁棒水印模型与算法

遥感影像在正常的使用过程中不可避免会存在失同步攻击，例如，遥感影像在浏览时往往会被缩放和旋转。因此设计的抗屏摄水印模型需要同时对几何失同步攻击具有鲁棒性。基于局部图像特征实现水印同步是一种常用的思路，该算法基于筛选的特征点构造多个 LFR，并将水印信息多次重复地嵌入到每个 LFR 中。相比全局水印算法，此类算法能更好地抵抗裁剪、缩放等几何失同步攻击。本节介绍了基于局部特征的遥感影像抗屏摄鲁棒水印模型，并设计了一个基于遥感影像局部方形特征区域实现水印同步的 DFT 域抗屏摄鲁棒水印算法，实现了同时抵抗屏摄攻击与常规图像处理攻击。

8.3.1　模型构建

水印模型的建立一定程度上相当于将水印算法的设计模块化。基于局部特征的遥感影像抗屏摄鲁棒水印模型框架如图 8.25 所示。

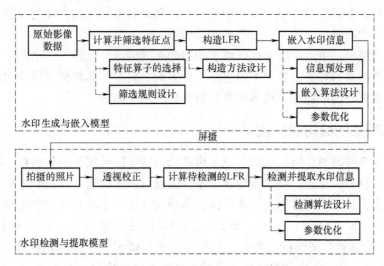

图 8.25　基于局部特征的遥感影像抗屏摄鲁棒水印模型框架图

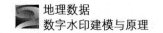

水印生成与水印嵌入模型可以定义为：

$$D' = D - f_{特征域}(f_{特征算子}(D)) + EW(f_{特征域}(f_{特征算子}(D)), W_0) \tag{8.3}$$

式中，D 和 D' 分别表示原始影像数据和嵌入水印后的影像数据；W_0 表示生成的水印信息；$f_{特征算子}(\cdot)$ 表示局部特征算子计算方法；$f_{特征域}(\cdot)$ 表示基于特征点构造局部特征区域的范围；$EW(\cdot)$ 表示水印嵌入方法。

水印生成与水印嵌入模型的思路是基于对攻击具有鲁棒性的特征点作为水印同步的基础，并基于特征点构造相应的水印嵌入区域，最后将水印信息嵌入到每个区域中，主要步骤可以归纳为：特征点的计算和筛选、局部特征区域的构建和水印信息的嵌入。水印生成与水印嵌入模型中存在以下三个关键问题：

1）特征算子的选择。因为屏摄攻击是包含了多种类型攻击的复合攻击，对影像信号的质量造成严重下降，常用的图像局部特征描述子不一定能符合应用需求。解决方案包括对现有特征算子的改进或组合使用。

2）特征点的筛选和 LFR 的构造方法设计。一方面，要避免基于特征点构造的特征区域互相影响；另一方面，要确保构造的特征区域能满足抵抗各类失同步攻击的需求。

3）水印信息和嵌入域的预处理。合理的调制信号，既要满足不可感知性的需求，也要满足鲁棒性的需求。

水印检测与提取可以定义为：

$$W_0 = DW(f_{特征域}(f_{特征算子}(D'_{syn}))) \tag{8.4}$$

$$D'_{syn} = Syn(Photo) \tag{8.5}$$

式中，D'_{syn} 表示透视校正后提取的待水印检测的部分；$Photo$ 表示屏摄攻击后的照片；$Syn(\cdot)$ 表示透视校正并提取待检测部分的方法；$DW(\cdot)$ 表示水印提取方法。

水印检测与提取模型的思路是首先对拍摄的照片进行透视校正并提取所需的部分，然后计算校正图像中可能嵌入了水印的区域作为候选 LFR，最后对候选 LFR 逐个检测至检测成功或检测完毕。主要的步骤可以归纳为：透视校正、计算待检测的局部特征区域和水印信息的检测与提取。水印检测与提取模型中的关键问题是检测算法的设计与参数优化，既要实现从变化的信号中检测水印信息，也要控制虚警率。

基于提出的模型，重点解决上述模型实现中的关键问题，设计了一个基于局部特征的遥感影像抗屏摄鲁棒水印算法。算法主要包括三个方面：局部方形特征区域构建算法、水印嵌入算法和水印检测与提取算法。具体的算法设计将在下文阐述。

8.3.2 局部特征区域构建算法

依据 8.3.1 节模型的介绍，我们首先要构造局部特征区域用于水印信息的嵌入。特征点就如同水印嵌入位置的标记，可以帮助定位水印信息的嵌入位置。但只有坐标不能够应对旋转、缩放等攻击，为了应对其他失同步攻击，本节设计了一个具有尺度和旋转不变性的局部特征方形区域（Local Square Feature Region，LSFR）的构建方法。在方法设计中，结合 8.2.3 节的分析，选择合适的特征算法。具体步骤可以概况为：高斯预处理、Harris-Laplace 特征点计算、SURF 特征方向计算、特征点筛选和特征区域构建。图 8.26 展示了构建局部方形特征区域的各个子过程，构建算法细节的介绍如下。

a) 经过高斯滤波后
的亮度图像

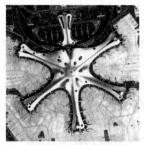
b) 修改后的Harris-Laplace
特征点提取结果

c) 特征点的特征
方向计算结果

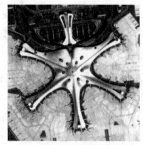

d) 筛选后的特征点

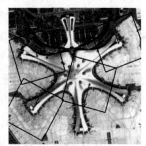
e) 构造的LSFR

图 8.26 "影像 1" 构建局部方形特征区域（LSFR）的过程示意图

1. 高斯预处理

结合 8.2.3 节的分析，使用高斯滤波既可以降低噪声对特征点稳定性的影响，也可以模拟低通滤波攻击从而筛掉一部分不稳定的特征点。首先，对原始数据的亮度图像进行高斯预处理。一个二维高斯函数 $G(x,y)$ 可以通过计算两个一维高斯函数的乘积获得，定义为：

$$G(x,y) = \frac{1}{2\pi\sigma^2} e^{\frac{x^2+y^2}{2\sigma^2}} \tag{8.6}$$

式中，σ 表示标准差。

根据 8.2.3 节中的实验，所使用的高斯核 H_G 的 σ 设置为 2，窗口大小设置为 7×7。图像卷积处理的过程定义为：

$$I_0'(x,y) = H_G * I_0(x,y) \tag{8.7}$$

式中，I_0 表示输入的原始影像的亮度图像；I_0' 表示卷积处理后的结果；* 表示卷积运算符。

"影像 1" 亮度图像的高斯预处理结果如图 8.26a 所示。

2. Harris-Laplace 特征点计算

Harris-Laplace 算子是由 Mikolajczyk 和 Schmid 提出的，已经被广泛使用。本节只对其原理进行简单的介绍，并交代我们修改的部分和参数的设定。

（1）在尺度空间中检测 Harris 特征点

为了获得尺度不变性，我们基于预先设定的尺度建立一个 Harris 检测强度的尺度空间表示。Harris 角点的检测是基于一个特定的图像描述符，称为二阶矩阵，这个矩阵反映了图像局部区域内的梯度变化。为了使矩阵与图像尺度无关，适应尺度的二阶矩阵定义为：

$$M(x,y,\sigma_I,\sigma_D) = \sigma_D^2 G(\sigma_I) * \begin{bmatrix} L_x^2(x,y,\sigma_D) & L_x L_y(x,y,\sigma_D) \\ L_x L_y(x,y,\sigma_D) & L_y^2(x,y,\sigma_D) \end{bmatrix} \quad (8.8)$$

式中，σ_I 和 σ_D 分别表示积分尺度和微分尺度；L 表示高斯函数在相关方向上计算的导数。

输入 σ_D，高斯多尺度空间表示 L 可以由以下公式计算：

$$L(x,y,\sigma_D) = G(x,y,\sigma_D) * I_0' \quad (8.9)$$

式中，G 表示标准差为 σ_D 且均值为 0 的高斯卷积核。

通过输入 σ_I 和 σ_D，具有尺度特征的 Harris 特征强度 cornerness 可以被计算出。cornerness 可以用于定量描述该点在不同尺度下的稳定性，Mikolajczyk 设计的 cornerness 计算公式为：

$$cornerness(x,y,\sigma_I,\sigma_D) = det(M(x,y,\sigma_I,\sigma_D)) - k_1 trace^2(M(x,y,\sigma_I,\sigma_D)) \quad (8.10)$$

式中，$det(\cdot)$ 和 $trace(\cdot)$ 分别计算矩阵的行列式和矩阵的迹；k_1 表示一个常数。

常数 k_1 为一个经验参数，通常设定为 0.04。而理论上，在不同类型的图像之间，理论上最合适的 k_1 应该是不同的。尤其，遥感影像的细节、边缘及纹理相比普通图像更丰富，遥感影像根据显示的地物类型不同，图像特征差异很大。因此，本节采用一个完全基于图像本身的 cornerness 计算方法，也就是 Alison（1988）提出的方法：

$$cornerness(x,y,\sigma_I,\sigma_D) = det(M(x,y,\sigma_I,\sigma_D))./(trace(M(x,y,\sigma_I,\sigma_D))+eps) \quad (8.11)$$

式中，eps 代表最小的正数，用于确保分母是非零的。

通过此公式计算的特征点在各类图像攻击下更稳定。

在预设的尺度空间的每一层，计算候选点的规则如下：

$$\begin{cases} cornerness_k(x,y,\sigma_I,\sigma_D) > cornerness_k(\hat{x},\hat{y},\sigma_I,\sigma_D) & \forall(\hat{x},\hat{y}) \in A \\ cornerness_k(x,y,\sigma_I,\sigma_D) > t_0 \end{cases} \quad (8.12)$$

式中，$cornerness_k$ 表示第 k 层检测的 Harris 特征强度；A 表示点（x，y）的 $3\sigma_I$ 半径邻域范围；t_0 代表阈值，本节设置 $t_0 = 0.1 max(cornerness_n)$。

即在每一层尺度空间，该点的特征强度值大于其 $3\sigma_I$ 半径内其他点，并且该值大于 t_n，则作为候选点。候选点的点集记为 p_{h_c}。

（2）自动的特征尺度选择

自动尺度选择的思想是基于给定的函数，当该函数计算结果在某个尺度上达到极值，则该尺度作为特征尺度。算法使用 Laplacian-of-Gaussians（LoG）算子来计算特征尺度，LoG 定义为：

$$LoG(x,y,\sigma_I) = \sigma_I^2 |L_{xx}(x,y,\sigma_I) + L_{yy}(x,y,\sigma_I)| \quad (8.13)$$

式中，L_{xx} 和 L_{yy} 分别表示 x 和 y 方向的二阶偏导数。

（3）尺度不变性特征点的确定

对于每个候选点，采用迭代的方法确定特征点的位置和尺度。预设的尺度设定为 $\sigma_I^{(n)} = 3 \times 1.2^n$，$\sigma_D^{(n)} = 0.7\sigma_I^{(n)}$（$n \in [1,2,\cdots,13]$）。输入点集中的点，迭代计算步骤如下：

步骤 1： 验证 $p_{h\_c}^{(k)}$ 的 LoG 计算结果是否为整个尺度空间内的极值，如果不是放弃该点。搜寻范围限定在 $\sigma_I^{(k+1)} = t\sigma_I^{(k)}$，$t \in [0.7,0.8,\cdots,1.4]$。

步骤 2： 对上一步验证为极值的点 $p_{h\_c}^{(k)}$，在 $\sigma_I^{(k+1)}$ 的范围内寻找距离该点最近的特征强度最大的点 $p^{(k+1)}$。

步骤 3： 如果 $\sigma_I^{(k+1)} \neq \sigma_I^{(k)}$ 或者 $p_{h\_c}^{(k+1)} \neq p_{h\_c}^{(k)}$，返回步骤 1。

所有点计算完成后得到的新点集则为获得的 Harris-Laplace 特征点，这些点可以对图像质量失真和尺度变化具有一定的鲁棒性。"影像 1" Harris-Laplace 特征点提取结果如图 8.26（b）所示，图中只显示了特征尺度大于 10 的特征点。

3. SURF 特征方向计算

为了获得旋转的不变性，我们基于 SURF 特征方向计算方法为每个特征点赋予一个特征方向。本节选择以特征点为中心、以 6 倍的特征尺度为半径的圆形区域内对图像进行 Haar 小波响应运算。其中，使用标准差为特征尺度两倍的高斯加权函数对 Haar 小波的响应进行高斯加权。

为了获得该区域内的主导方向，我们以特征点为中心，角度为 π/3 的扇形作为窗口，步长设定为 0.2rad，旋转该窗口，将窗口内 Haar 小波的水平和垂直响应相加，从而获得向量（m_w, θ_w），这个过程定义为：

$$m_w = \sum_w \mathrm{d}x + \sum_w \mathrm{d}y \tag{8.14}$$

$$\theta_w = \arctan\left(\frac{\sum_w \mathrm{d}x}{\sum_w \mathrm{d}y}\right) \tag{8.15}$$

式中，m_w 代表响应值的总和；θ_w 代表相应的方向。

特征方向 θ 定义为：

$$\theta = \theta_w \mid max\{m_w\} \tag{8.16}$$

"影像 1" 特征点的特征方向计算结果如图 8.26c 所示。

4. 特征点筛选

一方面要基于特征尺度确定构建的局部特征区域的大小，且构建的局部特征区域不能太小以确保嵌入的水印在拍摄后能保留下来；另一方面，既要构建尽可能多的特征点，又要避免构建的局部特征区域之间相互影响。所以特征点的筛选，既要尽量选择大尺度的特征点，也要避免构建特征区域之间有过多的重叠。

通常基于图像特征的二代水印算法中，构建的特征区域都是互不重叠的。因为本节拟使用 DFT 域作为水印嵌入域，根据 DFT 域的特征，当两个区域有少量重叠时，在 DFT 域中频嵌入的水印信息只会对另一个区域的 DFT 域中频系数产生很小的影响。而且，即使一个特征区域有少量缺失，也不会对该区域 DFT 域中频系数的特征造成很大改变。所以我们构建的 LSFR 之间可以有少量重叠或者有一小部分在图像之外。

据此，筛选步骤设计为：

步骤 1：选择特征尺度在 15~27 之间的特征点，并按特征尺度由大到小排序，获得点集 $P_{h\_t}(i)$，$i \in [1, 2, \cdots, n]$。设置一个辅助系数 kk，另 $kk = 1$。

步骤 2：首先将点 $P_{h\_t}(kk)$ 录入点集 $P_{h\_s}(kk)$。

步骤 3：如果 $P_{h\_s}(i)$ 与 $P_{h\_s}(kk)$ 之间任意一个点的距离小于两点特征尺度之和的 $1.1k_2$ 倍（k_2 代表一个常数系数），则舍弃该点；否则将该点录入点集 $P_{h\_s}(kk)$。输入下一个 $P_{h\_t}(i+1)$ 点并重复此步骤，直至所有点筛选完毕。

步骤 4：获得 $P_{h\_s}(kk)$。$kk = kk + 1$，重复步骤 2 和步骤 3，直至 $kk = 10$。

步骤 5：选择筛选的点集 $P_{h\_s}(kk)$ 中所有构建的 LSFR 面积之和最大的作为筛选结果。

"影像 1" 特征点的筛选结果如图 8.26d 所示。

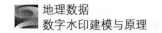
5. 特征区域构建

基于图像特征的二代水印算法中，通过构建圆形的区域作为 LFR。但是，即使构建了圆形区域，这些算法在水印嵌入时会通过补零或者重新排列像素的方法使其成为一个方形区域。这一步骤会造成额外的图像失真，所以本节直接构造方形的局部特征区域。

本节所使用的 LSFR 的边长 L_{LSFR} 定义为：

$$L_{LSFR} = 2floor(k_2 s_1) + 1 \tag{8.17}$$

式中，s_1 代表特征尺度；$floor(\cdot)$ 代表向下取整公式。

图 8.4 所示的 8 幅影像数据的 LSFR 构建结果的示意图如图 8.27 所示。

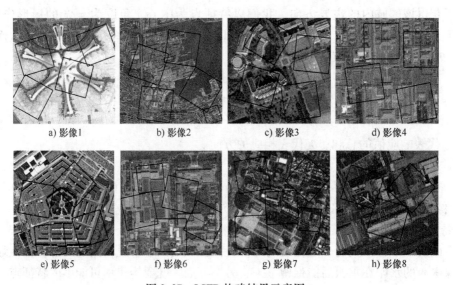

| a) 影像1 | b) 影像2 | c) 影像3 | d) 影像4 |

| e) 影像5 | f) 影像6 | g) 影像7 | h) 影像8 |

图 8.27　LSFR 构建结果示意图

8.3.3　水印嵌入算法

基于 8.2.2 节的分析，本节选择构建的 LSFR 的 DFT 域中频振幅系数作为水印信息载体。每个构造的 LSFR 都被视为一个独立的水印嵌入区域，每个 LSFR 都将嵌入一个完整的水印信息。在使用具有方向特征的 LFR 时，在水印嵌入前通常将 LFR 旋转进行方向归一化，而当旋转角度为非 90°倍数时，旋转后图像的像素会基于插值生成新的像素值。为了避免 LSFR 在方向归一化旋转过程中因为插值造成的额外的图像失真，我们基于 DFT 系数特性设计了一种无需图像旋转的水印嵌入方法。此外，为了提高提取精度，本节提出了一种 DFT 幅值系数的预处理方法。水印嵌入过程如图 8.28 所示。

1. 嵌入区域提取并转换

依次提取包含了 LSFR 的最小正方形区域，如图 8.29 所示。图中黑色方形区域为构建的 LSFR，虚线内的方形区域为每次提取出用于计算的区域。将该区域的亮度图像进行 DFT，获得振幅谱 M 和相位谱 φ。

2. 生成水印信息并构建水印嵌入位置矩阵

基于设定的密钥 Key 生成伪随机二值序列 $W_1 = \{w_1(i) \mid w_1(i) \in \{0,1\}, t = 0, \cdots, l_1 - 1\}$，式中，$l_1$ 代表序列长度。

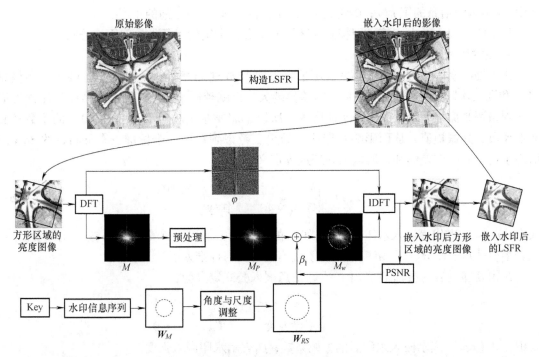

图 8.28 水印嵌入过程

基于 DFT 域的特性，同一块区域即使在不同尺度下，其 DFT 域振幅系数的位置是固定的。所以，为了能够实现原始影像大小未知情况下的盲检测，在将水印信息 W_1 构建为水印矩阵 W_M 时，水印信息的嵌入半径 R_1 设定为固定值。

此外，根据 DFT 域振幅的特性，振幅系数的位置会随着图像旋转和图像区域范围的变化而一起变化。所以一方面，因为选择的方形区域大于构建的 LSFR，该方形区域对应的水印嵌入半径 R_2 定义为：

$$R_2 = \text{round}\left(\frac{L_{square}}{L_{LSFR}} \cdot R_1\right) \tag{8.18}$$

式中，L_{square} 代表包含此 LSFR 的最小方形区域的边长；round($\cdot$) 表示四舍五入取整。

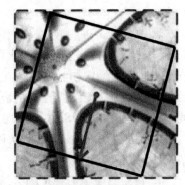

图 8.29 包含一个 LSFR 的最小方形区域示意图

另一方面，原本图像应基于特征方向进行归一化以实现旋转不变性，本节通过旋转嵌入水印的坐标位置来代替旋转图像。因为 DFT 振幅谱是中心对称的，所以一共可以有 180° 的范围作为嵌入域。从而，在方形区域对应的水印矩阵 W_{RS} 中水印嵌入位置 $W_{RS}(x_i, y_i)$ 的计算公式为：

$$x_i = \frac{L_{square}+1}{2} + floor\left[R_2\cos\left(\frac{j}{l_1} \cdot \pi + \theta_d\right)\right]$$

$$y_i = \frac{L_{square}+1}{2} + floor\left[R_2\sin\left(\frac{j}{l_1} \cdot \pi + \theta_d\right)\right] \tag{8.19}$$

式中，j 是水印信息的第 j 位；θ_d 代表特征方向与归一化方向之间的角度。

基于此，嵌入的水印信息围绕嵌入区域的中心在设定的半径处等间距地分布。

3. 系数预处理与水印嵌入

为了提高水印检测时的成功率，本节将振幅谱 M 进行预处理。理论上，嵌入水印信息"1"和嵌入水印信息"0"的系数之间差异越大，也就越便于检测。因为本节拟采用加性嵌入法则来调制振幅系数，以实现水印嵌入。所以，需要避免嵌入水印信息"0"的系数及其邻近系数为高振幅值，从而影响水印检测结果。考虑到对于一个标准正态分布，约 84% 的值小于均值和标准差的和，所以预处理过程定义为：

$$m_p(x,y) = \begin{cases} \overline{m_p} + \sigma_p & m_p(x,y) > \overline{m_p} + \sigma_p \\ 不做改变 & 其他 \end{cases} \tag{8.20}$$

式中，$m_p(x,y)$ 代表嵌入水印信息为"0"的振幅系数及其 8 个邻近的系数；$\overline{m_p}$ 和 σ_p 分别代表半径 $[R_2-2, R_2+2]$ 范围内所有系数值的均值与标准差。

在预处理过后的振幅谱 M_P 中，水印信息嵌入公式定义为：

$$M_w(x,y) = \begin{cases} \overline{m_p} + \beta_1 \cdot \sigma_p & W_{RS}(x,y) = 1 \\ 不做改变 & W_{RS}(x,y) = 0 \end{cases} \tag{8.21}$$

式中，$M_w(x,y)$ 表示嵌入水印后的振幅系数；β_1 表示水印嵌入强度。

图 8.29 所示区域嵌入水印后的振幅谱示意图如图 8.30 所示。作为示意图，为了清楚的展示嵌入结果，图中水印嵌入强度被夸大了。

将 M_w 与 φ 进行逆傅里叶变换（Inverse Discrete Fourier Transform，IDFT），获得嵌入水印后方形区域的亮度图像。本节的算法中，给定初始嵌入强度 $\beta_1 = 0.1R_1$，并根据嵌入水印后方形区域的亮度图像与其原始信号之间的 PSNR 值对嵌入强度进行调整。如果 PSNR<39dB，则嵌入强度降低 0.2。迭代这一过程，直至 PSNR>39dB。从而获得该方形区域最终的嵌入结果。

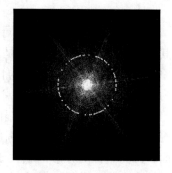

图 8.30　DFT 域振幅谱
水印嵌入结果示意图

4. 替换影像中 LSFR 的区域

将嵌入水印后包含 LSFR 的方形区域亮度图像转换回空间域的多波段。然后，仅将原始影像中 LSFR 范围的像素值进行替换。

当完成所有 LSFR 的嵌入和替换，水印嵌入完成。

8.3.4　水印检测与提取算法

图 8.31 展示了水印检测过程，可以概括为三个步骤：透视校正、候选检测区域定位、水印信息提取。

1. 透视校正

在 8.2.1 节已经介绍了透视校正的原理和计算方法，本节的算法同样通过手动选择四个顶点进行透视校正。但与之前不同的是，因为算法具有尺度和旋转鲁棒性，所以不需要将图像恢复到原始大小或原始方向。理论上，在不知道图像的原始大小或不知道图像是否被裁剪

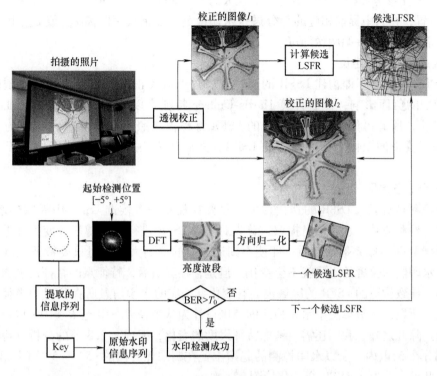

图 8.31　水印检测过程

的情况下，我们也可以选择使用电脑屏幕的四个顶点来进行透视校正，如图 8.32 所示，或者将图像校正为原始的长宽比。

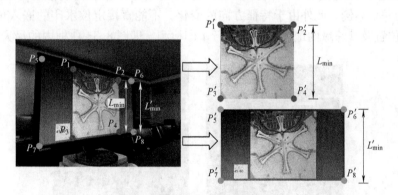

图 8.32　透视校正过程示意图

因为现在的智能手机都配置有高像素的摄像头，拍摄到的图像像素通常比原始图像大。尤其近距离拍摄时，捕捉到的图像部分像素值数量远大于原始影像。为了充分利用相机捕捉到的信息，在校正前，根据四个点之间的最短距离 L_{min} 或 L'_{min} 进行判断。如果这个最短距离大于 1500 像素，图像将被恢复为两种不同的大小 I_1 和 I_2。如果影像原始尺寸已知，则校正为原始大小；否则基于经验判断校正为一个大致相当的尺寸，这一步校正的图像为尺寸较小的 I_1。它将被用于计算候选的 LSFR 的位置，同时较小的尺寸可以提高计算效率。基于 L_{min}

或 $L'_{\min}$ 作为校正参考而校正的图像为尺寸较大的 I_2，如图 8.32 所示。基于在 I_1 中计算的候选 LSFR 的位置，在 I_2 中提取相应的部分进行水印检测。如果最短距离 $L_{\min}$ 或 $L'_{\min}$ 小于 1500 像素，那只需要校正出一幅图像即可。

2. 候选检测区域定位

候选 LSFR 的计算即构建 LSFR 的逆过程。首先对校正后的图片进行高斯预处理以降低噪声带来的负面影响，然后计算 Harris-Laplace 特征点以及相应的 SURF 特征方向。为了避免漏检，所有可能用于水印同步的 LSFR 都将被按照特征尺度由大到小的顺序依次检测。基于校正的图像 I_1 计算候选的 LSFR，然后从 I_2 中提取相应的区域用于水印信息提取。

3. 水印信息提取

水印检测是对候选 LSFR 的迭代搜索，只要在任意一个候选 LSFR 中提取到水印信息，就认为水印检测成功。水印信息提取，首先对候选 LSFR 进行离散傅里叶变换并进行方向归一化。根据 DFT 振幅系数的性质，即使不知道图像的原始大小，但只要特征尺度对应的区域不变，水印嵌入位置的半径就不会变化。但是，在屏摄后，特征点的特征尺度通常会有轻微的变化，导致构造的 LSFR 的区域也会有变化，相应的水印信息所在位置的半径也会有轻微的变化，所以，本节算法中水印检测的范围设计为从半径 R_1-10 至 R_1+10，以一个像素距离为间隔。除此之外，我们还需要考虑特征尺度的变化，根据 8.2.3 节的分析，特征尺度的变化大部分在 5° 以内，所以水印检测的起始位置在归一化方向的 $-5° \sim +5°$ 之间，以 1° 为间隔。根据此设定，每个 LSFR 会迭代检测 231 次。

因为透视校正手动选点可能存在轻微的误差，且镜头失真导致的桶形畸变或枕形畸变也不可忽视，所以校正后的图像相比原始影像仍然存在轻微的几何失真。这会导致 DFT 系数的位置发生偏移，如果偏移至非整数位置，将不可避免地会导致相邻点的系数发生变化，图 8.33 即为一个案例。此外由于特征方向的变化，不能直接定位水印的嵌入位置，因此每次提取候选位置及其邻域的最大振幅值进行水印检测，即图 8.33 白框内的最大值。

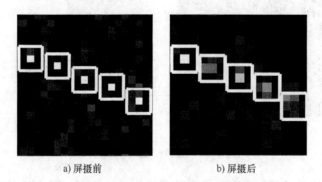

a) 屏摄前   b) 屏摄后

图 8.33　振幅系数在屏摄前和屏摄后的变化

基于局部统计特征的水印信息 w'_1 提取公式定义为：

$$w'_1(i) = \begin{cases} 1 & V_1(i) \geqslant \overline{M}_w + k_3 \sigma_w \\ 0 & V_1(i) < \overline{M}_w + k_3 \sigma_w \end{cases} \tag{8.22}$$

式中，$V_1(i)$ 表示该次提取的水印位置 3×3 范围内最大的振幅值；$\overline{M}_w$ 和 σ_w 分别表示半径 $[R_1-2,\ R_1+2]$ 范围内所有系数值的均值与标准差；k_3 表示一个常数参数。

将提取的 w_1' 与基于水印密钥生成的伪随机序列 W_1 进行对比，并计算错位数。如果错位数低于设定的阈值 T_1，则认为水印检测成功；否则，继续检测下一个 LSFR，直至完成检测。

8.3.5 实验与分析

1. 参数选择

参数的选择决定了算法的有效性，本节设计了一系列定量统计实验来寻找算法中所使用参数的最优解。为了满足实际应用的需求，本节将水印信息长度 l_1 设置为 60。

（1）参数 k_2 的选择

构建的 LSFR 的尺寸越大、数量越多，算法的鲁棒性就越好。此外，构造的 LSFR 的尺寸也决定了所能构建的 LSFR 的数量。根据式（8.17），本实验构建的 LSFR 的大小和数量由参数 k_2 所决定。

本节使用从天地图获得的 50 幅 1024×1024 大小的影像作为实验数据。对使用不同 k_2 构建 LSFR 的平均数量进行了统计，并对 LSFR 边长在 240~300 之间和边长大于 300 的数量分别进行了统计，统计结果见表 8.2。当 k_2 设置为 6 时，能够构建最多边长大于 300 的 LSFR，且构建的总数量也能够满足使用需求，所以本节将 k_2 设定为 6。

表 8.2　使用不同 k_2 所能构建的 LSFR 的平均数量

k_2	4.5	5	5.5	6	6.5	7	7.5	8
$240 \leqslant L_{LSFR} \leqslant 300$	7.44	6.58	5.72	0.40	0.36	0.76	0.90	1.12
$L_{LSFR} > 300$	0.00	0.00	0.00	3.72	3.32	2.16	1.62	1.46
总计	7.44	6.58	5.72	4.12	3.68	2.92	2.52	2.58

（2）嵌入半径 R_1 的选择

DFT 域振幅谱不同半径处的系数在屏摄过程中的变化规律不同，将水印信息嵌入在不同的半径处也会影响算法的鲁棒性。考虑到算法不可感知性的要求，当使用不同半径处的系数作为水印载体时，水印嵌入强度 β_1 也会相应地变化。

为了选择最适合算法的嵌入半径，本节设计了一个定量分析实验。将图 8.4 所示的 8 幅影像数据的大小调整为 241×241，从而每幅调整后的影像都可以被视为一个单独的 LSFR。基于密钥 Key$_1$ 生成水印信息，其中共有 32 个水印位为"1"。

因为提取算法使用水印位 3×3 范围内的最大值作为提取结果，为了避免水印信息位置之间太近而相互影响，水印嵌入半径应大于 55，以留有足够的空间嵌入水印。根据式（8.20），首先对实验图像的 DFT 幅值进行预处理。然后，根据式（8.21）对所有图像分别在半径 56、60、64、68、72 处嵌入水印信息。通过调整嵌入强度，将水印图像的 $PSNR$ 值控制在 42dB 左右。不同嵌入半径下，平均嵌入强度统计结果如图 8.34a 所示。随着选择的嵌入半径的增大，嵌入强度也相应地增大。

为了量化不同拍摄距离下，水印嵌入半径不同的图像中嵌入了水印的振幅值的变化，我们设计了一个指数作为评价因子（$K_{r,d}$）来描述水印信息的显著程度。因为只有嵌入水印信息"1"的系数值被进行了修改，$K_{r,d}$因子只需要考虑被修改的振幅值的变化。基于水印信息提取式（8.22），将$K_{r,d}$定义为：

$$K_{r,d} = \frac{\sum_{i=1}^{32}(m_{c(r,i)} - \overline{M}_w)}{32\sigma_w} \tag{8.23}$$

式中，$K_{r,d}$代表在距离d处拍摄的嵌入半径为r的影像的水印显著程度；$m_{c(r,i)}$代表半径为r的影像中嵌入了第i个水印信息"1"处的振幅值。

不同垂直拍摄距离下，平均$K_{r,d}$的计算结果如图8.34b所示。当拍摄距离很近时，相机捕捉的细节很丰富，因为水印的嵌入半径越大的影像，相应的嵌入强度也大，所以水印信息越显著。然而，随着拍摄距离的增加，捕获到的水印细节越来越少，半径越大的振幅系数受低通滤波攻击的影响也越大。综合来看，只有当嵌入半径R_1设定为56和60时，水印信息在不同的垂直拍摄距离下都具有较好的显著性。考虑到现实场景中，通过手机拍摄屏幕时，为了清楚且完整地拍摄屏幕上的内容，拍摄距离通常在50~70cm之间。基于此考虑，当拍摄距离为50cm和70cm时，$R_1 = 60$的$K_{r,d}$值最大。据此，本节将R_1设定为60。

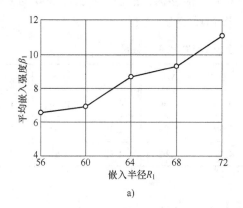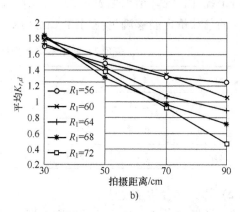

a)　　　　　　　　　　　　b)

图8.34　嵌入半径对算法的影响

（3）参数k_3的选择

基于式（8.22），k_3决定了水印信息提取的阈值，从而会影响水印信息提取的成功率和有效性。本节分别对8幅嵌入水印后的影像数据中33个LSFR的提取结果进行统计分析，以选择最合适的阈值计算参数k_3。根据检测算法，每个LSFR会迭代检测231次，选择错位数最小的提取结果作为最终结果。实验设置拍摄角度为0°、15°和30°，拍摄距离为30~100cm，以10cm为间隔，因此每幅影像在不同的拍摄条件下共被拍摄了24次。基于8.3.4节的水印提取方法，共计获得792个被拍摄的嵌入水印后的LSFR，并提取相应的水印信息。同时使用未嵌入水印信息的半径处的系数来模拟未嵌入水印的情景，对每个LSFR在半径$R_1 + 10$处也进行水印提取，从而获得未嵌入水印的LSFR提取结果。使用不同的k_3，水印提取结果的平均错位数如图8.35a所示。当k_3设置为1时，嵌入水印的LSFR水印提取结果获得最小的平均错位数2.82；未嵌入水印的LSFR水印提取结果与k_3取值无关，平均错误数始终在20左右。当$k_3=1$时，所有检测结果错位数的统计如图8.35b所示，嵌入水印LSFR的最小错位数都低于10。据此，本节将k_3设定为1。

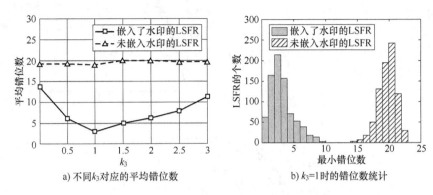

a) 不同k_3对应的平均错位数　　　　　b) $k_3=1$时的错位数统计

图8.35　不同信息提取阈值对应的错位数统计

（4）阈值T_1的选择

阈值T_1的设定决定了检测结果的虚警率和正检率。T_1既需要足够低，以保证能够从嵌入了水印的影像中检测到水印信息，T_1也需要足够高，以确保不会从未嵌入水印的影像中检测到水印信息。

从未嵌入水印的影像中提取的信息可以看作是独立的随机变量，所以单个水印位检测匹配的概率为0.5。单次检测的虚警率P_f可以定义为：

$$P_f = \sum_{i=l-T_1}^{l} (0.5)^{l_1} \left(\frac{l_1!}{i!\,(l_1-i)!} \right) \tag{8.24}$$

根据本节设计的检测算法，每个LSFR会在不同的半径处和设定的角度范围内进行迭代检测，最大迭代次数为231次。假设在检测一个LSFR时，完成了整个迭代检测过程，此时一个LSFR水印检测的虚警率为：

$$P_f' = 1-(1-P_f)^{231} \tag{8.25}$$

据此，设置不同阈值时一个LSFR水印检测的虚警率曲线如图8.36a所示。

为了分析阈值对正检率的影响，对使用不同密钥和不同影像数据屏摄后水印检测的成功率进行了实验分析。对8幅影像数据分别使用Key_1、Key_2、Key_3和Key_4嵌入水印信息，拍摄实验的设置与8.3.5第（3）节相同，每幅嵌入水印后的图像均在不同的拍摄距离和角度下被拍摄了24次，共计获得768个检测结果。当使用不同密钥时，正检率与T_1的关系曲线如图8.36b所示。可以看出，对于嵌入不同的水印信息，正检率是稳定的，只与阈值的选择相关。当使用不同的影像数据时，正检率与T_1的关系曲线如图8.36c所示，由图可知，不同数据受屏摄攻击的影响不同，当$T_1 < 10$时，不同数据之间的正检率存在一定差异。

基于上述分析，本节设置T_1为8，即检测的错位数小于8才能认为检测成功。基于式（8.25），此时一个LSFR水印检测的最大虚警率为8.86×10^{-8}，使用密钥Key_1、Key_2、Key_3和Key_4的正检率分别为96.74%、93.49%、95.57%和92.58%，使用不同影像数据的正检率分别为92.84%、99.87%、100%、95.70%、100%、98.70%、99.35%和100%。

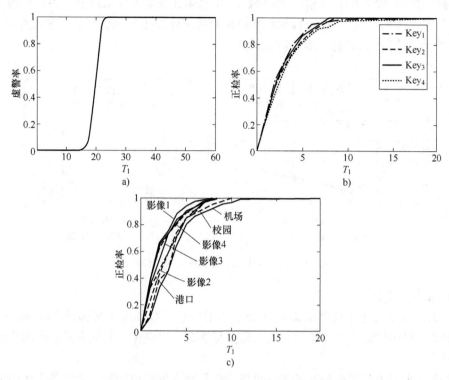

图 8.36　不同阈值设定对虚警率和正检率的影响

（5）实验设置

本节将设计了一系列实验来验证算法的鲁棒性。鲁棒性是指经过指定类型的攻击后检测水印信息的能力。错位率（Bit Error Rate，BER）是一种常用的定量表示算法鲁棒性的数学方法，定义为：

$$BER(w_1, w_1') = \frac{n_e}{l_1} \tag{8.26}$$

式中，n_e 表示提取的水印信息中错误的比特数。

BER 越低，提取结果越接近原始水印信息，鲁棒性越好。因为水印检测阈值 T_1 设置为 8，且水印信息长度为 60，所以当 BER<13.33% 时方能认为水印检测成功。

使用的实验设备为：显示设备为一台 2560×1440 像素 27 英寸的显示器。为了模拟真实场景，显示器没有经过特殊的校正。拍摄设备为 40MP 像素的华为 P30PRO 手机。拍摄时控制对焦良好，并尽量保证拍摄质量良好。

实验数据使用图 8.4 所示的 8 幅影像。嵌入水印后的影像数据如图 8.37 所示。"影像 1" 嵌入水印前后的细节如图 8.38 所示。

2. 数据有效性评价

对于普通图像，通常只需要通过控制水印嵌入强度，以保证嵌入后的不可感知性。而对于影像数据，既要考虑不可感知性，也要确保算法不会影响数据的分析使用。本节将嵌入水印后的影像进行非监督分类，采用 K-Means 非监督分类方法，分为 4 类，设置最大迭代次数为 5 次。"影像 1" 嵌入水印前后的非监督分类结果如图 8.39 所示。

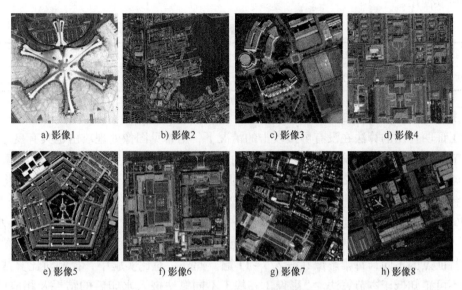

a) 影像1   b) 影像2   c) 影像3   d) 影像4

e) 影像5   f) 影像6   g) 影像7   h) 影像8

图 8.37   嵌入水印后的影像数据

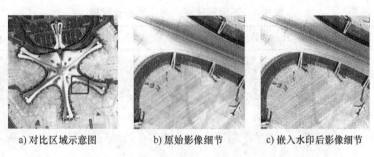

a) 对比区域示意图   b) 原始影像细节   c) 嵌入水印后影像细节

图 8.38   "影像 1"嵌入水印前后细节对比

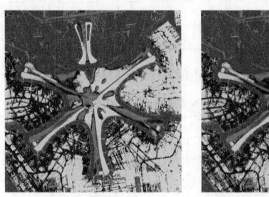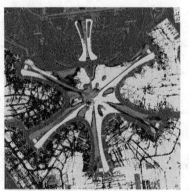

a) 原始影像非监督分类结果   b) 嵌入水印后影像非监督分类结果

图 8.39   "影像 1"嵌入水印前后非监督分类结果

所有数据在水印嵌入前后，非监督分类结果的改变率统计见表 8.3。改变率最多的"影像 2"为 4.22%，最少的为"影像 4"2.49%。改变率均低于 10%，认为算法不会影响影像数据的后续使用。

表 8.3　嵌入水印前后非监督分类结果的改变率统计（%）

影像	影像 1	影像 2	影像 3	影像 4	影像 5	影像 6	影像 7	影像 8
改变率	3.17	4.22	2.53	2.49	2.65	3.38	3.68	2.93

3. 抗常规图像处理攻击的鲁棒性分析

为了证明提出的算法在没有屏摄攻击的情况下，对常见图像处理攻击也具有良好的鲁棒性，本节进行了相应的实验，并与两个现有的算法进行了对比。因为本节使用的实验图像尺寸与文献 [12] 和文献 [21] 算法中使用图像的尺寸不同，为了公平对比，我们将对比算法的参数进行了相应的调整。在使用文献 [21] 的算法嵌入水印时，将图像共分为 16 个 256×256 的分块，水印长度为 64 位，共嵌入一遍。在使用文献 [12] 的算法嵌入水印时，最小嵌入单元由 8×8 扩大为 16×16，并相应地调制水印嵌入强度，水印长度为 63 位，根据提取的特征点的不同，每幅影像共嵌入 7~11 遍。此外，对比实验中，控制对比算法嵌入水印后的不可感知低于本节算法。"影像 1"基于不同算法嵌入水印后的结果及相应的 $PSNR$ 和 $SSIM$ 值见表 8.4。

表 8.4　不同算法嵌入水印的影像数据

方法	文献 [21] 的算法	文献 [12] 的算法	本节算法
嵌入水印后 的影像	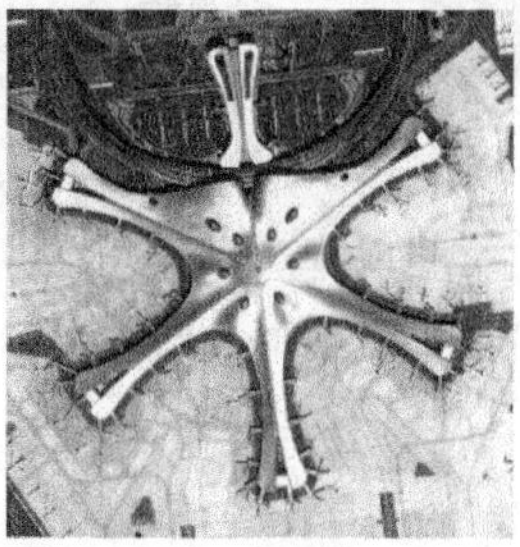	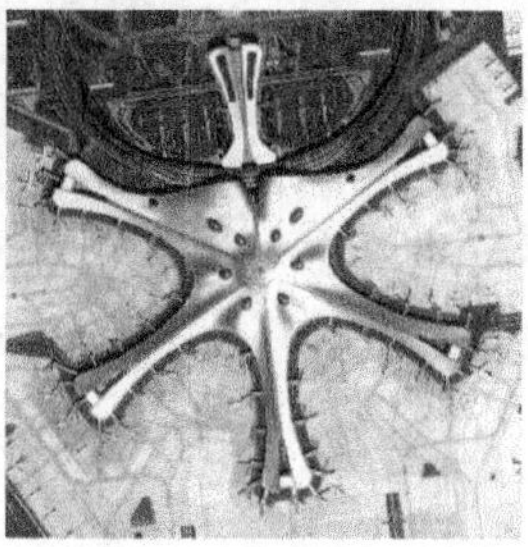	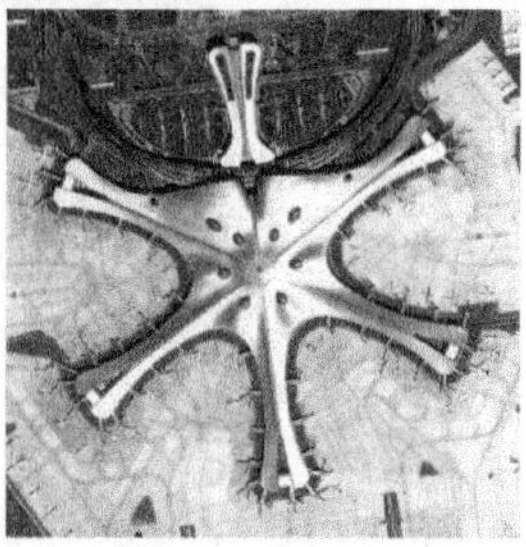
$PSNR$/dB	40.4677	41.6100	41.8633
$SSIM$	0.9759	0.9782	0.9847

本节算法与对比算法抗常规图像处理攻击的鲁棒性实验结果见表 8.5。

表 8.5　抗常规图像处理攻击的鲁棒性实验结果（%）

攻击类型	平均 BER		
	文献 [21] 的算法	文献 [12] 的算法	本节算法
JPEG 40%	49.80	0.20	4.79
JPEG 30%	51.76	4.56	5.83
JPEG 20%	48.83	21.83	5.42
JPEG 10%	48.24	49.39	19.58
缩放至 60%	46.88	48.59	3.54
缩放至 50%	49.41	49.40	3.75

（续）

攻击类型	平均 *BER*		
	文献 [21] 的算法	文献 [12] 的算法	本节算法
缩放至 40%	51.95	50.39	6.67
缩放至 30%	49.61	49.19	38.75
裁剪 20%	-	0.00	0.00
裁剪 30%	-	0.00	0.00
裁剪 40%	-	0.00	0.00
裁剪 50%	-	0.00	0.00
旋转 15°并裁剪	48.44	48.21	0.00
旋转 30°并裁剪	51.76	51.39	0.00
旋转 45°并裁剪	48.63	50.98	0.00
旋转 90°	50.00	49.79	0.00
中值滤波 3×3	4.69	0.00	3.33
中值滤波 5×5	33.20	11.11	24.58
高斯噪声 (0.005)	18.16	4.76	4.58
高斯噪声 (0.01)	27.15	10.71	6.46
椒盐噪声 (0.05)	33.20	14.09	0.21
泊松噪声	30.08	3.17	0.63
斑点噪声	37.30	14.29	0.83
锐化	0.59	0.40	0.83
线性拉伸	0.59	0.00	0.00
直方图均衡	0.39	0.00	0.00

　　本节算法对 JPEG 攻击具有很好的鲁棒性，可以抵抗 JPEG 20%。对于缩放攻击，实验中不对缩放后的图像进行恢复，直接提取水印信息。由表 8.5 可知，本节算法可在缩放至 40%的情况下仍然有效。对于 JPEG 和缩放攻击，本节算法相比对比算法具有更好的鲁棒性。本节中的裁剪攻击指的是从图像右侧连续裁剪，对于基于局部特征区域的算法，理论上只要有一个完整的水印嵌入区域存在，水印检测的 *BER* 应为 0%。结论表明，本节算法和文献 [12] 的算法均可抵抗裁剪 50%的攻击。

　　对于旋转和裁剪攻击，指的是将图像旋转后，重新裁剪为新的矩形，此类攻击造成了图像方向的失同步。结论表明，仅本节算法对旋转和裁剪攻击有效。对于中值滤波攻击，文献 [13] 的算法具有更好的鲁棒性，本节提出的算法也能够适用于适用 3×3 窗口的中值滤波攻击。对于高斯噪声、椒盐噪声、泊松噪声和斑点噪声，本节的算法均有更好的鲁棒性，且水印检测均能成功。考虑到影像数据在使用过程中，会通过锐化、线性拉伸或直方图均衡化进行图像增强，本节也进行了实验，结果表明，算法可以适用于这几类图像增强处理攻击。

4. 抗屏摄攻击的鲁棒性分析

　　本节验证了算法对于屏摄攻击的鲁棒性。同样，首先与文献 [12] 和文献 [21] 提出的算法进行了对比。对比实验设置为：①垂直拍摄距离 30～100cm，以 10cm 为间隔；②拍摄距离 60cm，拍摄角度从与屏幕垂直方向夹角为 0°向左偏移至 60°，以 15°为间隔。

对比实验结果如图 8.40 所示，结果表明，文献［21］提出的算法不能适用于抗屏摄过程，文献［12］提出的算法和本节提出的算法均对屏摄攻击具有良好的鲁棒性。当垂直拍摄时，算法的 $BER<11\%$，且 0°～60°的拍摄角度下，$BER<10.5\%$。

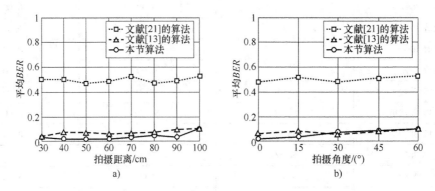

图 8.40　不同算法抗屏摄鲁棒性对比

理论上，在不考虑外部影响的情况下，从屏幕水平左侧方向拍摄和从屏幕水平右侧方向拍摄造成的图像失真是相似的。从不同的垂直方向的角度拍摄造成的图像失真，也同样类似于从不同的水平角度拍摄造成的失真。因此如表 8.6 所示，本节设计实验中，拍摄角度从垂

表 8.6　"影像 2"的屏摄实验图像

拍摄角度（左侧）/（°）	拍摄距离/cm							
	30	40	50	60	70	80	90	100
0								
15								
30								
45								
60								

直屏幕到水平向左 60°，以 15° 为间隔。拍摄距离设置为 30 ~ 100cm，以 10cm 为间隔。当拍摄角度为 45° 和 60° 时，在 40cm 处拍摄无法捕捉到整幅影像，所以起始拍摄距离为 50cm。表 8.6 展示了在设置的实验拍摄条件下，拍摄的"影像 2"的图像。表 8.7 展示了表 8.6 的实验照片中校正并提取的影像部分，以及其相应的水印检测结果的 BER。

表 8.7 "影像 2"校正后并提取的图像

拍摄角度（左侧）/(°)	拍摄距离/cm							
	30	40	50	60	70	80	90	100
0	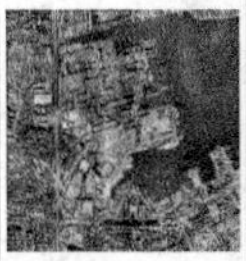 图像	 图像	 图像	 图像	 图像	 图像	 图像	 图像
BER	1/60	0/60	0/60	0/60	2/60	3/60	2/60	3/60
15	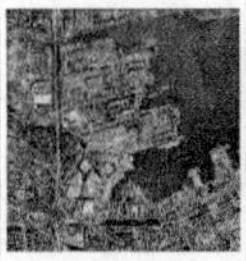 图像	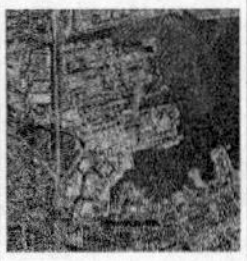 图像	 图像	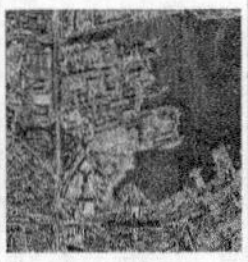 图像	 图像	 图像	 图像	 图像
BER	2/60	0/60	0/60	0/60	1/60	4/60	2/60	5/60
30	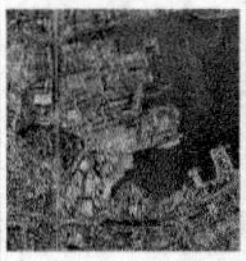 图像	 图像	 图像	 图像	 图像	 图像	 图像	 图像
BER	4/60	2/60	1/60	0/60	4/60	5/60	3/60	5/60
45		 图像	 图像	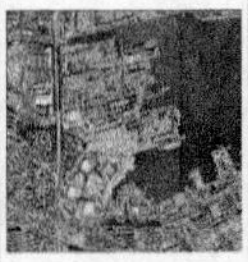 图像	 图像	 图像	 图像	 图像
BER		0/60	0/60	2/60	5/60	4/60	5/60	7/60
60		 图像	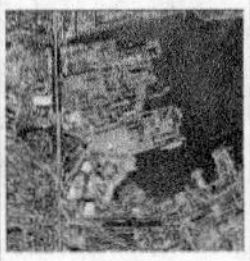 图像	 图像	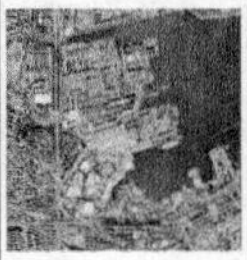 图像	 图像	 图像	 图像
BER		4/60	3/60	4/60	6/60	6/60	18/60	19/60

根据表 8.7，当拍摄距离较近时，因为摩尔纹噪声较为严重，会造成少量水印位的判断错误。此外，拍摄角度相比拍摄距离对水印检测的 BER 的影响更大。

8 幅影像水印检测结果如图 8.41 所示。其中，虚线表示拍摄方向，圆形标记表示检测成功，叉标记表示检测失败。由图 8.41 可知，当水平拍摄角度小于 30° 时，水印检测基本都能够成功。当拍摄角度为45°时，在80cm的拍摄距离内，水印检测都能成功。对于60°的大角度拍摄，此时照片中图像聚焦问题不可忽视，导致校正后的图像细节丢失严重。在60°拍摄角度下，除"影像1"外，基本都可以在70cm的拍摄距离内水印检测成功。当发生偷拍时，为了清晰地拍摄所需要的内容，通常拍摄角度在30°以内，拍摄距离在50~80cm之间，故认为，本节提出的算法可以满足实际使用的需求。

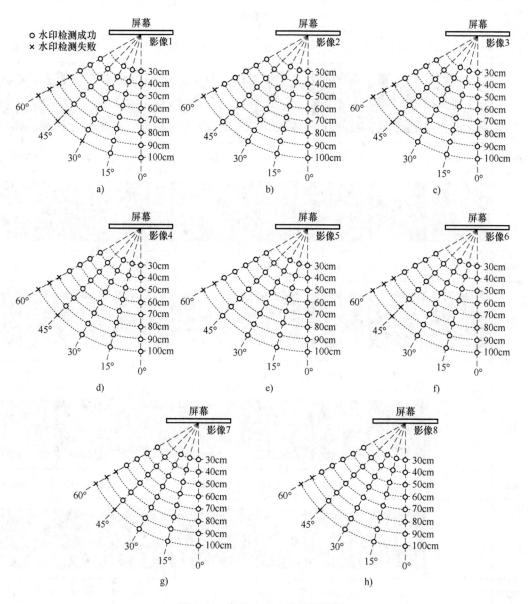

图8.41　各组实验水印检测结果

以上的抗屏摄实验均是基于三脚架拍摄，可以防止拍摄时手机抖动。为了模拟真实拍摄情形，本节进一步测试了在更多的倾斜拍摄角度下手持设备拍摄后的水印检测结果。四个手持手机拍摄的案例，以及对应的校正提取结果与水印检测结果见表8.8。实验表明，本节算法对手持设备拍摄的情况同样有效。

表 8.8　手持设备拍摄示例

手持拍摄	示例 1	示例 2	示例 3	示例 4
拍摄的照片			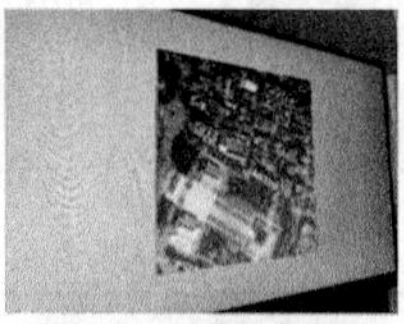	
校正的影像				
BER	1/60	3/60	2/60	5/60

5. 同时抗屏摄攻击和常规图像处理攻击的鲁棒性分析

在实际应用场景中，所使用的影像数据可能面临用户使用时造成的各种攻击。所以本节设计了四个场景以验证算法对同时抵抗屏摄攻击和常规图像攻击的鲁棒性，且设计的四个场景中造成的失同步统计均为文献［12］提出的算法不能适用的。四个设计的实验为：①"影像 7"被裁剪了 20%，并被进行了放大；②"影像 6"被进行了拼接；③"影像 4"被旋转了 5°并裁剪为新的矩形；④"影像 1"被旋转了 90°并缩小。四个假设场景的示例及其相应的校正提取结果见表 8.9。当水印检测时，假设具体的攻击未知，意味着不将影像校正回原始方向与尺度。由于影像尺寸未知，①和②只能使用屏幕的四个角点进行透视校正。

四个场景的水印检测结果如图 8.42 所示。图 8.42 的构造与图 8.41 相同。由于实验图像的尺寸不同，实验中的拍摄距离进行了相应的调整。因为①和②需要使用屏幕的四个角点进行透视校正，所以实验的拍摄距离从 50cm 开始。①所使用的"影像 7"的检测结果相比 8.3.5 第（4）节中"影像 7"的检测结果要好，因为图像放大后，有利于同等拍摄条件下对水印信息的捕捉。②~④的检测结果与 8.3.5 第（4）节中相同影像的水印检测结果基本一致。据此，认为本节提出的算法能够有效地同时抵抗屏摄与常规图像处理攻击。

表 8.9　四个屏摄与常规图像处理攻击场景的示例

实验场景	①	②	③	④
拍摄的照片			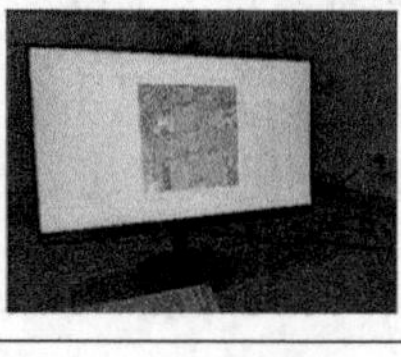	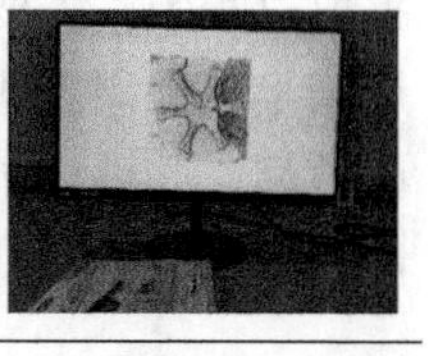

（续）

实验场景	①	②	③	④
校正的影像	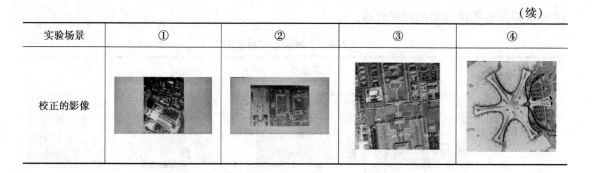			

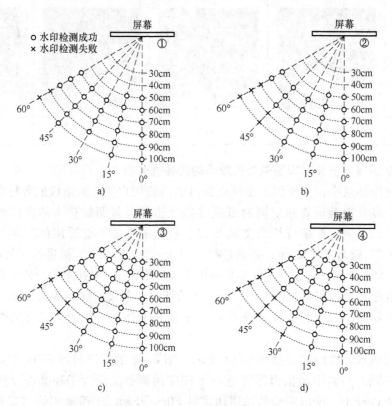

图 8.42　屏摄攻击与常规图像处理攻击下的水印检测结果

8.4　遥感影像抗屏摄鲁棒盲水印模型与算法

　　根据水印检测时所需要的信息，可以将水印算法分为盲水印算法和非盲水印算法。盲水印算法指的是水印检测时不需要原始数据，且不需要任何额外的信息。8.3 节的算法在水印提取过程中，需要手动参与，不能完全自动提取，且需要部分已知信息用于透视校正，算法属于半盲水印算法。为了实现盲水印，本节介绍了基于水印模板的遥感影像抗屏摄鲁棒盲水印模型，并设计了相应的水印算法，实现了不需要任何额外信息或用户操作的水印同步与水印检测。

8.4.1　模型构建

目前所有针对打印拍摄攻击或屏摄攻击的算法都需要一些额外的信息用于透视校正，例如给图像加个边框、记录图像四个角点的位置等。8.3 节提出的算法也需要手动进行透视校正，但是如图 8.43 所示，如果拍摄的照片中不包含整个图像或屏幕，就无法手动选择图像或屏幕的四个角用于校正。尤其与普通图像不同，遥感影像通常图幅较大，用户使用的遥感影像多为裁剪和拼接后的，所以很难估计照片中遥感影像部分的原始大小或长宽比。所以，如何设计从透视畸变后的遥感影像中实现盲水印检测与提取模型，是一个亟需解决的问题。

图 8.43　屏摄照片示意图

为了实现盲检测，意味着必须从屏摄的照片中定位到足够多的已知坐标的"点"用于透视校正。据此，解决这个问题的思路是在图像中嵌入设计好的标记，通过检测并定位这些标记来实现水印同步。基于 8.2.2（4）节的分析，考虑到 DFT 域振幅系数在屏摄过程中的优势，可以通过构造和嵌入基于 DFT 域的水印模板来实现标记的嵌入。水印模板相当于一种水印信息的组织方式，将水印信息组织成另一种形态，并嵌入到载体数据中。基于水印模板的遥感影像抗屏摄鲁棒盲水印模型的框架如图 8.44 所示。

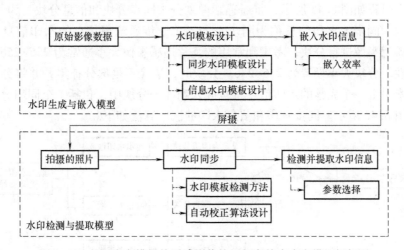

图 8.44　基于水印模板的遥感影像抗屏摄鲁棒盲水印模型框架图

水印生成与水印嵌入模型可以定义为：

$$D' = EW(f_{同步模板}(W_{同步}), D_{同步}) + EW(f_{信息模板}(W_{信息}), D_{信息}) \tag{8.27}$$

式中，$W_{同步}$ 和 $W_{信息}$ 分别表示用于水印同步的水印信息和用于传递隐藏信息的水印信息；$D_{同步}$ 和 $D_{信息}$ 分别表示原始数据中拟嵌入同步水印和嵌入信息水印的部分；$f_{同步模板}(\cdot)$ 和 $f_{信息模板}(\cdot)$ 分布表示同步水印模板和信息水印模板的生成方法。

在水印生成与嵌入方面，最关键的是水印模板的构造。针对传统图像处理攻击构建的水印模板，通常既用于水印同步也同时作为信息载体。但屏摄攻击中的强噪声攻击和低通滤波攻击对算法鲁棒性的要求更高。本节拟分别构建同步水印模板和信息水印模板以实现水印同步和水印信息的传递。

水印检测与提取可以定义为：

$$W_{信息} = DW(D'_{syn}) \tag{8.28}$$

$$D'_{syn} = Syn_{blind}(f_{同步检测}(Photo), Photo) \tag{8.29}$$

式中，$f_{同步检测}(\cdot)$ 表示从照片中检测同步水印信息的方法；$Syn_{blind}(\cdot)$ 表示无需额外信息自动透视校正并提取待检测部分的方法。

在水印检测与提取方面，关键问题是如何实现同步水印模板的检测，即如何实现 $f_{同步检测}(\cdot)$。文献［21］提出的方法和文献［18］提出的方法中，因为待检测的图像是完整的，即已知模板水印的嵌入区域，再进行水印提取。而屏幕上显示的大幅的遥感影像，并不能直接判断每一个嵌入分块的范围，所以模板水印嵌入的具体位置也是未知的。如何实现模板水印信息的定位，并实现自动地透视校正与水印检测，是本模型中最重要的部分。此外，算法参数的选择，以确保算法的有效性，也是关键问题之一。

基于提出的模型，重点解决上述模型实现中的关键问题，设计了一个基于水印模板的遥感影像抗屏摄鲁棒盲水印算法。算法主要包括两个方面：水印嵌入算法和水印检测与提取算法。具体的算法设计将在下文阐述。

8.4.2　水印嵌入算法

水印嵌入过程如图 8.45 所示，将遥感影像划分为同步分块和信息分块，为了便于区分，本节将用于水印同步的水印信息称为同步水印，用于传递隐藏信息的水印信息称为信息水印。首先将遥感影像进行分块，考虑到常用的瓦片遥感影像大小通常为 256×256，为了让算法更具推广性，分块大小设置为 256×256。分块时，边缘不足部分补零，并将分块按行列顺序赋予一个索引。一个完整的水印信息将被嵌入到 4 个分块中，包括 1 个同步分块和 3 个信息分块，如图 8.46 所示。同步水印和信息水印的嵌入算法如下。

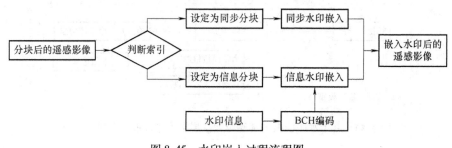

图 8.45　水印嵌入过程流程图

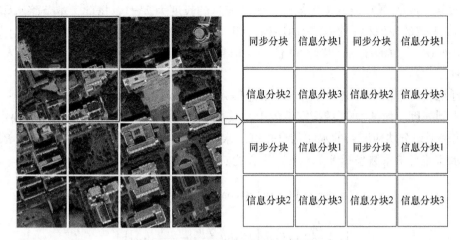

图 8.46　水印嵌入规则示意图

1. 同步水印嵌入

同步分块是用于定位水印信息并实现盲检测。结合 8.2.2 （4）节的分析，本节依然是将水印信息嵌入到 DFT 域振幅谱特定频率的系数中。首先计算分块影像的亮度图像，并转换至 DFT 域。选择 DFT 域振幅谱第二象限中半径 60 ~ 100 处，以 5 为间隔；角度 125° ~ 145° 处，以 5°为间隔，共计 45 个系数作为同步水印信息的载体。同步水印的嵌入方法为：

$$M_s(x,y) = k_4 \tag{8.30}$$

式中，$M_s(x,y)$ 表示嵌入同步水印后的振幅系数；k_4 代表一个常数，表示水印嵌入强度。

由于 DFT 域系数的旋转对称性，第四象限相应的系数也以相同的方式修改。一个同步水印的嵌入结果如图 8.47a 所示。为了降低算法复杂度，一方面，同步水印嵌入时直接将所选择的系数修改为固定值 k_4；另一方面，因为作为水印载体的系数的坐标是已知的，可以预先记录。

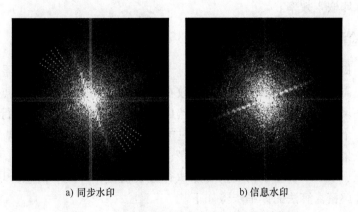

a) 同步水印　　　　　　　　　b) 信息水印

图 8.47　DFT 域振幅谱水印嵌入结果示意图

2. 信息水印嵌入

在本节的算法中，一个完整的信息水印被嵌入到三个信息分块中。同时，为了保证水印提取的成功率，本节采用 BCH 纠错码对水印信息进行编码，并在三个信息分块中将水印信息嵌入两遍。根据 BCH 码的编码规则，每条信息的长度为 2^n-1，据此，本节将水印信息编码为一个 31 位的序列和一个 63 位的序列，即一条完整的水印信息一共 94 位。在信息分块 1 中，嵌入两次 31 位的序列，共计 62 位；在信息分块 2 和信息分块 3 中，分别嵌入 1 次 63 位的序列。

同样地，每个信息分块对应的水印信息序列 $W_k = \{w_2(j) \mid w_2(j) \in \{0,1\}, j = 0, \cdots, l_T-1\}$ 将被嵌入到亮度图像的 DFT 域振幅系数中，其中 $k \in (1,2,3)$ 代表了三个信息分块中的第 k 个，l_T 代表了该分块应嵌入的水印信息长度。水印信息均匀地分布在距离中心半径 R_3 处，从而嵌入水印信息的系数坐标 $W_k(x_i, y_i)$ 定义为：

$$\begin{cases} x_i = \dfrac{L_T}{2} + 1 + \mathrm{floor}\left[R_3 \cos\left(\dfrac{j}{l_T} \cdot \pi - \dfrac{1}{180} \cdot \pi \right) \right] \\ y_i = \dfrac{L_T}{2} + 1 + \mathrm{floor}\left[R_3 \sin\left(\dfrac{j}{l_T} \cdot \pi - \dfrac{1}{180} \cdot \pi \right) \right] \end{cases} \tag{8.31}$$

式中，L_T 表示分块边长；j 表示 W_k 中的第 j 个元素。

计算坐标减去 1° 是为了避开在线 $x = L_T/2+1$ 和线 $y = L_T/2+1$ 处经常出现的高振幅值，如图 8.47 中的示例。

与 8.3.3 节的水印嵌入规则相同，通过调制 DFT 中频系数为高振幅值来实现水印嵌入。嵌入方法为：

$$M_k(x,y) = \begin{cases} k_5, & w_2(j) = 1 \\ 不变, & w_2(j) = 0 \end{cases} \tag{8.32}$$

式中，$M_k(x,y)$ 表示第 k 个信息分块嵌入水印后的振幅系数；k_5 代表一个常数，表示水印嵌入强度。

一个信息水印的嵌入结果如图 8.47b 所示。同样，也可以先记录水印嵌入坐标。这样在嵌入水印信息时，只需要确定水印位为 "1" 或 "0"，并将相应的振幅系数修改为一个固定值，从而提高水印嵌入效率。

8.4.3 水印检测与提取算法

水印检测与提取过程流程如图 8.48 所示。因为在屏摄后的照片中，遥感影像已经被重采样，因此首先需要基于设计的同步响应指数在多个尺度上进行同步响应点的粗检测，目的是寻找最合适的尺度用于后续的信息提取；然后，对提取的同步响应点进行验证，判断该响应点是否来自一个同步分块；接着，将验证过的点按设计的规则构建点集，以用于后续的透视校正，并将点集按照同步响应程度进行排序；之后，依次选择一个点集，并进行同步响应点位置的精校正；下一步，基于精校正的点执行透视校正，并提取信息分块的区域；最后，提取水印信息并解密。算法的详细步骤如下。

1. 多尺度同步水印粗检测

本节针对使用的同步水印模板，设计了一个同步响应指数的计算方法。根据拍摄距离和拍摄角度的不同，捕捉到的遥感影像的缩放程度也不同。为了有效地检测水印信息，首先需要找到将照片缩放最合适的尺度。不一定是与原始分辨率最接近的尺度，而是同步响应最显著的尺度。

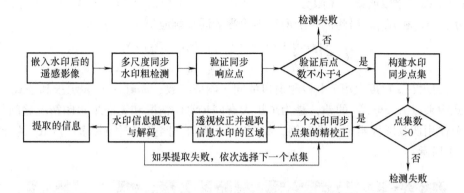

图 8.48　水印检测与提取过程流程图

（1）计算噪声分量

因为水印在一定程度上可以被看作一种噪声，据此，本节使用维纳滤波（Wiener filter）来估算图像的噪声分量用于水印检测。噪声分量 I_n 定义为：

$$I_n = I_c - H_w \cdot I_c \tag{8.33}$$

式中，I_c 表示屏摄照片的亮度图像；H_w 代表一个 3×3 的空间域维纳滤波。

使用噪声分量可以有效地避免图像本身在水印嵌入范围内存在的高振幅值对检测结果产生的负面影响。

（2）多尺度同步响应值计算

首先，将屏摄照片的亮度图像缩放至 100%、90%、80%、70% 和 60% 这 5 个尺度。在每一个尺度的图像上，使用一个 256×256 像素大小的窗口，以 64 像素为间隔，对 I_n 进行检测。因为同步水印嵌入在 DFT 域的特定范围内，所以在每个窗口，只需要在 DFT 域系数中设定的范围内进行检测。示例如图 8.49 所示。

图 8.49a 是该噪声分量对应的亮度图像，图 8.49b 为该检测窗口中包含的噪声分量。每个窗口检测时，将噪声分量转换至 DFT 域，如图 8.49c 所示。因为存在透视畸变，所以 DFT 振幅系数的位置会发生变化。基于同步水印的嵌入范围，将同步水印检测范围设置在两个区域中：半径在 60~100 之间，角度在 30°~60° 和 120°~150° 之间，如图 8.49d 所示。

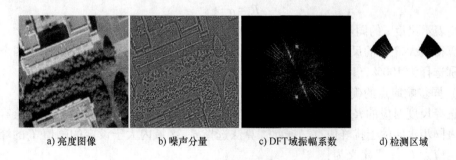

a) 亮度图像　　b) 噪声分量　　c) DFT域振幅系数　　d) 检测区域

图 8.49　一个窗口的粗检测过程示例

根据傅里叶系数的性质，窗口中包含的同步分块的面积越大，DFT 域同步水印信息越明显，这意味着相应的振幅值越大。据此，一共记录两个检测区域中最大的 45 个振幅值，这

45 个值位于第二象限或第一象限分别记录为 $V_l(i)$ 和 $V_r(i)$，$V_l(i)$ 和 $V_r(i)$ 中记录振幅的分别表示为 $N_{l,1}$ 和 $N_{r,1}$。据此，一个窗口内检测的同步响应值定义为：

$$R_{s,i} = \begin{cases} sum(V_l(i)) \cdot (N_{l,1} - N_{r,1}), N_{l,1} > N_{r,1} \\ sum(V_r(i)) \cdot (N_{l,1} - N_{r,1}), N_{l,1} < N_{r,1} \end{cases} \tag{8.34}$$

式中，$R_{s,i}$ 表示在 s 尺度上第 i 个检测窗口的同步响应指数；$sum(\cdot)$ 表示求和公式。

公式中乘以 $N_{l,1}$ 与 $N_{r,1}$ 的差，是为了扩大有同步水印情况和无同步水印情况之间的差异。

本节使用四张屏摄照片作为实例，如图 8.50 所示。四张实例照片多尺度 $R_{s,i}$ 的计算结果如图 8.51 所示。

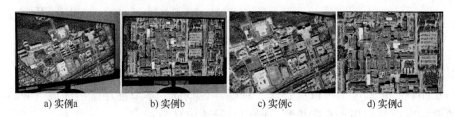

a) 实例a   b) 实例b   c) 实例c   d) 实例d

图 8.50　屏摄照片算法分析实例

如图 8.51a 和图 8.51c 所示，当倾斜拍摄时，图像不同部分被缩放的程度不同，所以在不同尺度下，同步响应最显著的部分也会发生变化。而当垂直拍摄时，如图 8.51b 所示，同步响应指数可能在多个尺度上均有较好检测结果。对于实例 c 和 d，因为拍摄距离很近，所以同步水印在缩小的尺度上检测结果比较显著。

考虑到实际拍摄照片时，拍摄者通常将智能手机水平或垂直握在手中。从而导致拍摄的照片中屏幕的方向不同，照片中显示器的方向可能相比实际情况存在 90° 左右的旋转。算法中，可以通过 $R_{s,i}$ 为正数值或是负数值来判断照片中的显示器方向是否被旋转。

（3）尺度选择

根据在不同尺度上计算的同步响应指数，选择同步响应最显著的尺度。如果屏摄的照片中没有同步水印，那么 $R_{s,i}$ 只与图像本身有关，也就是 $R_{s,i}$ 理论上应该接近 0。当捕获的图像中存在同步水印时，同步水印检测越明显，$R_{s,i}$ 的值越高。

据此，每个尺度的同步响应指数定义为：

$$R_s = \sigma_s * s^2 \tag{8.35}$$

式中，R_s 表示尺度 s 的同步响应值，σ_s 表示该尺度 $R_{s,i}$ 的标准差。

计算得最大 R_s 值的尺度 s 将被选择用于后续的水印检测与提取。图 8.50 中四个实例的尺度分别选择为 100%、100%、60% 和 70%。

（4）同步响应点的确定

所选择尺度对应的 $R_{s,i}$ 中的峰值点将被记录为同步响应点。如图 8.51 所示，会存在一些并非代表同步水印的干扰峰值点。据此，算法选择 $R_{s,i}$ 区域内大于设定的阈值 T_s 的峰值点作为同步响应点 $P_{s,i}$。T_s 定义为：

$$T_s = \overline{R}_{s,i} + \sigma_s \tag{8.36}$$

式中，$\overline{R}_{s,i}$ 表示 $R_{s,i}$ 的均值。

四个实例的同步响应点的粗检测结果如图 8.52 所示，图中红色的点表示提取的 $P_{s,i}$。

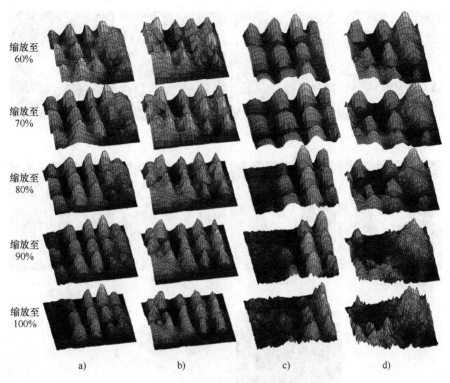

图 8.51　多尺度同步响应指数粗检测结果

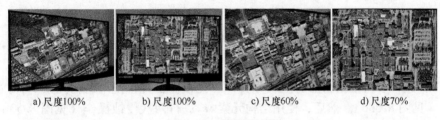

a) 尺度100%　　　b) 尺度100%　　　c) 尺度60%　　　d) 尺度70%

图 8.52　粗检测结果

2. 验证同步响应点

如图 8.52 所示，存在少部分提取的同步响应点明显不能代表同步分块的位置。本小节将验证 $P_{s,i}$ 中的点是否来自同步分块，即这些点的坐标是否接近一个同步分块的中心位置。所设计验证方法的核心思想是：在尽可能消除图像本身影响的同时，再次对同步水印信息进行判读。验证一个同步响应点的过程的示例如图 8.53 所示，具体步骤如下：

步骤 1：输入 $P_{s,i}$。依次选择 $P_{s,i}$ 中的一个点，以该点为中心，256×256 范围内的亮度图像（见图 8.53a）转换至 DFT 域（见图 8.53b）。

步骤 2：将 DFT 域振幅谱的系数分类为两类（见图 8.53c），分别代表图像的主要成分和其他部分。为了实现这个分类，首先删除 $floor(\pi(L_{T}/15)^{2})$ 个最大的系数值，并将这些值直接归类为图像主成分类。然后，将剩余的系数根据 Otsu 的方法，也就是计算类间的最大方差，将其分为两类。如果这一步不删除这些高振幅值，将需要划分为更多的类来满足计

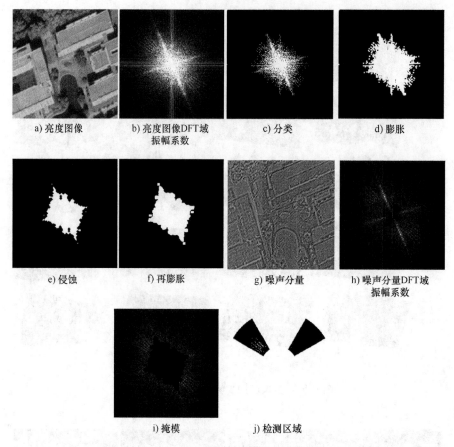

a) 亮度图像　　b) 亮度图像DFT域振幅系数　　c) 分类　　d) 膨胀

e) 侵蚀　　f) 再膨胀　　g) 噪声分量　　h) 噪声分量DFT域振幅系数

i) 掩模　　j) 检测区域

图 8.53　同步响应点验证过程示例

算需要，这将大大增加计算量。

步骤 3：这一步将根据图像的主成分类计算掩模。首先，使用结构元素 se_1 对主成分类进行膨胀（见图 8.53d）。然后，使用结构元素 se_2 进行两次侵蚀操作（见图 8.53e）。se_1 和 se_2 定义为：

$$se_1 = \begin{bmatrix} 1 & 1 & 1 \\ 1 & 1 & 1 \\ 1 & 1 & 1 \end{bmatrix}, \quad se_2 = \begin{bmatrix} 0 & 1 & 0 \\ 1 & 1 & 1 \\ 0 & 1 & 0 \end{bmatrix} \tag{8.37}$$

因为理论上水印信息是独立于图像本身的，使用 se_2 在从图像主成分类中去除代表水印的振幅系数时，可以更好地保留代表图像主成分的振幅系数。最后，使用 se_1 再进行两次膨胀操作（见图 8.53f），将最终的结果生成掩模，用于表示 DFT 振幅谱中图像的主成分区域。

步骤 4：将该区域亮度图像对应的噪声分量（见图 8.53g）转换至 DFT 域（见图 8.53h），并使用生成的掩模对其进行掩模操作（见图 8.53i）。

步骤 5：首先，在半径 43~128，角度 30°~60° 和 120°~150° 两个区域内（见图 8.53j），记录振幅值最大的 80 个系数。然后，根据这些系数位于第二象限或第一象限的数量分别记为 $N_{l,2}$ 和 $N_{r,2}$。如果 $N_{l,2} - N_{r,2} > T_2$，则认为这个同步响应点能表示一个同步分块的位置。否则，删除该点。

步骤 6：选择 $P_{s,i}$ 中的下一个点，并重复步骤 1～步骤 5，直至所有点验证完毕。最终获得验证后的同步响应点集 $P_{v,i}$。输出 $P_{v,i}$ 时，如果 $P_{v,i}$ 中的点数少于 4 个，则水印检测失败。

上述 T_2 的选择，是验证结果是否有效的关键。考虑到经过透视失真后，水印信息所对应的振幅系数的位置会发生变化。通常这些系数不会移动到整数坐标的位置，这意味着这些系数会导致相邻的系数值发生变化。所以，如果同步水印信息是清晰的，则会在第二象限的检测区域产生 45 个以上的高振幅值。除此之外，还需要考虑由于掩蔽误差或同步水印不清晰而造成的缺失值。据此，将 T_2 设置为 40。

四个实例验证后的同步响应的 $P_{v,i}$ 如图 8.54 所示。

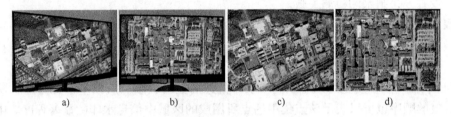

图 8.54　同步响应点验证结果

3. 构建水印同步点集

本节将 $P_{v,i}$ 中所有可以用于透视校正的点进行筛选并构建为点集，并将点集按其同步响应指数进行排序。

基于 8.2.1 节，透视校正的过程由式（8.1）表示，即至少需要四对点才能进行透视校正。因为分块的边长是已知的，所有相邻的同步分块中心位置之间的距离也是已知的。所以，可以使用表示四个同步分块中心位置的四个同步响应点，来构成一个正方形的区域进行透视校正，如图 8.55 所示。所有用于透视校正的点集 $S_j(i) = \{P_a, P_b, P_c, P_d\}$ 的构建方法如下：

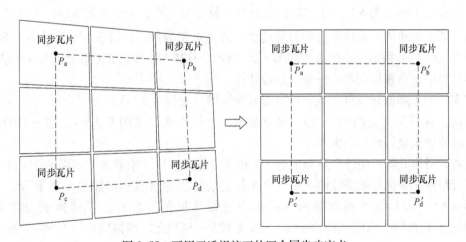

图 8.55　可用于透视校正的四个同步响应点

步骤 1：输入 $P_{v,i}$。根据 $P_{v,i}$ 中点的 $R_{s,i}$ 值由大到小依次选择一个点。假定这个点代表用于透视校正的四个点中左上角的点 P_a。

步骤2： 计算 $P_aP_n(k)$ 的长度和方向，其中 P_a 表示所选择的点，$P_n(k)$ 表示 $P_{v,i}$ 中其他所有点。找到 $P_aP_n(k)$ 与 X 轴正方向夹角小于 $35°$，且 $|P_aP_n(k)|$ 值最小所对应的点 $P_n(k)$ 作为右上角的点 P_b。同时，找到 $P_aP_n(k)$ 与 Y 轴负方向夹角小于 $35°$，且 $|P_aP_n(k)|$ 值最小所对应的点 $P_n(k)$ 作为左下角的点 P_c。如果未找到 P_b 和 P_c，返回步骤1，选择下一个点。

步骤3： 找到方向在 P_aP_b 与 P_aP_c 之间的 $P_aP_n(k)$，找到长度大于 $\min(|P_aP_b|, |P_aP_c|)$ 且小于 $(|P_aP_b|+|P_aP_c|)$ 的向量中 $|P_aP_n(k)|$ 最小的点 $P_n(k)$ 作为右下角的点 P_d。如果未找到 P_d，返回步骤1，选择下一个点。

步骤4： 将选择的点记录入点集 $S_j(i)=\{P_a,P_b,P_c,P_d\}$，返回步骤1直至所有点搜寻完毕。如果没有 S_j，则水印检测失败。

步骤5： 基于每个点集中四个点 $R_{s,i}$ 最大的值，按由大到小对 S_j 进行排序；如果有几个点集的最大值相同，则基于第二个大的值，按由大到小进行排序。以此类推，完成排序，输出 S_j。

因为 $R_{s,i}$ 在一定程度上可以表示同步水印信息的显著程度。所以基于此排序方法，理论上 S_j 中点集的顺序也可以表示该点集中的点所围成的区域中信息水印的显著程度。由 S_j 中的点集所围成的四边形区域如图8.56所示，图中的数字表示点集的顺序。

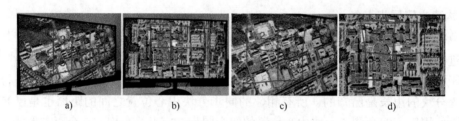

图8.56　构建的点集所围成的四边形区域

4. 一个水印同步点集的精校正

本节介绍了对点集 $S_j(i)$ 中点的位置进行精校正的方法。一个点集 $S_j(i)$ 中的四个点代表了四个同步分块的中心位置，但目前这个位置是不精确的。计算实例a（见图8.50a）第一个点集 $S_j(1)$ 的精确位置的过程如图8.57所示，这里为了更好地展示使用原始图像替代，在实际计算中，直接使用噪声分量 I_n 进行计算。

首先，为了降低计算量，裁剪出所需要的区域（见图8.57a）。

然后，基于 $S_j(i)$ 中的四个点对此区域进行透视变换（见图8.57b），这一步的目的是将该区域变换至接近原始的大小。

接着，对以 $S_j(i)$ 中各个点为中心，X 和 Y 方向分别以 5 个像素为间隔的 $21×21$ 个坐标位置进行精校正的同步响应检测。对一个坐标位置的检测过程示例如图8.58所示。使用以该坐标为中心 $256×256$ 像素范围内的噪声分量（见图8.58a），并转换至 DFT 域（见图8.58b）。记录第二象限半径 $58\sim100$，角度 $123°\sim147°$ 之间的范围内（见图8.58c）最大的 45 个同步响应值为 $V_f(i)$。从而，每个坐标的精校正同步响应指数 $R_{f,i}$ 定义为：

$$R_{f,i}=sum(V_f(i)) \tag{8.38}$$

实例a（见图8.50a）第一个点集 $S_j(1)$ 的 $R_{f,i}$ 计算结果如图8.57c所示，对应的细节如图8.59所示。

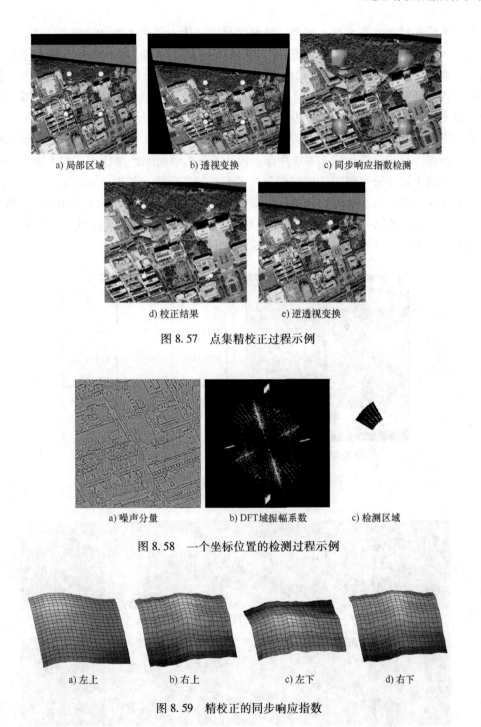

a) 局部区域　　　　　b) 透视变换　　　　　c) 同步响应指数检测

d) 校正结果　　　　　e) 逆透视变换

图 8.57　点集精校正过程示例

a) 噪声分量　　　　b) DFT 域振幅系数　　　c) 检测区域

图 8.58　一个坐标位置的检测过程示例

a) 左上　　　　　b) 右上　　　　　c) 左下　　　　　d) 右下

图 8.59　精校正的同步响应指数

　　记录的最大振幅值的数量对校正结果的准确性起关键作用。正如在 8.4.3（2）节所述，如果同步水印信息很清晰，通常会造成超过 45 个高振幅值。但同时需要考虑同步水印不是很清晰的情况，以避免图像本身的高振幅值影响了检测结果。这里，根据实验中的经验，将记录最大振幅值的数量设置为 45。

　　同样，最大振幅值的检测区域的范围选择也很重要。虽然对此区域进行了一次透视转换，但转换后的结果并不准确。所以，检测区域应当比水印嵌入的区域稍大一些。

最终，如图 8.57d 所示，图中五角星的坐标表示有最大 $R_{f,i}$ 值的坐标，点代表原来的点在透视转换后的坐标。将最大 $R_{f,i}$ 值的坐标进行拟透视变换计算，如图 8.57e 所示，图中五角星的位置为逆透视变换后的坐标。以此坐标作为精校正的结果，记录为新的点集 $S_j''(i)$。

5. 透视校正并提取信息水印的区域

本节将使用 S_j'' 进行透视校正并提取信息水印的区域。基于 $S_j''(i)$ 对图 8.57a 所示的区域进行透视校正，校正结果如图 8.60a 所示。因为 $S_j''(i)$ 中的四个点代表了四个同步分块的中心位置，该四个同步分块所围的区域内包含了五个信息分块，如图 8.60b 示。

图 8.60a 中提取的 5 个信息分块与相应的原始遥感影像分块的对比如图 8.61 所示。在图 8.61a 中，显示的第一个提取的信息分块顶部有一个黑色的条状区域，这是显示器的边框，这种程度的误差并不会影响后续水印检测。

a) 透视校正结果　　　　　　b) 提取的信息分块区域

图 8.60　透视校正和信息分块区域的提取

a) 校正并提取的信息分块

b) 对应的原始遥感影像分块

图 8.61　提取的影像分块与原始分块对比

6. 水印信息提取

本节将介绍水印信息的提取方法，水印信息提取过程示意图如图 8.62 所示。根据

8.4.3（2）节介绍的嵌入规则，每次提取的五个信息分块分别代表两个信息分块 1，两个信息分块 2 和一个信息分块 3。即在五个分块中一共有 4 条嵌入的 31 位的水印信息序列和 3 条嵌入的 63 位的水印信息序列。

对于每个提取的信息分块，使用其亮度图像的噪声分量，并将其转换至 DFT 域。因为透视校正结果不是完美的，原始嵌入水印信息的系数位置会发生偏移，这会导致邻近系数值的变化。所以，提取水印嵌入位置为中心的 3×3 范围内的最大振幅值 $V_m(j)$ 用于判断水印信息。如图 8.62 所示，图中虚线和实线的方框分别表示嵌入水印信息为"1"和"0"系数的 3×3 范围。提取的水印信息位 $w_2'(j)$ 定义为：

$$w_2'(j) = \begin{cases} 1, & V_m(j) \geq \overline{M}_T + k_6 \sigma_T \\ 0, & V_m(j) < \overline{M}_T + k_6 \sigma_T \end{cases} \tag{8.39}$$

式中，$\overline{M}_T$ 和 σ_T 分别表示 $[R_3-2, R_3+2]$ 范围内所有振幅系数值的均值和标准差；k_6 表示一个常数参数。

基于嵌入规则，首先将提取的 $w_2'(j)$ 分别组织并记录为信息序列 $M_{31}(i)$ 和 $M_{63}(i)$。然后对 $M_{31}(i)$ 和 $M_{63}(i)$ 进行 BCH 解码并分别记录为提取的信息 $W_{31}(i)$ 和 $W_{63}(i)$。如果提取的 $W_{31}(i)$ 中，有两条信息一样，那么这条信息将作为 31 位水印信息序列的最终提取结果，并结束对 31 位水印信息序列的检测。$W_{63}(i)$ 同理，当获得 31 位序列和 63 位序列的最终提取结果时，水印检测成功；否则，使用下一个 $S_j(i)$，直至检测成功或所有点集检测完毕。

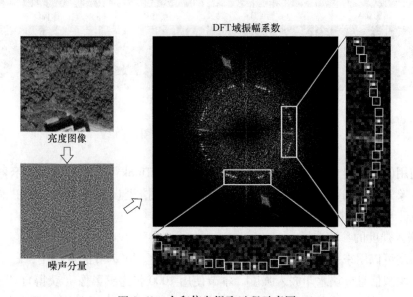

图 8.62　水印信息提取过程示意图

8.4.4　实验与分析

1. 参数选择与实验设置

为了确保水印检测的成功率，并保证足够的水印信息长度，本节使用 BCH（31，11）

和 BCH（63，24）对水印信息进行编码。即 31 位的水印信息序列可以纠错 5 位，63 位的水印信息序列可以纠错 7 位。也就是，原始水印信息长度一共为 35 位，编码后的水印信息序列为 94 位。为保证水印系数之前互不影响，嵌入半径 R_3 设置为 63。

水印信息的设置取决于应用场景，不同使用场景中对水印位的分配也不同。在本节实验中，将水印信息设置为用户 ID 与当前时间的组合。用户 ID 是 15 位的二进制序列，即一共可以支持 32768 个 ID。实验中，嵌入的"当前时间"为"01/12/2019 22 时"。对日期进行编码时，使用当前日期与"01/01/2019"之间的天数差，并将其编码为 15 位的二进制序列，即日期的编码一共可以支持到"19/09/2108"。代表小时的数字将直接转换为 5 位的二进制序列。

为满足水印实时加载的需求，对嵌入算法的效率进行了测试。对于 100 张 2560×1536 的遥感影像，基于 i7-9700 CPU 完成水印嵌入和存储平均耗时 1.429s。所以，认为可以满足实时使用的需求。

实验使用的遥感影像大小为 2560×1536，示意图如图 8.63 所示，包括了不同类型的地标特征，如城市、河流、沿海地区、森林、高原和山区。实验数据均获自"谷歌地图"，实验中遥感影像均以原始分辨率显示。

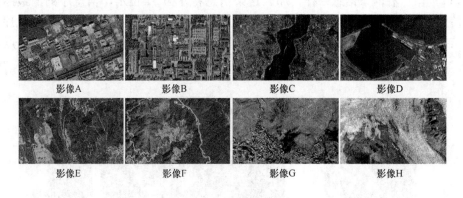

图 8.63　实验数据示意图

实验使用的显示器为 27 英寸 2560×1440 像素的"ThinkVision P27q"显示器和 24 英寸 1920×1200 像素的"HP EliteDisplay E242"显示器。拍摄设备使用的 40MP 像素的华为 P30PRO 和双 12MP 像素的 iPhone8 Plus。

（1）嵌入强度的参数选择

嵌入强度可以用来平衡算法的不可感知性和鲁棒性。在本节的算法中，k_4 和 k_5 分别决定了同步分块和信息分块水印嵌入强度。本节使用 1000 张遥感影像（获得自"谷歌地图"）进行统计实验，基于 PSNR 和 SSIM 指标进行评估，来选择最合适的嵌入强度。使用不同的 k_4 和 k_5 分别嵌入同步水印和信息水印后的平均 PSNR 和 SSIM 的统计结果如图 8.64 所示。

为了确保算法的不可感知性，本节控制大部分分块嵌入水印后的 PSNR 大于 40dB。所以本节设置 $k_4=69$、$k_5=96$，此时的平均 PSNR 分别为 40.61dB 和 40.59dB。使用设置的嵌入强度嵌入水印后，1000 个用于实验的影像数据的 PSNR 和 SSIM 的分布如图 8.65 所示。"影像 A"和"影像 B"嵌入水印后的结果如图 8.66 所示。

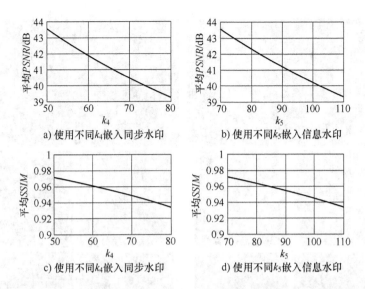

a) 使用不同k_4嵌入同步水印　　b) 使用不同k_5嵌入信息水印

c) 使用不同k_4嵌入同步水印　　d) 使用不同k_5嵌入信息水印

图 8.64　使用不同的嵌入强度后的平均 *PSNR* 和 *SSIM* 值

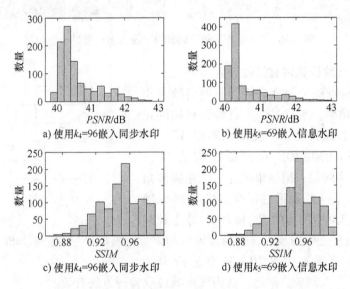

a) 使用k_4=96嵌入同步水印　　b) 使用k_5=69嵌入信息水印

c) 使用k_4=96嵌入同步水印　　d) 使用k_5=69嵌入信息水印

图 8.65　使用选择的嵌入强度后的 *PSNR* 和 *SSIM* 值

（2）水印信息提取的阈值选择

根据式（8.39），k_6是确定水印信息提取阈值的参数。本节使用 8 幅实验影像在拍摄距离 60~80cm，以 10cm 为间隔，拍摄角度 0°~30°，以 15°为间隔，共计拍摄 72 张屏摄的照片用于统计分析。

在本节实验中，为了减少由于未能准确透视校正造成的误差对k_6的选择产生错误的影响，这些实验照片被进行手动的透视校正。只有基于S_j第一组点集提取的信息分块被用于分析，一共 360 个提取的信息分块。使用不同k_6的情况下平均错位数统计结果如图 8.67 所示，由图可知，当k_6=1.5 时，平均错位数最低。据此，本节设置k_6为 1.5。

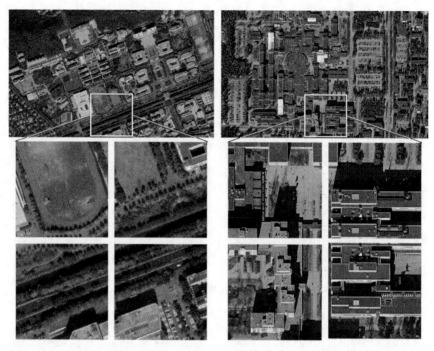

图 8.66 "影像 A" 和 "影像 B" 嵌入水印结果示意图

2. 同步响应点验证算法有效性评估

水印同步响应点验证的准确性会影响后续水印检测的效率和成功率。本节对同步点验证算法的正检率和虚警率进行统计分析。使用"影像 A"、27 英寸的显示器和 P30PRO，在拍摄距离为 30 ~ 100cm，以 10cm 为间隔；拍摄角度为水平左侧倾角 0°、15°、30° 的条件下拍摄遥感影像，共计 24 张屏摄后的图像。计算屏摄图像的 $P_{s,i}$ 和 $P_{v,i}$，并主观判断 $P_{s,i}$ 是真同步点还是假同步点，并与验证后的 $P_{v,i}$ 进行统计。统计结果见表 8.10，其中正检率为 98.81%，虚警率为 2.34%。据此，认为同步响应点验证方法有效。

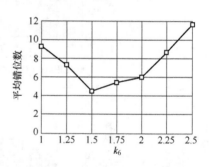

图 8.67 使用不同阈值下的平均错位数

表 8.10 同步响应点验证结果统计

	真同步点	假同步点	总计
验证为真同步点	249	4	253
验证为假同步点	3	167	170
总计	252	171	423

图 8.68 为三个验证为假同步响应点的实例，从左到右四列分别对应为亮度图像、噪声分量的 DFT 域振幅系数、掩模后的振幅系数和检测区域。图 8.68a 为图 8.52b 中检测到的一个假同步响应点的验证实例，在粗检测过程中造成误检是由于亮度图像本身的特征造成的，

图像本身在设置的同步水印检测区域内存在大量高振幅值从而影响了检测结果。图 8.68b 为图 8.52c 中检测到的一个假同步响应点的验证实例，该区域包含了部分同步分块和部分信息分块。即该同步响应点并不靠近同步分块的中心，所以实际的同步水印信息并不够显著，在设计的验证方法下，该点被验证为假。图 8.68c 是实验粗检测过程中遇到的一个误检案例，在设计的方法中也可以得到有效的验证。

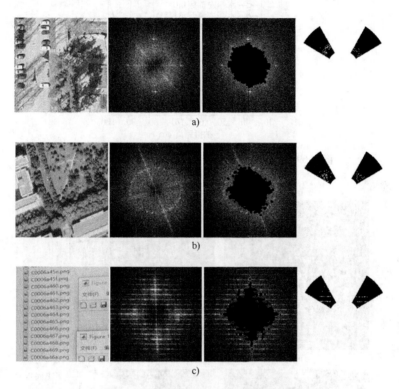

图 8.68　验证为假同步响应点的示例

3. 水印同步的精度评估

为了验证水印同步的有效性，本节将"影像 A"根据 8.4.2 节的方案嵌入水印后，手动在所有同步分块的中心标记一个红色点，并在拍摄距离为 30~100cm，以 10cm 为间隔；拍摄角度为水平左侧倾角 0°、15°、30° 的拍摄条件下进行屏摄实验。然后，对拍摄的图像进行水印检测，直至计算并精校正得 S'_j 中的第一组点集。通过手动选择标记点的位置，计算点集中水印同步点坐标与相应标记点坐标之间的距离。该距离即自动校正的同步分块中心位置与实际的同步分块中心位置之间的偏移距离。本节使用这个偏移距离来定量描述水印同步的精度。

不同拍摄条件下第一组点集的平均偏移距离统计结果如图 8.69 所示。当拍摄角度垂直于屏幕时，平均偏移距离在 10 个像素左右，认为精校正后的结果很好。当拍摄角度为 15° 或 30°，且拍摄距离在 90cm 以内时，精校正后水印同步点的偏移距离小于 15 个像素，此种程度的误差下依然可以有效地检测水印信息。据此，认为水印同步的精度可以满足实际使用的需求。

一组在拍摄距离为 60cm，拍摄角度为 15° 的屏摄图像中计算的点集，及其精校正过程中

计算的 $R_{f,i}$ 如图 8.70 所示。底层图像上的大白色标记点是拍摄之前在原始同步分块中心添加的标记，小白色边框的点是验证后的粗检测同步响应点 $P_{v,i}$，灰色边框的点是精校正后 S'_j 中第一组点集的点。由图 8.70 可见，精校正后的水印同步点已经很接近同步分块的中心，这种少量的偏移已经处于可接受的误差范围。

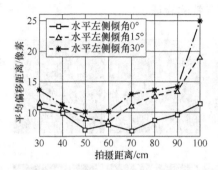

图 8.69 不同拍摄条件下第一组点集的平均偏移距离

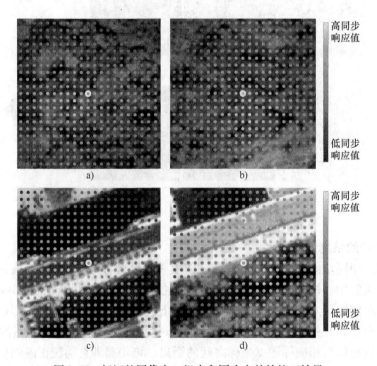

图 8.70 标记的图像中一组水印同步点的精校正结果

4. 数据有效性评价

与 8.3.5 第（2）节一致，本节同样对本节算法在水印嵌入后，是否影响遥感影像的分析使用进行实验。本节将嵌入水印后的影像进行非监督分类，采用 K-Means 非监督分类方法，因遥感影像图幅较大，本节实验设置分为 6 类，设置最大迭代次数为 5 次。"影像 A"嵌入水印前后的非监督分类结果如图 8.71 所示。所有数据在水印嵌入前后，非监督分类结果的改变率统计见表 8.11，改变率在 4.03%~7.37%之间，平均改变率为 5.67%。改变率均低于 10%，认为算法不会影响影像数据的后续使用。

a) 原始影像非监督分类结果   b) 嵌入水印后影像非监督分类结果

图 8.71 "影像 A" 非监督分类结果

表 8.11 嵌入水印前后非监督分类结果的改变率统计（%）

影像	影像 A	影像 B	影像 C	影像 D	影像 E	影像 F	影像 G	影像 H
改变率	6.96	5.96	7.37	4.03	4.71	4.58	5.34	6.37

5. 抗常规图像处理攻击的鲁棒性分析

在实际使用中，遥感影像同样会遇到一些常见的数据泄漏攻击，以及相应的常规图像处理攻击。据此，本节将验证本节算法对常规图像处理攻击的鲁棒性。

因为实验图像中，水印信息被多次重复嵌入，本节使用错位数最少的检测结果作为最终水印检测结果。由于本节算法中水印信息分为两段，水印检测结果的 BER 定义为：

$$BER = \frac{\mathrm{Min}(E_{31}) + \mathrm{Min}(E_{63})}{31 + 63} \tag{8.40}$$

式中，$\mathrm{Min}(E_{31})$ 和 $\mathrm{Min}(E_{63})$ 分别表示提取的所有的 31 位水印信息序列和 63 位水印信息序列中最小的错位数。

抗常规图像处理攻击的鲁棒性实验结果见表 8.12，"\" 符号表示水印检测失败。由于信息水印的嵌入强度大于同步水印，所以在常规图像处理攻击的实验中，均是未能构造水印同步点集从而导致水印检测失败，而不是构造水印同步点集后水印信息检测失败。理论上，在应对裁剪、拼接和平移攻击时，只要图像中仍然有一个完整的水印信息，水印检测就能成功且水印信息可以完整地提取，本节不对此类攻击进行额外的实验。

表 8.12 抗常规图像处理攻击的鲁棒性实验结果

攻击类型	BER							
	影像 A	影像 B	影像 C	影像 D	影像 E	影像 F	影像 G	影像 H
JPEG 40%	0/94	0/94	0/94	0/94	0/94	0/94	0/94	0/94
JPEG 30%	0/94	1/94	0/94	2/94	0/94	0/94	0/94	0/94
JPEG 20%	5/94	6/94	6/94	7/94	3/94	2/94	5/94	6/94
JPEG 10%	\	\	\	\	\	\	\	\
缩放至 250%	0/94	0/94	0/94	0/94	0/94	0/94	0/94	0/94

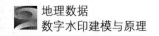

（续）

攻击类型	BER							
	影像 A	影像 B	影像 C	影像 D	影像 E	影像 F	影像 G	影像 H
缩放至 200%	0/94	0/94	0/94	0/94	0/94	0/94	0/94	0/94
缩放至 80%	0/94	0/94	0/94	0/94	0/94	0/94	0/94	0/94
缩放至 70%	0/94	3/94	2/94	0/94	0/94	1/94	0/94	1/94
缩放至 60%	\	\	\	\	\	\	\	\
旋转 10°	0/94	0/94	0/94	0/94	0/94	0/94	0/94	0/94
旋转 15°	0/94	0/94	0/94	0/94	0/94	0/94	0/94	0/94
旋转 30°	\	\	\	\	\	\	\	\
旋转 90°	0/94	0/94	0/94	0/94	0/94	0/94	0/94	0/94
中值滤波 3×3	0/94	0/94	0/94	3/94	0/94	0/94	0/94	0/94
高斯噪声 (0.05)	\	\	\	\	\	\	\	\
椒盐噪声 (0.05)	3/94	3/94	3/94	2/94	1/94	2/94	1/94	2/94
泊松噪声	0/94	1/94	1/94	0/94	0/94	1/94	0/94	0/94
斑点噪声	2/94	1/94	2/94	0/94	0/94	0/94	1/94	0/94
锐化	0/94	1/94	1/94	1/94	0/94	0/94	0/94	0/94
线性拉伸	0/94	0/94	0/94	0/94	0/94	0/94	0/94	0/94
直方图均衡化	0/94	0/94	0/94	0/94	0/94	0/94	0/94	0/94

由表 8.12 可知，算法对 JPEG 攻击具有很好的鲁棒性，在 JEPG 压缩质量为 20%时仍可以有效地恢复水印信息。算法对放大攻击具有很好的鲁棒性，可以完全恢复水印信息；对于缩小攻击可以抵抗至缩小至 70%。对于旋转攻击，因为同步水印信息嵌入在 DFT 域设置的角度范围内，水印信息的位置会随着图像的旋转而同时偏移。虽然当同步水印信息偏移出设定的检测范围时，水印检测会失败，本节设定的同步水印检测范围，已能基本满足实际使用的需求。算法对中值滤波攻击也具有很好的鲁棒性。

本节算法是基于噪声分量的 DFT 域高振幅值系数提取水印信息，如果添加了额外的噪声，很有可能在同步水印检测范围内造成额外的高振幅值，从而导致水印同步的误判。所以，算法对高斯噪声的鲁棒性较弱。但是，如果仅考虑高斯噪声攻击，而不考虑失同步攻击的情况下，通过直接从亮度图像的 DFT 域振幅系数中提取水印信息，而不是从噪声分量的振幅系数中提取，水印检测依然是可以成功的。对于其他噪声攻击，如椒盐噪声、泊松噪声和斑点噪声攻击，算法具有很好的鲁棒性。图 8.72 列举了一个不同常规攻击后的信息分块，以及其 DFT 域第一象限内的振幅系数和对应检测结果的错位数。

在使用遥感影像时，为了获得更好的视觉效果，通常会对影像进行增强处理。据此，本节还测试了算法对锐化、线性拉伸和直方图均衡化攻击的鲁棒性。图 8.72 所示，结果表明算法对此类图像增强攻击具有很高的鲁棒性。

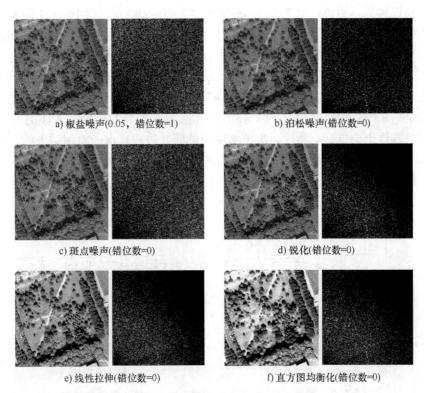

图 8.72　常规图像处理攻击后的信息分块及其 DFT 域第一象限的振幅系数

6. 抗屏摄攻击的鲁棒性分析

本节对本节提出的算法在不同拍摄条件的鲁棒性进行了实验，并与现有方法进行了对比。首先，将本节提出的算法与文献［21］和文献［12］提出的算法，以及 8.3 节的算法进行了对比。由于算法的设计目的不同，在进行对比实验时，与 8.3 节对比实验的设置一样，将对比算法的水印嵌入区域的大小进行了调整。为了公平对比，实验时通过调整嵌入强度控制算法的不可感知性，控制本节算法嵌入水印的 *PSNR* 值大于其他算法，"影像 A"中部分图像嵌入水印后的结果见表 8.13。

表 8.13　不同方法嵌入水印后的遥感影像

方法	文献［21］的算法	文献［12］的算法	8.3 节的算法	本节算法
部分嵌入水印后的遥感影像				
PSNR/dB	37. 4459	40. 3966	39. 8715	40. 0206
SSIM	0. 9551	0. 9786	0. 9753	0. 9735

对比实验设置为：拍摄角度为15°，拍摄距离为30~100cm，以10cm为间隔。因为对比的三个算法均不能盲检测，于是本节首先对比了在手动校正并检测水印的情况下，不同方法水印提取结果的BER，统计结果如图8.73a所示。因为是手动透视校正，只有当拍摄距离大于60cm时，才能捕捉到完整的屏幕用于手动校正，所以该对比实验的拍摄距离从60cm开始。根据实验结果，本节提出的算法相比其他算法具有更好的抗屏摄鲁棒性。主要是因为本节的算法是全局水印，相比文献[12]提出的算法与8.3节的算法，水印的最小嵌入单元更大，因此鲁棒性也会更好。然后，本节对屏摄的照片进行盲水印检测结果的对比，统计结果如图8.73b所示。根据实验结果，用于对比的三个算法均有很高的BER，只有本节的算法能够实现盲检测。

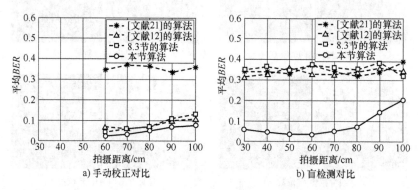

图8.73 拍摄角度15°和不同拍摄距离下的算法鲁棒性对比

根据8.3.5第（4）节的介绍，理论上从水平左侧角度拍摄造成的失真与从右侧倾斜角度拍摄造成的失真是类似的，从水平角度拍摄与从垂直角度拍摄造成的失真也是类似的。据此，本节的实验设计如下：拍摄角度从垂直于屏幕到向左侧倾斜30°，以15°为间隔，拍摄距离为30~100cm，以10cm为间隔。使用不同的设备和实验图像，共计进行14组实验，共336张屏摄的照片，14组实验的水印检测结果如图8.74所示。实验中，一共有两种水印检测失败的情况：①未能成功构造水印同步点集，无法进行水印信息提取；②水印同步错误，这意味着提取的水印信息将会有很高的BER，且无法提取成功。表8.14列出了不同拍摄条件下的平均BER，其中未能成功构建点集的情况未计入统计。

表8.14 不同拍摄条件下的平均BER

拍摄角度（左侧）/(°)	拍摄距离/cm							
	30	40	50	60	70	80	90	100
0	0.0433	0.0479	0.0220	0.0190	0.0312	0.0410	0.0464	0.0517
15	0.0570	0.0448	0.0342	0.0357	0.0509	0.0707	0.1421	0.2021
30	0.0790	0.0752	0.0638	0.0691	0.0699	0.1041	0.1778	0.2576

由图8.74和表8.14可见，本节的算法对拍摄距离和拍摄角度都具有良好的鲁棒性。当垂直拍摄时，所有拍摄距离下的水印检测均能成功。当以15°或30°的角度拍摄时，拍摄距离小于80cm时，大部分的实验可以成功检测水印信息。

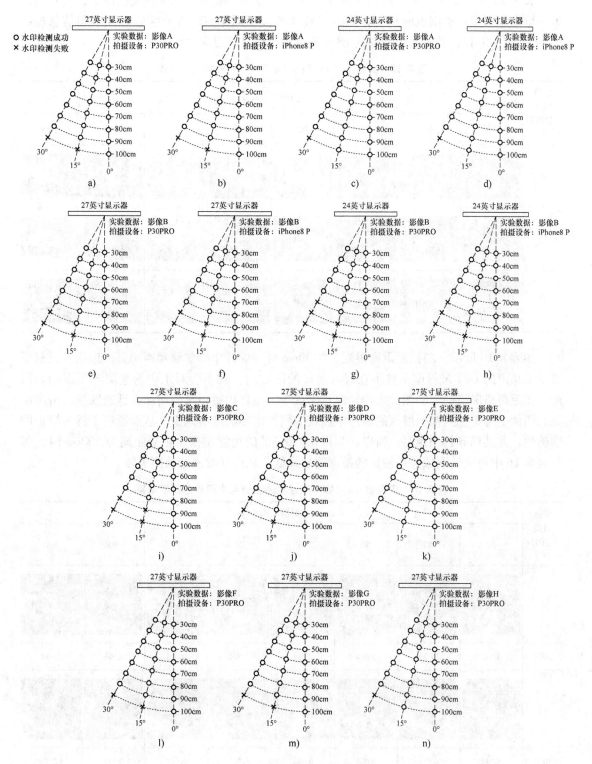

图 8.74　各组实验水印检测结果

表 8.15 列出了实验组（a）（见图 8.74a 所对应的实验组）的屏摄实验图像，其对应的第一组水印同步点所围成的 9 个分块的区域（类似于图 8.60b 所示区域）及水印信息提取的 *BER* 见表 8.16，其中带下划线的 *BER* 表示水印信息恢复失败。

表 8.15　实验组（a）（见图 8.74a）的屏摄实验图像

拍摄角度（左侧）/（°）	拍摄距离/cm							
	30	40	50	60	70	80	90	100
0								
15						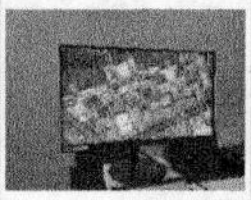		
30			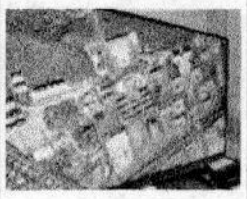					

　　如表 8.16 所示，当拍摄距离很近，如 30cm 时，照片中摩尔纹噪声明显。理论上，只要表示该噪声的 DFT 域振幅系数不在嵌入水印的区域内，就不会对水印的检测产生影响。因此，在近距离屏摄的实验图像水印检测均能成功。随着拍摄距离的增加，低通滤波攻击越明显，图像变得更加模糊，屏摄的照片中捕获的同步水印的细节减少，从而影响了透视校正的准确性，尤其当倾斜拍摄时。所以，当以 15°或 30°的角度拍摄，拍摄距离为 100cm 时，可见表 8.16 中对应的图像透视校正的精度明显降低，从而导致水印检测失败。

表 8.16　实验组（a）第一组点集的区域与水印信息提取结果

拍摄角度（左侧）/（°）	拍摄距离/cm							
	30	40	50	60	70	80	90	100
0								
BER	4/94	3/94	2/94	2/94	3/94	4/94	4/94	5/94
15								
BER	5/94	4/94	3/94	4/94	4/94	6/94	9/94	12/94

（续）

拍摄角度（左侧）/（°）	拍摄距离/cm							
	30	40	50	60	70	80	90	100
30								
BER	8/94	6/94	7/94	6/94	6/94	8/94	8/94	14/94

除了拍摄设备相机硬件的质量，还有其他两个因素会影响水印检测的结果：一种是屏幕尺寸与屏幕分辨率的比率，另一个影响因素是图像本身。智能手机拍摄照片的尺寸是固定的，所以在相同的拍摄距离下，该比率将影响遥感影像的缩放程度。因此，从理论上讲，在相同的拍摄距离下，本节实验所使用的 24 英寸的显示器应该比 27 英寸显示器的被拍摄的图像更清晰。这一点解释了实验组（c）和（d）（见图 8.74c、d）的检测结果分别优于实验组（a）和（b）（见图 8.74a、b）的检测结果。某些图像本身在水印嵌入的区域内存在高振幅值，导致检测时的误判。例如，"影像 B"中的某些分块的纹理会在水印的检测区域中造成一些高振幅值的系数，这些系数可能会被误认为是嵌入的水印信息。所以，实验中"影像 A"的水印检测结果要好于"影像 B"的水印检测结果。此外，实验设备的质量也会加剧此类不利的影响，本节实验使用的 24 英寸显示器相对老旧，显示的效果相比 27 英寸显示器较差，所以导致实验组（e）和（f）（见图 8.74e、f）的检测结果优于实验组（g）和（h）（见图 8.74g、h）的检测结果。

实际的场景中，为了清楚的拍摄片屏幕上显示的内容，通常拍摄角度在 30° 以内，拍摄距离在 50~80cm 之间。据此，认为本节所提出的方法可以满足实际使用的需求。

在本节的算法中，构造水印同步点集之后，如果存在 S_j，通常就可以认为水印信息存在。如果验证同步响应点的方法有效，理论上未加水印的遥感影像分块将不会计算出 S_j，这也可以更好地防止虚警的情况发生。但如果出现了错误的 S_j，水印信息提取是否会出现虚警的情况？为了验证水印信息提取算法的虚警率，本节对所有实验组的照片在未嵌入水印的半径处额外进行一次水印信息提取，以此方法来模拟未嵌入水印的遥感影像分块的检测结果。水印检测结果的正检和虚警统计见表 8.17，根据实验结果，并没有发生虚警的情况。

表 8.17　水印检测结果的正检和虚警统计

	有水印	无水印	总计
检测到水印	297	0	297
未检测到水印	39	336	375
总计	336	336	672

与 8.3.5 第（4）节一样，以上的抗屏摄实验均是基于三脚架拍摄，可以防止拍摄时手机抖动。为了模拟真实拍摄情形，本节进一步测试了在更多的倾斜拍摄角度下手持设备拍摄

后的水印检测结果。四个手持手机拍摄的案例，以及对应的水印同步点集构建结果与水印检测结果见表 8.18。实验表明，本节算法对手持设备拍摄的情况同样有效。

表 8.18　手持设备拍摄示例

手持拍摄	示例 1	示例 2	示例 3	示例 4
拍摄的照片				
检测到的点集				
BER	4/94	5/94	4/94	9/94

参考文献

[1] 罗鹏. 基于 NSCT 域 HVS 模型的抗打印扫描水印算法 [J]. 武汉大学学报（理学版），2018，64（2）：150-154.

[2] 任娜，朱长青，王志伟. 抗几何攻击的高分辨率遥感影像半盲水印算法 [J] 武汉大学学报（信息科学版），2011，36（03）：329-332.

[3] 任娜. 遥感影像数字水印算法研究 [D]. 南京：南京师范大学，2011.

[4] 杨义先，钮心忻. 数字水印理论与技术 [M]. 北京：高等教育出版社，2006.

[5] 孙圣和，陆哲明，牛夏牧. 数字水印技术与应用 [M]. 北京：科学出版社，2004.

[6] 许允喜，陈方. 局部图像描述符最新研究进展 [J]. 中国图像图形学报，2015，20（09）：1133-1150.

[7] 朱长青. 地理空间数据数字水印理论与方法 [M]. 北京：科学出版社，2014.

[8] 朱长青，任娜. 一种基于伪随机序列和 DCT 的遥感影像水印算法 [J]. 武汉大学学报（信息科学版），2011，36（12）：1427-1429.

[9] 朱长青. 地理数据数字水印和加密控制技术研究进展 [J]. 测绘学报，2017，46（10）：1609-1619.

[10] ANDRIE R. Comparison of discrete cosine transforms（DCT），discrete fourier transforms（DFT），and discrete wavelet transforms（DWT）in digital image watermarking [J]. International Journal of Advanced Computer Science & Applications，2017，8（2）：245-249.

[11] BEGUM M，UDDIN M S. Digital image watermarking techniques：a review [J]. Information（Switzerland），2020，11（2）：110.

[12] FANG H，ZHANG W，ZHOU H，et al. Screen-shooting resilient watermarking [J]. IEEE Transactions on Information Forensics and Security，2019，14（6）：1403-1418.

[13] FU Z，QIN Q，LUO B，et al. A local feature descriptor based on combination of structure and texture information for multispectral image matching [J]. IEEE Geoscience and Remote Sensing Letters，2019，16（1）：100-104.

[14] GOURRAME K，DOUZI H，HARBA R，et al. Robust print-cam image watermarking in Fourier domain [C]. International Conference on Image and Signal Processing，2016：356-365.

［15］PAI-HUI HSU, CHIH-CHENG CHEN. A robust digital watermarking algorithm for copyright protection of aerial photogrammetric images ［J］. The Photogrammetric Record, 2016, 31 (153).

［16］HUA K L, DAI B R, SRINIVASAN K, et al. A hybrid NSCT domain image watermarking scheme ［J］. Eurasip Journal on Image & Video Processing, 2017 (1): 10 pages.

［17］JIAO S, ZHOU C, SHI Y, et al. Review on optical image hiding and watermarking techniques ［J］. Optics & Laser Technology, 2019, 109: 370-380.

［18］KATAYAMA A, NAKAMURA T, YAMAMURO M, et al. New high-speed frame detection method: side trace algorithm (STA) for i-appli on cellular phones to detect watermarks ［C］. Proceedings of the 3rd International Conference on Mobile and Ubiquitous Multimedia, USA, 2004: 109-116.

［19］KUMAR C, SINGH A K, KUMAR P. A recent survey on image watermarking techniques and its application in e-governance ［J］. Multimedia Tools and Applications, 2018, 77 (3): 3597-3622.

［20］LEE M H, PARK I K, Performance evaluation of local descriptors for maximally stable extremal regions ［J］. Journal of Visual Communication & Image Representation, 2017 (47): 62-72.

［21］PRAMILA A, KESKINARKAUS A, SEPPÄNEN T. Toward an interactive poster using digital watermarking and a mobile phone camera ［J］. Signal, Image and Video Processing, 2012, 6 (2): 211-222.

［22］ROY S, PAL A K. A blind DCT based color watermarking algorithm for embedding multiple watermarks - ScienceDirect ［J］. AEU-International Journal of Electronics and Communications, 2017, 72: 149-161.

［23］SCHABER P, KOPF S, WETZEL S, et al. CamMark: analyzing, modeling, and simulating artifacts in camcorder copies ［J］. Acm Transactions on Multimedia Computing Communications & Applications, 2015, 11 (2): 1-23.

［24］SINGH C, SHARMA P. Performance analysis of various local and global shape descriptors for image retrieval ［J］. Multimedia Systems, 2013, 19 (4): 339-357

［25］SOLANKI K, MADHOW U, MANJUNATH B S, et al. 'Print and scan' resilient data hiding in images ［J］. IEEE Transactions on Information Forensics & Security, 2006, 1: 464-478.

［26］WANG X, LIU Y, LI S, et al. A new robust digital watermarking using local polar harmonic transform ［J］. Computers and Electrical Engineering, 2015 (46): 403-418.

［27］WU S, OERLEMANS A, BAKKER E M, et al. A comprehensive evaluation of local detectors and descriptors ［J］. Signal Processing Image Communication, 2017 (59): 150-167.

第9章

矢量地理数据交换密码水印模型

密码技术和水印技术是目前两个较为成熟的安全技术手段，在矢量地理数据安全传输和版权追溯等方面发挥了重要作用。然而，单一的密码技术难以实现明文和密文矢量地理数据的版权追溯，同时单一的水印技术又无法确保数据在传输过程中的保密问题。如果将密码技术与水印技术相结合，可有效突破单一技术的局限性。交换密码水印技术是一种结合了密码和水印两种技术的数据安全保护方法，它是运用加解密技术和数字水印技术，对数据进行加密、解密、水印嵌入及水印检测的技术。其中，加密和水印嵌入的步骤、解密和水印检测的步骤均具有可交换性。交换密码水印技术实现了数据在明文或密文状态下都能直接嵌入或检测水印，从而突破了单一使用加密或水印的局限性。由此可见，交换密码水印技术可以同时满足数据追溯和保密的安全需求，已成为目前信息安全领域的前沿研究方向之一。

本章将对矢量地理数据的交换密码水印特征和要求等进行分析和研究，从矢量地理数据特征不变量出发，考虑和顾及矢量地理数据的空间特征和空间关系等，提出两种适用于矢量地理数据的交换密码水印模型，为矢量地理数据的全方位安全保护提供技术支撑。

9.1 矢量地理数据交换密码水印原理

9.1.1 交换密码水印

交换密码水印作为一种新的数据安全保护方案，能够同时实现数据的保密与追溯。交换密码水印是将密码学与数字水印两种技术结合在一起，同时提供了安全分发和使用跟踪的功能。它融合了加密、解密、水印嵌入、水印提取的过程，实现在安全分发前，加密与水印嵌入的次序可交换，既可以先加密再嵌入水印，也可以先嵌入水印再加密，均能得到相同的版权密文数据。在分发成功后需要进行版权鉴定和使用跟踪时，解密和水印提取的次序可交换，既可以直接从密文中提取水印，再对密文解密恢复使用；也可以先对密文解密，在版权明文数据中提取水印。交换密码水印的流程图如图9.1所示。

在最初提出交换密码水印概念时，已明确提出交换密码水印应满足如下要求：①水印算法应能够在加密数据中嵌入水印信息；②在密文中应能够直接检测出水印信息；③密文经过解密后，应能够从解密后的数据中检测出水印信息；④对密文的解密不会影响水印信息的完整性。

具体地，如果水印嵌入函数记为 EM，水印提取函数记为 EX，加密函数与解密函数分别记为 EN 和 DE，原始数据记为 D，则水印嵌入和加密的交换性可表示为：

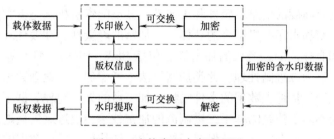

图 9.1　交换密码水印流程图

$$EN(EM(D),K_1)=EM(EN(D,K_1))\qquad(9.1)$$

式中，K_1 为加密时所需的密钥。

从式（9.1）中可以看出，加密和水印嵌入的步骤可以相互交换，且无论是加密在先还是水印嵌入在先，最终得到的含有水印的密文数据结果均一致。类似地，水印提取和解密的交换性可表示为：

$$EX(DE(D',K_2))=EX(D')\qquad(9.2)$$

式中，K_2 为解密时所需的密钥。

式（9.2）表明水印提取和解密的先后顺序可随意调换。同时，这样的可交换性也说明，水印提取不需要解密密钥 K_2，从而避免了密钥泄露、解密步骤冗余等情形，提高了安全性和效率。

9.1.2　矢量地理数据交换密码水印特征

从矢量地理数据交换密码水印的定义和要求可以看出，可交换性是矢量地理数据交换密码水印最显著的特征，它是指加密和水印嵌入的操作不分先后顺序，即先嵌入水印后加密得到的结果与先加密后水印嵌入得到的结果相同。同理，密文数据的水印检测结果与先解密明文数据的水印检测结果相同，从而实现了加密与水印的有机结合。因此，可交换性是实现矢量地理数据交换密码水印的基础，也是矢量地理数据交换密码水印的核心性质和要求。

矢量地理数据交换密码水印同样需要满足前述四个性质和要求。结合矢量地理数据的自身特征和独有的空间特征，矢量地理数据的交换密码水印还具有如下的特征：

1）针对矢量地理数据独有的几何攻击具有强鲁棒性。交换密码水印是密码学与数字水印的结合，而鲁棒性作为数字水印中的重要特性，意味着矢量地理数据的交换密码水印在嵌入水印后，面对矢量地理数据遭受的各类攻击，包括要素和坐标点的删除、增加、更新以及旋转、缩放、平移在内的攻击方式，需要具有一定的抵抗能力，即仍然能从受到攻击的含水印矢量地理数据中提取出水印。此性质意味着研究矢量地理数据交换密码水印中的水印算法时，需要充分考虑矢量地理数据特有的攻击。

2）满足矢量地理数据高精度要求。目前，矢量地理数据的水印算法，不论是空间域、频率域还是几何特征域，在对应域中嵌入水印后，这些域的更新都会造成矢量地理数据点坐标的改变。因此，交换密码水印的水印嵌入操作，理论上不能对矢量地理数据的空间精度产生较大的影响，否则会造成矢量地理数据可用性的降低。即矢量地理数据在安全分发并解密后，数据的空间精度仍不影响数据的使用。

3）基于感知加密的矢量地理数据加密模型。矢量地理数据由空间元数据和数据内容组成：空间元数据具有高度的信息敏感性和重要性，其空间索引机制是密文数据水印检测的基础；数据内容是加密和水印有机结合的载体，其加密的隐蔽性、高效性和安全性决定了矢量地理数据的应用和服务范围。经典的加密算法包括 RSA、DES 和 AES 等，在应用于矢量地理数据中时将数据作为二进制处理。此类加密算法未考虑到矢量地理数据的几何特征和空间特征，也将彻底改变矢量地理数据的文件结构，加密后的矢量地理数据不再具有可感知性和可读性。感知加密不同于传统的基于二进制流的加密技术，通过对矢量地理数据坐标的数值加密，保持数据的感知形态不变，还保留了数据的感知特征，保持数据的感知形态不变，从而实现安全加密的同时避免密文无法识别的问题，且加密方法不受限于特定的数据格式。同时，感知加密的安全性能够保证数据在解密前不具有可用性，有效避免了数据泄密的风险。对比二进制的加密算法和感知加密算法，感知加密不改变数据的组织结构，理论上也具有相对较小的运算量和较高的效率。因此，矢量地理数据交换密码水印的加密方式应该选用感知加密技术。

4）具有高效的局部解密特征。矢量地理数据的安全传输和分发受到服务器处理能力、通信带宽、网络质量等条件的限制，难以实时地将所需空间范围内的数据全部传输给用户。因此，在交换密码水印理论框架下的矢量地理数据需以分块的形式进行传输。为满足实时性、交互性的服务需求，用户在接收到分块数据后，需要实时对数据进行局部解密才能提供进一步的可视化显示和空间分析等功能。因此，实现具有空间快速定位特性的局部解密算法，是提供实时地理服务的重要机制，也为矢量地理数据交换密码水印提出了一个更高的要求。

9.1.3 矢量地理数据交换密码水印评价指标

如何判断矢量地理数据交换密码水印模型或者算法设计的优劣与否，对其进行科学有效的评价，是矢量地理数据交换密码水印研究的一个重要问题。考虑到交换密码水印涉及到密码学和数字水印两种技术，因此对于矢量地理数据交换密码水印进行评价时，主要围绕这两类技术的评价综合展开，评价指标主要包括可交换性、不可感知性、鲁棒性、水印容量、密钥空间、密钥敏感性等。

（1）可交换性

可交换性是矢量地理数据交换密码水印模型区别于其他加密和水印相结合技术最基本的要求。它用来评价加密和水印嵌入、解密和水印检测是否相互具有可交换性。主要比较两方面：①先加密后嵌入水印得到的数据和先嵌入水印再加密后得到的数据是否相同；②在密文数据中水印检测的结果和解密后数据中水印检测的结果是否相同。如果两个操作结果都相同，则表明提出的矢量地理数据交换密码水印模型具有可交换性；如果其中任一个操作的结果不相同，就表明提出的矢量地理数据交换密码水印模型不具有可交换性。

（2）不可感知性

矢量地理数据交换密码水印的不可感知性用来度量嵌入的水印对矢量地理数据精度的影响，即矢量地理数据坐标点偏移的大小。一般地，可以统计坐标点坐标的偏移，从而量化评价交换密码水印的不可感知性。设原始坐标点表示为 $(x_i, y_i)(i=1,2,\cdots,N)$，$N$ 为坐标点的个数，嵌入交换密码水印并解密后的坐标点对应为 (x'_i, y'_i)，则交换密码水印引入坐标

误差的平均值 *Mean* 为：

$$Mean = \frac{1}{N} \sum_{i=1}^{N} \sqrt{\left(x_i - x_i'\right)^2 + \left(y_i - y_i'\right)^2} \tag{9.3}$$

标准差 *Std* 为：

$$Std = \sqrt{\frac{1}{N} \sum_{i=1}^{N} \left(\sqrt{\left(x_i - x_i'\right)^2 + \left(y_i - y_i'\right)^2} - Mean\right)^2} \tag{9.4}$$

误差的平均值 *Mean* 反映总体平均水平，*Mean* 越小则说明交换密码水印的不可感知性越好。误差的标准差 *Std* 反映误差的偏离程度，*Std* 越小则说明误差越稳定越集中。

（3）鲁棒性

鲁棒性是数字水印抵抗各类攻击的能力，是数字水印最为重要的评价指标之一。与前面介绍的水印模型的鲁棒性评价相同，主要的鲁棒性考察手段为实验验证，鲁棒性指标一般都为 *NC* 或者 *BER*。

（4）密钥空间

密钥作为加密的关键要素，其空间越大，被穷举的次数也就越多，算法被破解的难度也就越大。因此，密钥空间大小和复杂度与矢量地理数据加密算法的安全性息息相关。加密的安全性是指在知道密文的情况下，无法逆推或者计算出明文，或者理论上的计算量远远超过现实提供的计算能力。根据 Kerckhoffs 原则，在不知道密钥的前提下，即便知道加密的算法步骤也是难以对密文进行攻击和破译的，只能采用穷举密钥的方式进行攻击。密钥空间的大小决定着攻击的难易程度以及攻击成功所耗费的资源，此时矢量地理数据交换密码水印的密钥空间可作为评估其安全性的核心指标。设密钥 K 的长度为 L_k，如果每位可能的取值均有 N_k 种，则密钥空间的大小 *KeySpace* 为：

$$KeySpace = L_k^{N_k} \tag{9.5}$$

KeySpace 足够大，则可以保证对密钥的穷举攻击方式耗费的时间和资源远超过现实条件，从而实现加密的安全性。

（5）密钥敏感性

密钥敏感性是指即使对密钥做微小的变动，也无法解密出原始数据。如果攻击者使用与正确密钥相似甚至完全不同的密钥解密出原始数据，加密就变得毫无意义，密钥的敏感度就很低。可以通过计算对密钥进行轻微修改得到的数据与原始数据的均方误差进行评价。若均方误差小，则代表密钥敏感度低；若均方误差大，则代表密钥敏感度高。

9.1.4　交换密码水印实现机制

交换密码水印技术并不是密码技术和水印技术的简单叠加，现有的密码技术和水印技术在实现机制上并未考虑与另一技术的可交换性，这导致直接套用现有的技术无法保证交换密码水印的可交换性。因此，如何实现交换密码水印的可交换性是交换密码水印研究中首先需要解决的问题。针对各种不同的数据类型和数据特征，交换密码水印有多种实现机制，不同的实现机制将会直接影响交换密码水印的安全性、鲁棒性、效率等各项重要属性，因此对现有的主要交换密码水印实现机制进行分析，是研究适用于矢量地理数据交换密码水印实现机制的基础。

根据交换密码水印的相关研究现状可知，目前针对图像、视频或者音频等多媒体数据，

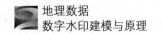

交换密码水印的主要实现机制包括基于分域、同态加密和特征不变量这三类交换密码水印方法。

（1）基于分域的交换密码水印方法

基于分域的交换密码水印机制是运用数学变换、分解或压缩等方式，将数据分离为两部分，其中一部分进行水印嵌入和检测，另一部分进行加密和解密，使得密码操作和水印操作在数据的不同部分上完成，可有效保证交换密码水印的可交换性。在安全分发后需要解密数据和水印提取时，使用相同的变换同样分离出加密域和水印域，解密操作只作用于密文域，水印提取操作只作用于水印域。通过这种域分离的方法，使得加密操作和水印操作互不干扰，保证了两者的独立性和可交换性。

具体地，对于原始数据 D，存在变换 f 由 f_k 和 f_w 构成，使得：

$$\begin{cases} f_k(D) = D_k \\ f_w(D) = D_w \end{cases} \tag{9.6}$$

并满足：

$$D_k \cap D_w = \varnothing \tag{9.7}$$

且存在相应的逆变换 f_k^{-1} 和 f_w^{-1} 满足：

$$f_k^{-1}(D_k) \cup f_w^{-1}(D_w) = D \tag{9.8}$$

加密、解密、水印嵌入和水印提取沿用 2.2.3 中的符号，则基于分域机制的交换密码水印的加密流程可表示为：

$$D_k' = EN(D_k, K_1) = EN(f_k(D), K_1) \tag{9.9}$$

式中，D_k' 为加密后的密文域。

水印嵌入流程可表示为：

$$D_w' = EM(D_w, W) = EM(f_w(D), W) \tag{9.10}$$

式中，D_w' 为嵌入水印后的水印域。

在完成加密和水印嵌入后，嵌入交换密码水印的数据 D' 由 D_k' 和 D_w' 构成：

$$D' = f_k^{-1}(D_k') \cup f_w^{-1}(D_w') \tag{9.11}$$

对数据 D' 进行解密的过程为：

$$D_k'' = D_k = DE(f_k(D'), K_2) \tag{9.12}$$

式中，D_k'' 为解密后的密文域。

根据分域的原理和加解密的可逆性，易得：

$$D_k'' = D_k \tag{9.13}$$

对数据 D' 进行水印提取的过程为：

$$W = EX(f_w(D')) \tag{9.14}$$

根据上述表达式和分域的原理，易推出加密与水印嵌入的可交换性、解密与水印提取的可交换性。

例如，有学者对图像数据进行离散小波变换，在低频系数中进行加密操作，在中高频系数中进行水印操作；或者将高频系数用于加密操作，低频系数用于水印操作。然而，该类方法只实现了部分数据加密，进行水印操作的部分数据并未加密仍为明文，存在数据安全性低的问题。

（2）基于同态加密的交换密码水印方法

同态加密是指对密文进行特定形式的代数运算得到的结果与在明文进行同样运算得到的结果相同。其中，同态是指在不解密数据的情况下，对密文数据进行的计算。该类方法利用了同态加密技术的原理，可以在加密后的密文数据中直接进行同态水印操作，且密文运算结果与明文运算结果相同，满足了加密和水印的可交换性要求。

考虑到部分同态加密支持的运算种类少，例如 RSA 只能针对乘法操作实现同态，而水印的嵌入和提取往往涉及到多种运算的复合，因此在交换密码水印的实现中，能够同时提供乘法和加法同态运算的全同态加密具有更好的应用价值。设同态加密算法 EN 和解密算法 DE，对于明文域水印嵌入操作 EM 有相应的运算 hEM，即满足：

$$D' = hEM(EN(D, K_1), W) = EN(EM(D, W), K_1) \tag{9.15}$$

式中，D' 为嵌入交换密码水印的密文数据。

则根据式（9.15）可知，水印的嵌入和加密具有可交换性。对于明文域的水印提取操作 EX，也存在相应的运算 hEX，满足：

$$W = hEX(D') = EX(DE(D', K_2)) \tag{9.16}$$

说明水印的提取既可以在密文中直接操作，也可在解密后进行，说明水印提取和解密的流程也满足了交换密码水印的性质。

例如，有学者提出了一种全文同态加密方法，并选取与加密算法具有同态的加法或乘法的水印操作，有效避免了水印操作对加密处理的影响。但是，目前该类方法只能实现与加密同态的简单水印操作方式，导致水印的鲁棒性较弱。

（3）基于特征不变量的交换密码水印方法

交换密码水印特征不变量是一个加密和水印处理后仍保持不变的特征量，且基于该特征量的水印嵌入操作具有好的鲁棒性，可以有效保证数据在受到各种攻击尤其是几何攻击后仍可以保持较为稳定的状态。该类方法通过选取数据的一些特征用于水印操作，同时加密操作对这些特征不会产生影响，从而实现交换密码水印的可交换性。目前，基于特征不变量的交换密码水印机制研究较少。较为典型的是 Schmitz 提出的基于直方图的图像交换密码水印机制，其原理是加密方式选择为置乱加密，通过对图像像素的重新排列使得图像内容不可被识别；而水印的嵌入方式是在统计图像像素的直方图基础上，通过改变特定直方图的区间数量实现水印的嵌入。根据置乱加密的特性，解密时根据置乱的步骤可以轻易地将密文数据恢复为明文数据，而不论是密文状态或者是明文状态，直方图的统计特征均未改变。因此水印提取时既可以从密文中直接提取，也可以在解密后的明文中提取，从而满足了交换密码水印的需求和性质。

具体地，设对原始数据 D 存在一个特征 F，特征 F 由原始数据 D 经由特征函数 f 计算出，即：

$$F = f(D) \tag{9.17}$$

而交换密码水印中的加密函数 EN 要求能保持特征 F 不变，即：

$$f(D) = f(EN(D)) \tag{9.18}$$

换言之，加密函数 EN 可视为对特征函数"透明"，即无论加密函数 EN 是否作用于数据中，都不影响特征函数的计算结果，则水印可嵌入在特征 F 上，即：

$$EM(D, W) = EM(F, W) = EM(f(D), W) \tag{9.19}$$

同理，水印提取的时候也从嵌入水印的特征 F 提取，即：

$$W = EX(F') = EX(f(D'))\tag{9.20}$$

例如：有学者利用置乱像素位置并不改变全局直方图统计特征的这一特性，提出图像的全局直方图统计特征作为特征不变量，构建了基于直方图统计特征的水印方法，并实现了基于像素置乱的全文加密方法，有效提高了水印的鲁棒性和加密的安全性。然而，由于矢量地理数据具有与图像等栅格数据不同的表现形式，该类方法中提出的一些图像特征不变量如直方图统计特征等并不适用于矢量地理数据。由于矢量地理数据的组织结构、数据特征等方面与图像等栅格数据具有本质的区别，从而需要结合矢量地理数据独特的地学意义、空间特征及空间关系等，构建矢量地理数据交换密码水印的特征不变量。

9.2　基于 SVD 特征不变量的矢量地理数据交换密码水印模型

9.2.1　SVD 的特征

奇异值分解（Singular Value Decomposition，SVD）可以基于任意矩阵的分解方法。在奇异值分解矩阵中，奇异值按照从大到小的顺序排列。很多情况下，前10%甚至1%奇异值的和能占全部奇异值的99%以上。因此，可以使用前面几个大的奇异值近似描述矩阵。

当给定一个大小为 $m×n$ 的矩阵 A，则存在 $m×m$ 的对称矩阵 AA^T 和 $n×n$ 的对称矩阵 A^TA，满足 $AA^T=PA_1P^T$ 和 $A^TA=QA_2Q^T$，则矩阵 A 的奇异值分解记录如下：

$$A = P\Sigma Q^T\tag{9.21}$$

其中，矩阵 $P=(p_1,p_2,\cdots,p_m)$ 为 m 阶矩阵，p_1，p_2，$\cdots$，p_m 为 AA^T 的特征向量，也称为矩阵 A 的左奇异向量；矩阵 $Q=(q_1,q_2,\cdots,q_n)$ 为 n 阶矩阵，q_1，q_2，$\cdots$，q_n 为 A^TA 的特征向量，也称为矩阵 A 的右奇异向量；矩阵 A_1 和 A_2 分别为 m 阶和 n 阶，表示的是矩阵 AA^T 和矩阵 A^TA 的特征值；矩阵 Σ 为 $m×n$ 的奇异值矩阵。奇异值矩阵 Σ 中非零奇异值的平方对应着矩阵 A_1 或者 A_2 中非零特征值，所以可以用矩阵对角化分解方法得到矩阵的奇异值分解结果。奇异值分解过程中矩阵之间的运算关系如下式所示：

$$\begin{bmatrix} u_{11} & u_{21} & \cdots & u_{m1} \\ u_{12} & u_{22} & \cdots & u_{m2} \\ \vdots & \vdots & & \vdots \\ u_{1m} & u_{2m} & \cdots & u_{mn} \end{bmatrix} = \begin{bmatrix} p_{11} & p_{12} & \cdots & p_{1m} \\ p_{21} & p_{22} & \cdots & p_{2m} \\ \vdots & \vdots & & \vdots \\ p_{m1} & p_{m2} & \cdots & p_{mm} \end{bmatrix} \times \begin{bmatrix} \sigma_{11} & 0 & \cdots & 0 \\ 0 & \sigma_{22} & \cdots & 0 \\ \vdots & \vdots & & \vdots \\ 0 & 0 & \cdots & \sigma_{nn} \\ \vdots & \vdots & & \vdots \\ 0 & 0 & \cdots & 0 \end{bmatrix} \times \begin{bmatrix} q_{11} & q_{12} & \cdots & q_{1n} \\ q_{21} & q_{22} & \cdots & q_{2n} \\ \vdots & \vdots & & \vdots \\ q_{n1} & q_{n2} & \cdots & q_{nn} \end{bmatrix}\tag{9.22}$$

矩阵的奇异值分解常用于数值计算，因为其优良的特性，目前已成功应用于工业生产和科学研究中。矩阵的奇异值分解主要有如下特性：

1）奇异值分解的低秩逼近。在矩阵的奇异值分解中，较大的奇异值会决定原矩阵的主要特性。给定一个矩阵 A，其大小为 $m×n$，当矩阵 A 的秩 k 远远小于 m 和 n 时，我们只需要存储 k 个奇异值、km 个左奇异向量的元素和 kn 个右奇异向量的元素，因此，奇异值分解的低秩逼近可应用于数据的压缩。

2）奇异值对矩阵的扰动不敏感。对左奇异矩阵或者右奇异矩阵进行旋转变换之后，奇异值不发生变化，对矩阵 A 进行有限范围的更改，矩阵 A 的奇异值在一定范围内保持稳定。因此，将水印信息嵌入到奇异值中，在抵抗常规操作攻击方面具有强鲁棒性。

假设 B 也是一个 $m \times n$ 的矩阵，且 B 的奇异值分别为 $\tau_1 \geq \tau_2 \geq \cdots \geq \tau_r > 0$，则有：

$$|\sigma_i - \tau_i| \leq \|A - B\|_2 \tag{9.23}$$

这表明当矩阵 A 有微小的扰动时，对其奇异值的影响很小。这说明奇异值具有一定的稳定性。

根据 SVD 分解的概念可知，SVD 是一个可逆变换，如果奇异值 Σ 进行了修改变为 Σ'，且 U 和 V 不变，进行 SVD 逆变换得到矩阵 A'。再次对 A' 进行分解可得到：$A' = U\Sigma'V$。这说明奇异值与左右奇异矩阵具有操作独立性。

3）奇异值的正交不变性。根据 SVD 的原理可知，保持左右奇异矩阵的正交性不变，则可以进行 SVD 的逆变换。假设矩阵 A 为方阵，即 $m = n$，则左右奇异矩阵也都是 $m \times m$ 的正交方阵。假设 P 也为 $m \times m$ 的正交方阵，则：$PA = PU\Sigma V^T$。

根据正交矩阵的特征可知 $PU(PU)^T = PUU^TP^T = PIP^T = I$。

也就是说，一个正交矩阵与另一相同大小的任意正交矩阵相乘，结果仍为正交矩阵，且不影响奇异值大小。因此，方阵 A 与方阵 PA 具有相同的奇异值，这一特性我们称为奇异值的正交不变性。

9.2.2 SVD 特征的应用

奇异值具有较好的稳定性和正交不变性，且与左右奇异矩阵相对独立，因此，本节选用奇异值作为特征不变量进行矢量地理数据交换密码水印设计。基于上一节对 SVD 原理和特征的分析可知：①基于奇异值的水印嵌入前后的左右奇异矩阵不发生改变；②基于奇异值正交不变性的加密方法，加解密前后奇异值保持不变。因此，我们提出假设，如果利用奇异值进行水印操作，和基于奇异值的正交不变性进行加解密操作，将有效满足交换密码水印的可交换性。证明如下：

假设水印嵌入函数为 $Em(\Sigma(A), w)$，水印提取函数为 $Dm(\Sigma(A'))$，加密函数为 $En(PA)$，解密函数为 $Dn(P^{-1}A')$。其中，w 为嵌入的水印信息，A' 是待提取的方阵。我们知道，基于奇异值正交不变性的加密方法不改变奇异值，用公式表示为：

$$\Sigma(A) = \Sigma(En(PA)) \tag{9.24}$$

由此，可推导出，

$$\begin{cases} Em(\Sigma(A), w) = Em(\Sigma(En(PA)), w) \\ En(PA) = En(P(Em(\Sigma(A), w))) \end{cases} \tag{9.25}$$

进一步可推导出，

$$Em(\Sigma(En(PA)), w) = En(P(Em(\Sigma(A), w))) \tag{9.26}$$

$$Dm(\Sigma(Dn(P^{-1}A'))) = Dm(\Sigma'(A')) \tag{9.27}$$

由式（9.26）和式（9.27）可知，提出的基于 SVD 的 CEW 方法可以有效满足水印嵌入和加密的可交换性，以及水印检测和解密的可交换性。

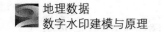

9.2.3 Lorenz 混沌系统

Lorenz 混沌系统是一个三维混沌系统，表现出极其复杂的非线性动力学特征，同时也是第一个表现出奇异吸引子的连续动力学系统，其动力学方程如式（9.28）所示。

$$\begin{cases} \dfrac{\mathrm{d}x}{\mathrm{d}t} = \sigma(y-x) \\[2mm] \dfrac{\mathrm{d}y}{\mathrm{d}t} = \gamma x - zx - y \\[2mm] \dfrac{\mathrm{d}z}{\mathrm{d}t} = xy - bz \end{cases} \tag{9.28}$$

式中，σ、γ 和 b 为系统参数。

一般取 $\sigma=10$，$\gamma=28$，$b=8/3$ 作为 Lorenz 系的一组典型值。在保证 σ 和 b 的取值不变、$\gamma>27.74$ 时，Lorenz 系统处于混沌状态。分别取 $x_0=0$，$y_0=0$，$z_0=0$，可得 Lorenz 系统的吸引子相图，即系统在各个平面的运动轨迹，各子相图及 Lorenz 系统如图 9.2 所示。

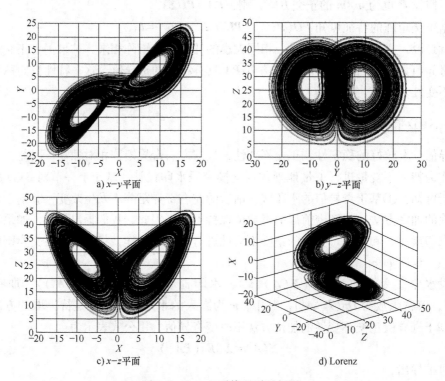

图 9.2　Lorenz 系统吸引子相图

从 Lorenz 混沌系统的分叉图更能清晰地观察到其混沌特性，图 9.3 给出了 Lorenz 混沌系统分叉图。

Lyapunov 指数是定量判断 Lorenz 系统混沌状态的重要指标，最大 Lyapunov 指数大于零则判定该系统是混沌系统，这就意味着在相空间中的两条轨迹线无论初始间距多么小，其运动差别都会随时间演化成指数率分离而达到无法预测的程度。图 9.4 给出了 Lorenz 混沌系统的 Lyapunov 指数图。

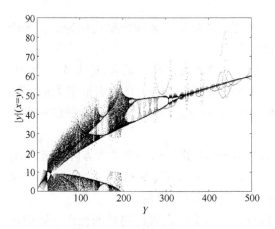

图 9.3　Lorenz 混沌系统分叉图

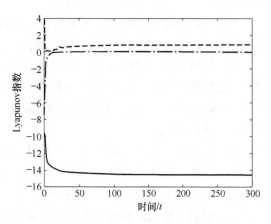

图 9.4　Lorenz 混沌系统 Lyapunov 指数图

由图 9.4 可知，该系统的最大 Lyapunov 指数大于零，因此也证明了该系统属于混沌系统。本节设置初值 x_0、y_0、z_0，基于 Lorenz 系统输出 X、Y、Z 三个序列，选取 X 序列作为参与置乱的混沌序列。

9.2.4　基于 SVD 的矢量地理数据交换密码水印模型

基于对 SVD 分解的分析可知，可以利用 SVD 的稳定性和正交不变性来进行交换密码水印模型设计：利用 SVD 的稳定性，可以将水印信息嵌入到特征值中；利用 SVD 的正交不变性，可以进行加密方法的设计。

1. 水印嵌入和加密

该部分为利用水印和加密算法得到加密后的含水印数据，算法的流程图如图 9.5 所示。

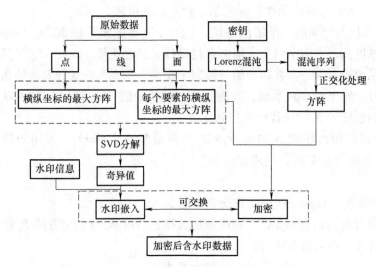

图 9.5　水印嵌入和加密的流程图

具体的步骤如下：

1）将版权信息映射为一个无意义水印信息，水印信息为 $W = \{w_l \mid w_l = 0, 1\}$，长度为 $0 \leqslant wl \leqslant N_W - 1$，$N_W$ 代表水印信息长度。

2）读取矢量地理数据，获取矢量地理数据的类型。如果矢量地理数据类型为点，则转步骤3），如果矢量地理数据类型为线或面，则转步骤4）。

3）将所有点要素的横纵坐标分别组成含点数最多的最大方阵，记为 A_x 和 A_y。其中，A_x 和 A_y 的矩阵大小均为 $N_A \times N_A$，且 $N_A \times N_A = \max(N_A \times N_A \leqslant N_P)$，$\max(\ )$ 代表取最大值，N_P 代表坐标点的数量。记录下点数据的横纵坐标最大值 X_{max} 和 Y_{max}，并记录下点数据的横纵坐标的最小值转步骤5）。

4）提取每一个线或面要素，并对每个要素的横纵坐标分别组成一个最大方阵，记为 A_x 和 A_y。其中，A_x 和 A_y 的矩阵大小均为 $N_A \times N_A$，且 $N_A \times N_A = \max(N_A \times N_A \leqslant N_{P_i})$，$\max(\ )$ 代表取最大值，N_{P_i} 代表当前要素的坐标点数量，N 表示线或面要素的数量。

5）对横纵坐标获取的方阵进行相同的奇异值分解，纵坐标也进行同样的操作。后面均以横坐标为例，可以得到：

$$A_x = U_x \begin{bmatrix} \Sigma_x & 0 \\ 0 & 0 \end{bmatrix} V_x^{\mathrm{T}} \tag{9.29}$$

6）由于奇异值是由大到小排列，且第一个奇异值包含了绝大部分能量，具有较好的稳定性。因此，我们对当前方阵获取的第一个奇异值进行水印信息位确定，确定方式为：

$$LocW_x = \mathrm{int}(\Sigma_x(1,1)) \% N_W \tag{9.30}$$

式中，$\mathrm{int}(\ )$ 为截取的整数部分；% 表示求余。

7）选择第二个开始的所有非零奇异值的小数部分从 $LocW_x$ 位开始依次进行水印信息嵌入，嵌入规则为：

$$\Sigma_x(j,j)_m = \begin{cases} 0, & W_{(LocW_x+j-2) \% N_W} = 0 \\ 1, & W_{(LocW_x+j-2) \% N_W} = 1 \end{cases} \tag{9.31}$$

式中，$2 \leqslant j \leqslant r$，$r$ 表示奇异值的秩；m 表示小数点后的位数。

8）Lorenz 系统是经典的三维混沌系统，相对于其他低维系统而言，Lorenz 混沌系统具有对初始值敏感度高、密钥空间大、加密序列设计灵活等优势。同时，它又具有确定性，其输出值由混沌系统的方程、参数和初始条件完全决定。只要系统参数及初始条件相同，就可以重构混沌信号。对于 Lorenz 系统，我们给定一组初始值 (x_0, y_0, z_0) 和控制参数，通过迭代处理可以得到长度为 N_S 的迭代混沌序列 S。

9）选取生成的随机序列 S 的前 $N_A \times N_A$ 个向量组成方阵 Q_x，采用矩阵理论的 Gram-Schmidt 生成一个正交方阵 P_x，生成方法为：

$$P_x = GS(Q_x) \tag{9.32}$$

式中，$GS(\ )$ 函数代表 Gram-Schmidt 正交化方法。

10）利用奇异值的正交不变性，利用原始数据的方阵 A_x 与正交方阵 P_x 相乘的加密方式得到加密后的方阵，即加密方式为：

$$EA_x = P_x A_x \tag{9.33}$$

11）对所有要素的横纵坐标按照步骤5）～步骤10）的处理方式。其中步骤6）～步骤7）与步骤8）～步骤10）具有可交换性。全部操作完后，再进行 SVD 逆变换，得到含水印的加密数据。

2. 水印检测和解密

水印检测和解密分别是水印嵌入和加密的逆过程，具体步骤如下：

1）读取待处理的矢量地理数据，并按照上一节水印嵌入和加密的步骤 2）~步骤 5）相同的处理方式，获得 SVD 分解的结果为：$EA_x = E\dot{U}_x \begin{bmatrix} \Sigma'_x & 0 \\ 0 & 0 \end{bmatrix} EV_x$。

2）按照 9.2.4 节水印嵌入和加密的步骤 8）~步骤 9）生成正交矩阵 P'_x，并计算得到其逆矩阵 P'^{-1}_x。

3）基于正交矩阵特性，将加密后的矩阵与另一正交的逆矩阵相乘即可得到解密数据，即解密方式为：

$$DA_x = P'^{-1}_x EA_x \tag{9.34}$$

4）对所有要素的横纵坐标按照步骤 1）~步骤 3）的处理方式进行解密。全部操作完后，得到解密后的数据。

5）按照 9.2.4 节水印嵌入和加密的步骤 6）相同的处理方式，获取当前要素的水印嵌入开始位 $LocW'_x$。

6）从第二个开始的所有非零奇异值中提取水印信息，提取规则为：

$$W'_{(LocW'_x + j - 2)\%N_W} = \begin{cases} 0, & \Sigma'_x(j,j)_m = 0 \\ 1, & \Sigma'_x(j,j)_m = 1 \end{cases} \tag{9.35}$$

7）由于同一位水印信息可能会被多次检测到。因此，采用多数原则来确定每一位水印嵌入位的水印信息。采用的多数规则为：

$$W'_l = \begin{cases} 0, & N_{lw0} \geqslant N_{lw1} \\ 1, & N_{lw0} < N_{lw1} \end{cases} \tag{9.36}$$

式中，N_{lw0} 代表第 l 位提取到水印信息为 0 的个数；N_{lw1} 代表第 l 位提取到水印信息为 1 的个数。

8）通过上述步骤，可以获得当前数据检测到的水印信息 W'。

9）提取出无意义水印信息 W' 后，需要进行相关检测。为客观评价原始水印与提取水印的相似性，本节采用计算二者的相关系数 NC 进行判断是否含有水印信息。相关系数的计算公式如下：

$$NC(W', W) = \frac{\sum_i w'_i * w_i}{\sqrt{\sum_i w'^2_i} \sqrt{\sum_i w^2_i}} \tag{9.37}$$

如果水印的相关系数 NC 大于预先设定的阈值 T，则表明含有水印信息，则提取相应的版权信息。

10）基于奇异值的正交不变性，本节方法中水印检测的步骤 5）~步骤 9）与数据解密的步骤 2）~步骤 4）具有可交换性。

9.2.5 实验与分析

为了验证本节矢量地理数据交换密码水印模型的有效性，选取了三个典型的、不同比例尺的点、线、面数据进行实验验证。实验数据如图 9.6 所示，所有数据格式为 shapefile 格

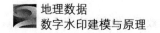

式。数据的基本属性信息见表 9.1。

a) 点数据

b) 线数据

c) 面数据

图 9.6　实验数据

表 9.1　实验数据的基本属性信息

数　据	坐标系统	要素数/点数	比 例 尺	坐 标 单 位
点数据	WGS84	2089/2089	1∶10,000	m
线数据	GCS_Xian_1980	424/58355	1∶250,000	m
面数据	WGS84	19/63364	1∶4,000,000	m

本实验中，水印信息为 160 位的二进制 0/1 序列，奇异值的水印嵌入位 m 设为 6，水印检测的相关系数 NC 设为 0.75。加密方法中，混沌序列的原始加密密钥设为 $k_0(x,y,z)$，其中，$x=10.101$，$y=1.0123$ and $z=7.12137$。

1. 可交换性

可交换性是交换密码水印最基本的特征，需要满足两个条件：①先加密再嵌水印得到的结果与先嵌水印再加密得到的结果相同；②在解密后的数据和密文数据中检测到的水印信息相同。为了验证本节算法的可交换性，对三个实验数据分别进行了先嵌入水印后加密（W-Eed）的实验，得到的实验结果如图 9.7（a1）～9.7（c1）所示。同时，对三个实验数据分别进行了先加密后嵌入水印（E-Wed）的实验，得到的实验结果如图 9.7（a2）～9.7（c2）所示。

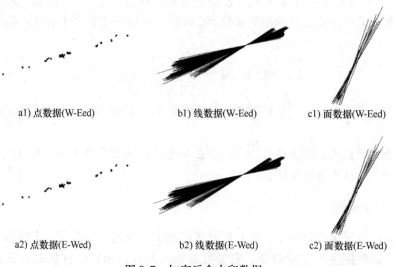

a1) 点数据(W-Eed)　　　b1) 线数据(W-Eed)　　　c1) 面数据(W-Eed)

a2) 点数据(E-Wed)　　　b2) 线数据(E-Wed)　　　c2) 面数据(E-Wed)

图 9.7　加密后含水印数据

从图 9.7 可以看出，加密后水印也可以进行嵌入，且从主观视觉上可以看出加密和水印嵌入次序不同时得到的结果相同。为了从客观上比较加密和水印操作不同后得到数据是否相同，我们对 W-Eed 数据和 E-Wed 数据进行逐点的坐标值对比，对比结果见表 9.2。从表 9.2 可以看出，W-Eed 数据和 E-Wed 数据获得的点坐标值完全相同。由此可见，加密和水印嵌入实现了可交换性。

另外，水印提取采取两种方式：一种是直接在密文数据上提取水印信息，一种是对密文数据解密后进行水印提取，两种方式提取的水印结果见表 9.3 所示。从表 9.3 可以看出，两种水印提取都可以正确提取出水印信息，且提取的水印信息与原始水印信息的相关系数均为 1。由此可见，解密和水印提取具有可交换性。

表 9.2　可交换性的实验结果

比 较 结 果	点数据	线数据	面数据
点的个数	2089	58355	63364
相同的点数	2089	58355	63364
不相同的点数	0	0	0

表 9.3　提取的水印信息结果

结果类型	数据	NC	版权
D-Wed data	点数据	1	Geomarking
	线数据	1	Geomarking
	面数据	1	Geomarking
CEWed data	点数据	1	Geomarking
	线数据	1	Geomarking
	面数据	1	Geomarking

2. 不可感知性

对三幅实验数据进行交换密码水印算法的加密和水印嵌入后，进行解密，获得含水印的数据分别记为点数据（Wed-a）、线数据（Wed-b）和面数据（Wed-c）。统计含水印的数据与原始数据的坐标点误差（包括最大距离和平均值），表 9.4 列出了误差统计结果。

表 9.4　误差统计结果

嵌入水印数据	误差指标/m	
	最大距离	平均距离
点数据（Wed-a）	3.2×10^{-6}	6.5×10^{-7}
线数据（Wed-b）	8.4×10^{-6}	1.6×10^{-6}
面数据（Wed-c）	4.2×10^{-6}	4.7×10^{-7}

从表 9.4 列出的统计结果中可以看出，不论是对于点数据、线数据还是面数据，提出的交换密码水印算法能够保证水印嵌入的误差远低于数据的空间精度要求。其中，三个数据嵌入水印后的数据最大误差只有 8.4×10^{-6} m。因此，本节提出的交换密码水印中的水印算法具

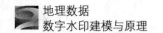

有很好的水印不可感知性。

3. 鲁棒性

为了验证本节算法所提交换密码水印算法嵌入水印的鲁棒性，对含水印的矢量地理数据进行了常见的几何攻击，在不同的攻击方式下对实验数据进行测试。分别对含水印数据进行了删点和增点等攻击方式，为了有效说明本节算法的鲁棒性，对三幅数据分别进行删点和增点后的水印提取结果见表 9.5 和表 9.6。从表 9.5 中可以看出，当删点率超过 90% 的情况下，从线和面数据提取的水印信息的相关系数仍都高于阈值 0.75。从表 9.6 中可以看出，当增点率高达 300% 的时候，从线和面数据提取的水印信息的相关系数均高于阈值 0.75。由此可见，本节提出的交换密码水印模型具有较好的抗几何攻击能力。

表 9.5　删点攻击后水印提取的结果

删点率（%）	NC			
	本方法		文献 [11, 12] 方法	
	线数据	面数据	线数据	面数据
10	1.00	1.00	1.00	1.00
20	1.00	1.00	0.98	1.00
30	0.98	1.00	0.92	1.00
40	0.96	0.99	0.87	0.99
50	0.90	0.98	0.82	0.96
60	0.86	0.97	0.78	0.94
70	0.84	0.95	0.73	0.88
80	0.83	0.88	0.71	0.84
90	0.76	0.85	0.67	0.78

表 9.6　增点攻击后水印提取的结果

增点率（%）	NC			
	本方法		文献 [11, 12] 方法	
	线数据	面数据	线数据	面数据
10	1.00	1.00	1.00	0.98
20	0.99	1.00	0.98	0.99
50	0.96	0.99	0.96	0.99
80	0.94	0.99	0.87	0.99
100	0.88	0.98	0.81	0.96
150	0.85	0.97	0.75	0.95
200	0.83	0.95	0.73	0.89
260	0.81	0.88	0.66	0.72
300	0.75	0.86	0.63	0.69

4. 安全性

为了更好地说明本节算法的安全性，将三幅 CEWed 数据随机选取部分数据进行放大，如图 9.8 所示。同时，将嵌入水印和加密后的数据与原始数据进行客观的坐标值点误差，包括最大距离和平均值。表 9.7 列出了误差统计结果。

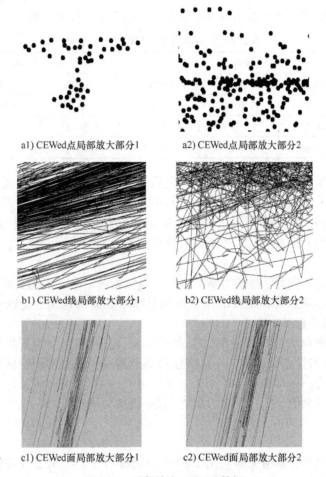

a1) CEWed点局部放大部分1　　　　a2) CEWed点局部放大部分2

b1) CEWed线局部放大部分1　　　　b2) CEWed线局部放大部分2

c1) CEWed面局部放大部分1　　　　c2) CEWed面局部放大部分2

图 9.8　局部放大 CEWed 数据

表 9.7　安全性的实验结果

数　　据	$AveD/m$	$MaxD/m$
点数据	7.5×10^6	1.2×10^7
线数据	4.7×10^5	2.6×10^6
面数据	8.7×10^5	4.9×10^6

通过对图 9.8 和原始数据的比较可以看出，加密和嵌水印后的数据与原始数据相比，二者完全不同，密文数据已变得完全无法识别，具有较好的安全性。从表 9.7 可以看出，密文数据与原始数据的点坐标的最大误差可达 1.2×10^7m，平均误差最小的也是 4.7×10^5m。由此可见，加密后的数据与原始数据差别较大，已失去了数据的使用价值。

5. 密钥敏感性

密钥敏感性是衡量加密算法性能的一个重要指标，它是指密钥发生微小的改变时，也会

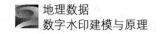

导致无法正确解密出明文数据。

对初始的三个密钥进行微调，分别设置密钥值为：$k_1 = (10.1013, 1.0123, 7.12137)$，$k_2 = (10.101, 1.012301, 7.12137)$，$k_3 = (10.101, 1.0123, 7.121370001)$。利用这三个密钥对密文数据进行解密，得到的解密数据与原始数据的平均误差与最大误差见表 9.8。

表 9.8　采用不同密钥获取的误差结果

密钥	$AveD/\mathrm{m}$			$MaxD/\mathrm{m}$		
	点数据	线数据	面数据	点数据	线数据	面数据
k_1	2.1×10^5	1.5×10^5	1.2×10^6	7.1×10^6	5.9×10^6	3.4×10^6
k_2	2.4×10^5	5.2×10^5	1.4×10^5	6.2×10^6	1.5×10^7	2.5×10^6
k_3	1.9×10^5	4.7×10^5	1.1×10^6	8.2×10^6	1.7×10^7	8.2×10^6

从几组实验结果可以看出，即使某一个密钥只修改了很小的部分，得到的解密数据与原始数据也有非常大的区别，无法正确解密。其中，第三组实验结果中，其中一个密钥的数值只修改了 1×10^{-9}，得到的解密结果也是完全错误的。实验表明本节算法的密钥具有较好的密钥敏感性，从概率上极大降低了加密算法被攻破的可能性。

6. 密钥空间

密钥空间是衡量加密算法抵抗穷举类攻击的重要指标之一。密钥空间的大小通常通过单个密钥的取值空间相乘获得，越大的密钥空间意味着越高的保密性。理论上密钥空间高于 2^{100} 时，认为足以抵抗穷举攻击。

根据本节的加密算法，其初始密钥组为 (x_1, y_1, z_1)。这三个密钥均为浮点数，采用精确到小数点后 15 位的浮点数表示，并忽略整数部分精度。按照密钥空间的计算方式可得本节算法的密钥空间为：$SpaceKey = 10^{15} \times 10^{15} \times 10^{15} = 10^{45} \approx 2^{150}$。由此可见，本节加密算法的密钥空间远高于理论安全值 2^{100}，密钥空间大，足以抵抗穷举攻击。

9.2.6　小结

上述实验结果表明，本节充分利用了 SVD 分解的特征，提出了奇异值作为特征不变量的矢量地理数据交换密码水印方法。本节方法的特点主要有以下三个方面：

1）本算法中最为关键的是将奇异值作为矢量地理数据的特征不变量，并充分利用 SVD 的正交不变性和奇异值与左右奇异矩阵的相互独立性进行了矢量地理数据 CEW 算法设计，有效保证了水印和加密的互不干扰性。

2）本节采用的水印方法，充分利用了第一个奇异值的稳定性，有效保证了水印信息的同步关系，从而可以有效抵抗数据的裁剪攻击。但是由于是将点数据作为一个整体构建方阵，从而进行水印嵌入，这导致了点数据的抗攻击能力较弱。

3）本节提出的加密算法是一种全文加密方法，具有较好的安全性和隐蔽性。且本节采用了基于要素的加密方法，从而可以根据用户所需数据的属性特征进行局部解密，有效提高了数据在移动互联网中的高效安全应用。

9.3　基于几何不变性的矢量地理数据交换密码水印模型

9.2 节中研究了基于 SVD 特征不变量的交换密码水印算法，该算法具有较好的安全性，对线、面的增删点攻击具有较好的鲁棒性。但点数据的鲁棒性较弱，且无法抵抗旋转攻击。因此，需要进一步研究抗旋转攻击、鲁棒性更强的矢量地理数据交换密码水印算法。

本节首先将对矢量数据的几何特征进行分析，分析矢量地理数据几何特征不变性这一特征，提出一种基于几何特征不变性的矢量地理数据交换密码水印算法，并通过实验验证提出交换密码水印算法的可行性。

9.3.1　矢量地理数据几何特征

矢量地理数据是以点位坐标为基础的图形数据，其重要的特点之一就在于其所拥有的几何特征，以几何特征作为交换密码水印算法的载体，一方面能够从理论上提供抵抗几何攻击的能力，另一方面几何特征的加密可以破坏原有的矢量图像特征，拥有显著的加密安全性。

由于矢量地理数据本身的特性，其可以分为点、线、面三种数据类型，针对不同的数据类型，其本身所拥有的几何特征也不尽相同。然而，面、线、点数据本身仍然具有较为紧密的关系，面数据在存储中往往被拆解为线数据的集合，而线数据则被分解为一串相连的点数据，因此，如果要从矢量地理数据中选取出较具有代表性的几何特征，可以从三种数据中作为中间联系者的线数据着手。通过将面数据拆解为线数据，点数据连接为线数据，能够将三种类型的数据进行统一化，便于提取其几何特征。

在线要素的几何特征中，最典型也最基础的特征莫过于角度与长度。文献［4］曾提出过一种基于相邻线段比值或是夹角的交换密码水印算法，其通过将数据点分组，以三个点为一个元组，构建出了线段长度比值以及夹角这两种相对独立同时对几何攻击具有强抗性的量。但其算法仍然将两种几何特征独立看待，分开进行水印的嵌入与加密。而向量作为一种同时具有大小和方向的量，不仅可以将这两种几何特征有机地融合起来，同时也可以提高水印的隐秘性和加密的安全性。因此，本节提出一种以向量作为基础的复合几何特征：向量投影模长比。

9.3.2　矢量地理数据向量投影模长比

向量，作为一种具有大小和方向的量，在物理学和工程学中，几何向量常被称为矢量。向量作为同时拥有大小和方向的量，由于其本身的性质，对表达地图图形或地理实体的几何特征拥有得天独厚的优势。矢量地理数据虽然在表现上呈现为矢量结构，但其内部的数据存储仍然是以点的坐标值为基础的，在针对矢量地理数据进行向量运算时，首先需要对坐标数据进行向量化操作，将顺序排列的两个相邻的点坐标通过计算获得向量值，进而计算出本节算法的重要基础：向量运算中的投影模长比。

首先读取矢量数据并将其向量化，针对连续的三个点 A、B、C，计算向量 AB 和向量 BC：

$$AB = (X_B - X_A, Y_B - Y_A) \tag{9.38}$$

$$BC = (X_C - X_B, Y_C - Y_B) \tag{9.39}$$

那么根据向量的运算公式向量，AB 在向量 BC 的投影 $A'B$ 的模长（见图 9.9）为：

$$|AB|\cos\langle AB, BC\rangle$$

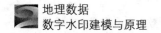
BC 的模长为：$|BC|$

记二者之比 M：

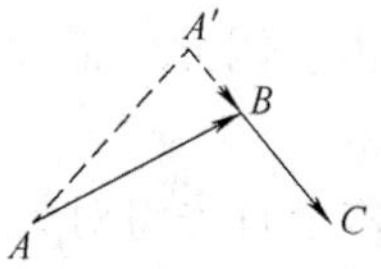

$$\frac{|AB|COS\langle AB,BC\rangle}{|BC|}=M \qquad (9.40)$$

根据向量角度公式可将式（9.40）转化为：

$$|AB|^2(AB \cdot BC)=M$$

记 $AB=(x_1,y_1)$，$BC=(x_2,y_2)$：

$$\begin{cases} (x_1^2+y_1^2)(x_1x_2+y_1y_2)=M \\ y_2=\dfrac{1}{y_1}\left(\dfrac{M}{x_1^2+y_1^2}-x_1x_2\right) \end{cases} \qquad (9.41)$$

图 9.9 向量运算示意图

9.3.3 基于几何不变性的水印模型

矢量地理数据最明显的特征就是其几何特征，同时矢量数据的几何特征对于常见的几何攻击普遍拥有一定的天然抗性，因此，可以以矢量数据几何特征作为特征不变量来构建交换密码水印算法。

对于常见的拉伸、缩放、旋转等几何攻击，其并未改变向量的夹角，而向量的模长之间数学运算是仍然同步的，其比例仍然将保持不变，向量之间的投影模长比本身也并不会发生变化。因此，向量投影模长比这一从矢量地理数据中提取出的复合几何特征，在面对常见的几何攻击时具有不变性。以此为基础，本节提出了一种以向量投影模长比为载体的矢量地理数据交换密码水印算法，通过将水印信息嵌入至向量化获得的投影模长比 M 当中，结合矢量地理数据偏移加密算法，实现加密算法与水印算法的可交换性。

1. 水印嵌入

1）将待嵌入的水印信息二值化获得 0-1 序列 W_i。

2）在待嵌入水印位 $Q=0.1^k$ 中根据奇偶映射嵌入水印：

$$M'=\begin{cases} M+Q & (M*10^k)\bmod 2=1 \text{ 且 } W_n=0 \\ M & (M*10^k)\bmod 2=1 \text{ 且 } W_n=1 \\ M & (M*10^k)\bmod 2=0 \text{ 且 } W_n=0 \\ M+Q & (M*10^k)\bmod 2=0 \text{ 且 } W_n=1 \end{cases} \qquad (9.42)$$

式中，M' 表示嵌入水印后的向量投影模长比。

3）对嵌入水印的投影模长比进行逆运算获得嵌入水印后的地理坐标数据：

当 AB 点不动时，根据式（9.42）可以计算出嵌入水印后的 C 点坐标 C'，记 $BC'=(x_2',y_2')$，则：

$$\begin{cases} \dfrac{x_2'}{x_2}=\dfrac{y_2'}{y_2} \\ y_2'=\dfrac{y_2}{x_2}x_2' \end{cases} \qquad (9.43)$$

代入式（9.42）中可得：

$$x_2' = \frac{x_2}{x_1 x_2 + y_1 y_2} \times \frac{M'}{x_1^2 + y_1^2} \tag{9.44}$$

可得 C' 坐标 $(X_B + x_2',\ Y_B + y_2')$。

2. 水印提取

水印提取算法是水印嵌入算法的逆过程，将嵌入在矢量地理数据中的水印信息重新提取出来：

1）在待嵌入水印位 $Q = 0.1^k$ 中根据奇偶映射读取水印 0-1 序列 W：

$$W = \begin{cases} 0 & (M' * 10^k)\bmod 2 = 0 \\ 1 & (M' * 10^k)\bmod 2 = 1 \end{cases} \tag{9.45}$$

2）将获得的 0-1 序列 W_i 重新还原为可读信息，获取原始的水印信息。

9.3.4 基于偏移的加密模型

1. 加密

为了保证在矢量地理数据加密前后投影模长比 M 的不变，可以对 (x_1, x_2, y_1) 均进行偏移操作，即矢量地理数据中每相邻的三个点 ABC，除了 C 点的 Y 坐标，其余五个坐标均可进行独立的偏移加密操作，流程如图 9.10 所示，具体步骤如下：

1）遍历要素中的坐标集合，获取 X 坐标集合序列 $\{PX_n | n = 1, 2, \cdots, N\}$ 和 Y 坐标集合序列 $\{PY_n | n = 1, 2, \cdots, N\}$。

2）根据密钥中记录的参数以 TSD 算法进行 N_x 和 N_y 次迭代后生成 X 与 Y 坐标序列的偏移量混沌序列 $\{cX_n | n = 1, 2, \cdots, N\}$ 和 $\{cY_n | n = 1, 2, \cdots, N\}$。

3）根据偏移量混沌序列计算加密坐标：

$$P'X_n = PX_n + cX_n \tag{9.46}$$

$$P'Y_n = PY_n + cY_n \tag{9.47}$$

4）以每三个点为一个元组，根据式（9.47）计算 $P'Y_m (m = 3k, k = 1, 2, \cdots)$ 并替换。

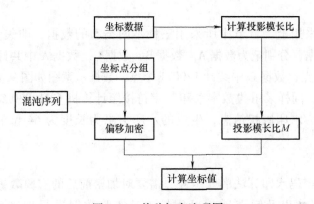

图 9.10　偏移加密流程图

2. 解密

偏移解密算法是偏移加密算法的逆过程，通过密钥生成的混沌序列的偏移量，通过重新逆向移动即可获得还原后除 C 点的 Y 坐标的其余五个坐标，最后通过投影模长比 M 即可重

新计算出原始的 C 点的 Y 坐标，流程如图 9.11 所示，具体步骤如下：

1）遍历要素中的坐标集合，获取偏移加密后的 X 坐标集合序列 $\{P'X_n | n=1,2,\cdots,N\}$ 和 Y 坐标集合序列 $\{P'Y_n | n=1,2,\cdots,N\}$。

2）根据密钥中记录的参数以 TSD 算法进行 N_x 和 N_y 次迭代后生成 X 与 Y 坐标序列的偏移量混沌序列 $\{cX_n | n=1,2,\cdots,N\}$ 和 $\{cY_n | n=1,2,\cdots,N\}$。

3）根据偏移量混沌序列计算原始坐标：

$$PX_n = P'X_n - cX_n \tag{9.48}$$
$$PY_n = P'Y_n - cY_n \tag{9.49}$$

4）以每三个点为一个元组，根据式（9.49）计算 $PY_m(m=3k, k=1,2,\cdots)$ 并替换。

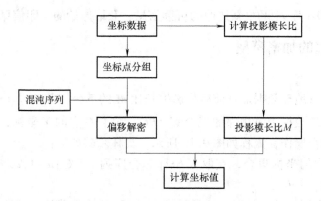

图 9.11　偏移解密流程图

9.3.5　实验与分析

为了验证本节提出的矢量地理数据交换密码水印算法的性能，通过相应的实验验证交换密码的加密效果、可交换性、水印的鲁棒性和不可感知性等指标。

1. 实验数据

实验数据仍然采用上一章节中所采用三种不同类型的数据，即矢量地理数据中的点、线、面三种类型数据，分别记为数据 A、数据 B、数据 C，数据 A 中共计 132192 个点，数据 B 中共计 104015 个点，数据 C 中共计 179071 个点，数据示意图如图 9.12 所示。

关于水印信息，同样采用"数字水印"字符按照计算机 GB18030 编码进行二值化，将获得的二进制串作为水印版权信息，生成的水印信息为长度为 64 位的"0"、"1"二值序列。

2. 加密效果

为了验证交换密码水印算法的安全性，需要对加密前后的实验数据进行对比，确保加密后数据的不可用性以及解密后的可用性。对实验数据进行加密后的结果如图 9.13 所示。

由图 9.13 可知，加密后的数据虽然大致保留了原始的图像轮廓，但实际上仍然破坏了数据的空间关系，不具有可用性，即无法从密文数据中直接获取明文信息。

除了视觉效果之外，加密前后 MSE 指标见表 9.9。

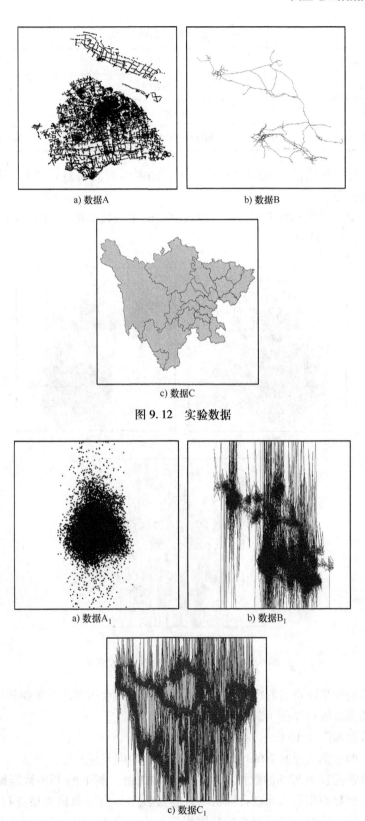

a) 数据A

b) 数据B

c) 数据C

图 9.12　实验数据

a) 数据A_1

b) 数据B_1

c) 数据C_1

图 9.13　加密结果

表 9.9　加密前后 MSE 指标

数 据 编 号	*MSE*	*RMSE*
A	8457557411567.98	2908187.99
B	514429480205.77	717237.39
C	120917176590.96	347731.47

由表 9.9 可知，加密前后 *MSE* 值十分巨大，加密前后数据差异巨大，由此可知该算法具有良好的加密效果。

除了视觉上以及量化指标上的验证，仅对密钥的末位数值进行 +1 以及 -1 修改时其解密效果如图 9.14 和图 9.15 所示。

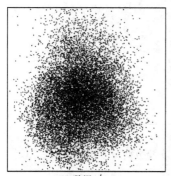
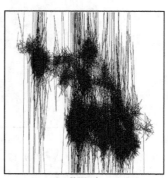

a) 数据 A'₁　　　　　　b) 数据 B'₁

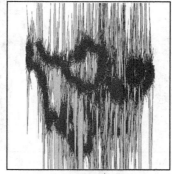

c) 数据 C'₁

图 9.14　密钥进行 +1 修改后解密结果

根据解密后的效果图可以看出，本节提出的交换密码水印算法其密钥敏感性较高，对密钥的微小修改都会对解密操作引起较大的变换。

解密后的数据如图 9.16 所示。

计算解密后的数据与原数据的均值和方差的差作为误差量对比，见表 9.10。

由于在加解密过程中 83% 的数据均采用了偏移加密，剩下的 17% 数据则是由这些数据通过投影模长比推导而出的。而在计算机的运算过程中，由于数据类型与数据存储的原因，在进行较为复杂的计算时会造成极小的精度损失，由表 9.10 可知，该交换密码水印算法对

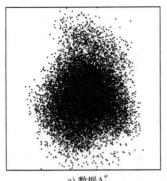

a) 数据A_1'' b) 数据B_1''

c) 数据C_1''

图 9.15 密钥进行–1 修改后解密结果

矢量地理数据在加解密前后造成的平均精度损失低于 0.00001m，即 10μm，对矢量地理数据的使用基本没有影响。

表 9.10 解密误差量

误差统计	均值之差	方差之差
数据 A 和数据 A_2	0.000007	5×10^{-11}
数据 B 和数据 B_2	0.000004	9×10^{-12}
数据 C 和数据 C_2	0.000006	3×10^{-11}

3. 可交换性

为了验证本节所提的交换密码水印算法中密码学操作和数字水印操作的可交换性，需要验证加密和水印嵌入的先后顺序对实验结果是否会产生影响，以及解密与水印提取的先后顺序对实验结果是否会产生影响。

对实验数据先进行加密再嵌入水印，得到含水印的密文 A_1、B_1 和 C_1；再通过对原实验数据进行嵌入水印后再加密，得到含水印的密文 A_2、B_2 和 C_2。通过对这两组数据进行误差统计，以此来判断本节算法中密码技术和水印技术是否可交换。计算两组结果的均值之差和方差之差，结果见表 9.11。

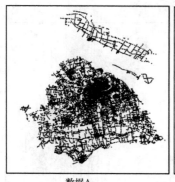

数据A₂

数据B₂

数据C₂

图 9.16　原密钥解密结果

表 9.11　交换误差

计　算　结　果	均　值　之　差	方　差　之　差
数据 A_1 和数据 A_2	0	0
数据 B_1 和数据 B_2	0	0
数据 C_1 和数据 C_2	0	0

由表 9.11 可知，水印的嵌入和加密操作的先后顺序没有影响，即该交换密码水印算法在嵌入与加密操作中具有可交换性。

除此之外还需要验证解密与水印提取操作对实验结果的影响，通过在密文域进行水印信息检测，同时对解密后数据进行水印信息检测，对比两个过程所提取的水印信息是否相同，以此为依据判断解密操作和水印提取操作的顺序是否可交换。以提取的水印信息的 BER 值为指标，提取结果见表 9.12。

表 9.12　水印提取 BER 值

操　作　顺　序	密文域提取	明文域提取
数据 A	0	0
数据 B	0	0
数据 C	0	0

由表 9.12 可知，加密与否对水印的提取结果并无影响，因此水印的提取操作既可以在密文也可以在明文域进行，解密操作与水印提取操作顺序具有可交换性。

综上所述，本节所提出的交换密码水印算法同样实现了密码学操作与数字水印操作的可交换性，实现了密码学与数字水印的有机融合。本节所提出的交换密码水印算法与第 8 章中提出的算法同样能够有效保障矢量地理数据的安全。

4. 鲁棒性

为了验证本节算法所提交换密码水印算法嵌入水印的鲁棒性，需要对含水印的矢量地理数据进行常见的操作攻击，并在不同的攻击方式下对实验数据进行测试，鲁棒性的指标以攻击后所提水印与原嵌入水印的误码率为准，系数值越小表明鲁棒性越强。

（1）裁剪攻击（见表 9.13）

表 9.13　裁剪攻击

数据编号	裁切 10%	裁切 25%	裁切 50%	裁切 75%
实验数据 A 测试	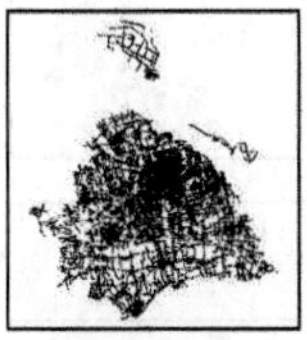			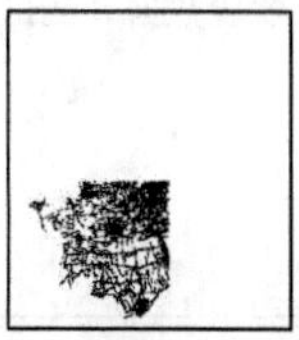
BER	0.4062	0.4844	0.5156	0.5625
数据编号	裁切 10%	裁切 25%	裁切 50%	裁切 75%
实验数据 B 测试				
BER	0	0	0	0
数据编号	裁切 10%	裁切 25%	裁切 50%	裁切 75%
实验数据 C 测试	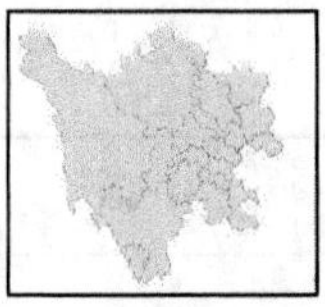	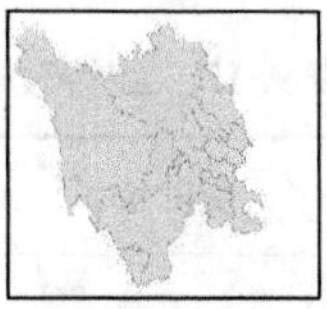	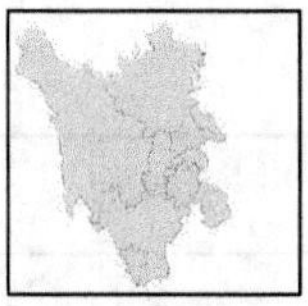	
BER	0	0	0	0

根据表 9.13 可知，在对含有水印信息的矢量地理数据进行裁剪后，点数据由于缺乏有效的重复嵌入手段，鲁棒性较弱；但对于面和线数据仍然可以从裁剪得到的数据中准确地提取出水印信息，综合来看本算法仍然具有较好的抗裁剪攻击能力。

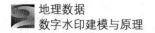

（2）缩放攻击（见表 9.14）

表 9.14　缩放攻击

数据编号	缩放 75%	缩放 50%	缩放 125%	缩放 150%
实验数据 A 测试				
BER	0	0	0	0
数据编号	缩放 75%	缩放 50%	缩放 125%	缩放 150%
实验数据 B 测试				
BER	0	0	0	0
数据编号	缩放 75%	缩放 50%	缩放 125%	缩放 150%
实验数据 C 测试			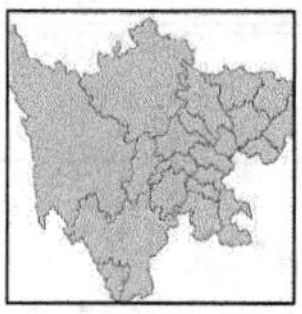	
BER	0	0	0	0

根据表 9.14 可知，在对含有水印信息的矢量地理数据进行缩放与拉伸后，仍然可以从裁剪得到的数据中准确地提取出水印信息，由此可见本算法具有较好的抗缩放攻击能力。

（3）旋转攻击（见表 9.15）

表 9.15　旋转攻击

数 据 编 号	旋转 5°	旋转 45°	旋转 90°	旋转 270°
实验数据 A 测试	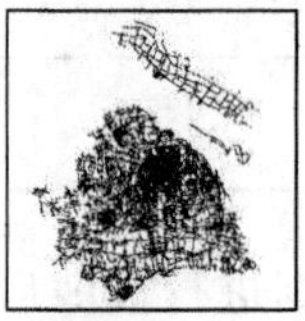		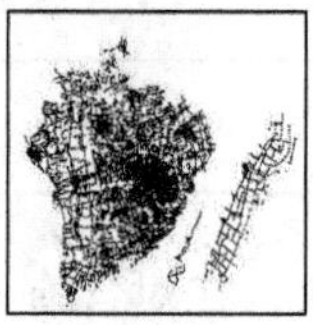	
BER	0	0	0	0

（续）

数据编号	旋转 5°	旋转 45°	旋转 90°	旋转 270°
实验数据 B 测试				
BER	0	0	0	0
数据编号	旋转 5°	旋转 45°	旋转 90°	旋转 270°
实验数据 C 测试				
BER	0	0	0	0

根据表 9.15 可知，在对含有水印信息的矢量地理数据进行旋转后，仍然可以正常检测出水印信息。相较于第 8 章算法中仅在特殊的旋转角度值才能稳定提取出水印信息的情况，本节算法在任意旋转角度下均可稳定提取出水印信息，相对具有更强的鲁棒性。

5. 精度评价

对于交换密码水印算法，嵌入水印信息的明文数据需要进行一定的精度评价。如图 9.17 所示，含有水印的明文数据分别为 A_1、B_1 和 C_1。

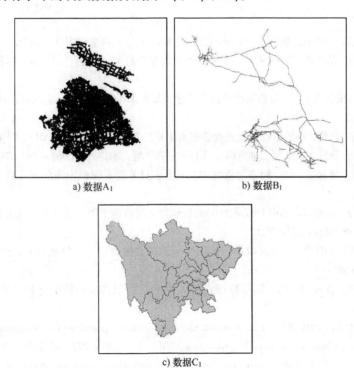

a) 数据A_1

b) 数据B_1

c) 数据C_1

图 9.17　嵌入水印后数据

从主观视觉出发，嵌入前后的图像看不出明显差异，水印算法并不影响视觉质量。除了主观分析外，表 9.16 统计了水印不可感知性的客观指标，以坐标点为单位，主要包括误差最大值、平均值、标准差以及 x, y 方向的均方根误差。

表 9.16　误差统计　　　　　　　　　　　　　　　　（单位：m）

数据编号	最大值	平均值	标准差	*MSE*	*RMSE*
A	0.07275	0.00144	0.08647	0.00038	0.01965
B	0.03534	0.00081	0.01534	0.00014	0.01197
C	0.17379	0.00204	0.05623	0.01279	0.11312

由表 9.16 可见，该水印算法的最大误差不超过 0.2m、平均误差不超过 0.005m、标准差不超过 0.01m，*RMSE* 不超过 0.2m，基本对数据的使用没有影响。

9.3.6　小结

本节考虑到矢量地理数据的几何特征对几何攻击天生具有一定的抵抗性，因此对矢量地理数据的几何特征进行了分析。通过将矢量地理数据的长度与角度相结合，进行向量化操作，计算出了矢量地理数据投影模长比这一复合几何特征量，并以此为基础设计出了一种基于几何不变性的矢量地理数据交换密码水印算法。最终经过实验验证了本节所提出的算法可以实现点、线、面一体化的交换密码水印，并对加密的安全性与水印的鲁棒性进行了实验分析，验证了其对于旋转攻击具有较强的鲁棒性。

参考文献

［1］孙圣和，陆哲明，牛夏牧. 数字水印技术与应用［M］. 北京：科学出版社，2004.

［2］杨成松，朱长青. 基于常函数的抗几何变换的矢量地理数据水印算法［J］. 测绘学报，2011，40（2）：256-261.

［3］佟德宇，任娜，朱长青，等. 抗投影变换的矢量地理数据水印算法［J］. 地球信息科学学报，2016，18（08）：1037-1042.

［4］佟德宇，朱长青，任娜. 小数据量矢量地理数据水印算法［J］. 测绘学报，2018，47（11）：94-101.

［5］李增鹏，马春光，周红生. 全同态加密研究［J］. 密码学报，2017，4（06）：561-578.

［6］李宗育，桂小林，顾迎捷，等. 同态加密技术及其在云计算隐私保护中的应用［J］. 软件学报，2018，29（07）：8-29.

［7］王奇胜，朱长青，许德合. 利用 DFT 相位的矢量地理空间数据水印方法［J］. 武汉大学学报（信息科学版），2011，36（05）：523-526.

［8］朱长青，杨成松，李中原. 一种抗数据压缩的矢量地图数据数字水印算法［J］. 测绘科学技术学报，2006（04）：50-52.

［9］张黎明，闫浩文，齐建勋，等. 运用特征点的矢量空间数据盲水印算法［J］. 测绘科学，2016，41（04）：184-189.

［10］LI MING, XIAO DI, ZHU YE, et al. Commutative fragile zero-watermarking and encryption for image integrity protection［J］. Multimedia Tools and Applications, 2019, 78（16）：22727-22742.

［11］JIANG L, XU Z, XU Y. Commutative encryption and watermarking based on orthogonal decomposition［J］. Multimedia Tools & Applications, 2014, 70（3）：1617-1635.

[12] JIANG L. The identical operands commutative encryption and watermarking based on homomorphism [J]. Multimedia Tools and Applications, 2018, 77 (23): 30575-30594.

[13] GUAN B, XU D, LI Q. An efficient commutative encryption and data hiding scheme for HEVC video [J]. IEEE Access, 2020, 8: 60232-60245.

[14] ZHANG X. Commutative reversible data hiding and encryption [J]. Security & Communication Networks, 2013, 6 (11): 1396-1403.

[15] CANCELLARO M, BATTISTI F, CARLI M, et al. A commutative digital image watermarking and encryption method in the tree structured Haar transform domain [J]. Signal Process-Image, 2011, 26 (01): 1-12.

[16] LIAN S, LIU Z, ZHEN R, et al. Commutative encryption and watermarking in video compression [J]. IEEE Transactions on Circuits & Systems for Video Technology, 2007, 17 (6): 774-778.

[17] ZHU C. Research progresses in digital watermarking and encryption control for geographical data [J]. Acta Geodaetica et Cartographica Sinica, 2017, 46 (10): 1609-1619.

[18] REN NA, ZHU CHANGQING, TONG DEYU, et al. Commutative encryption and watermarking algorithm based on feature invariants for secure vector map [J]. IEEE Access, 2020, 8: 221481-221493.